国家示范性高职院校重点建设专业系列教材

农产品生产环境检测

（绿色食品生产与检验专业用）

刘焕龙　主编

中国农业大学出版社

·北京·

内 容 简 介

《农产品生产环境检测》是应示范性全国高等职业教育重点专业建设课程体系建设的需要开发的特色教材，可作为高等职业院校绿色食品生产与检验专业的教材，也可作为园艺专业和安全食品生产专业的参考书，以及农业实验工（土肥测试员、肥料配方与评价师）类职业技能鉴定检测技能培训的参考教材。全书共由九个学习情境构成，分别为环境标准体系、环境监测的质量保证、土壤环境监测、土壤理化性状和土壤肥力指标检测、水环境监测、水处理与营养液的配制、大气环境监测、有机肥料的检测、环境监测数据的应用，主要介绍土壤、水、大气和有机肥料的检测方案的制定规范，样品的采集和检测标准方法，以及检测数据的实际应用，是一本内容丰富且较为综合的检测类教材。

图书在版编目(CIP)数据

农产品生产环境检测/刘焕龙主编. —北京：中国农业大学出版社，2010.11（2021.11 重印）

ISBN 978-7-5655-0087-9

Ⅰ.①农… Ⅱ.①刘… Ⅲ.①农产品-农业生产-环境监测-高等学校：技术学校-教材 Ⅳ.①X322

中国版本图书馆 CIP 数据核字(2010)第 167554 号

书　　名　农产品生产环境检测
作　　者　刘焕龙　主编

策划编辑　郭建鑫　董　田　伍　斌　　**责任编辑**　李　楠
封面设计　郑　川　　**责任校对**　王晓凤　陈　莹
出版发行　中国农业大学出版社
社　　址　北京市海淀区圆明园西路 2 号　　**邮政编码**　100193
电　　话　发行部 010-62818525,8625　　读者服务部 010-62732336
　　　　　编辑部 010-62732617,2618　　出　版　部 010-62733440
网　　址　http://www.cau.edu.cn/caup　　**e-mail** cbsszs @ cau.edu.cn
经　　销　新华书店
印　　刷　涿州市星河印刷有限公司
版　　次　2010 年 11 月第 1 版　　2021 年 11 月第 6 次印刷
规　　格　787×980　16 开本　20.75 印张　380 千字
定　　价　45.00 元

编 审 人 员

主编　刘焕龙（北京农业职业学院）

参编　范继红（北京农业职业学院）
　　　　刘　超（北京农业职业学院）
　　　　张彩月（北京市大兴区农科所）

审稿　李国学（中国农业大学）
　　　　黄彦芳（北京农业职业学院）

前　言

“农产品生产环境检测”是为了满足绿色食品生产与检验专业人才培养模式的需求，针对安全食品“从田间到餐桌”全程质量控制的要求和对安全食品产前环境监测的需求，为绿色食品生产与检验专业开设的一门检测类课程。本课程建议开设学时为106学时。

农产品生产环境检测是环境监测的一个分支，是在环境监测基础上的，根据环境监测的原则和要求，采用环境监测的方法和手段，按照安全农产品生产环境监测调查技术规范，引入安全农产品生产环境标准，侧重于对通过食物链传递的污染物和农产品生产土壤环境的检测，判断环境质量是否合乎国家或有关部门制定的环境质量标准，定期提出环境质量报告，对安全食品生产全过程的生产环境进行全程监控，为食品安全生产提供依据，为确保食品安全奠定基础。

课程围绕安全食品生产“从田间到餐桌”全程质量控制的宗旨，使学生学会运用化学、分析化学、环境学等基础知识，针对农产品生产中主要环境要素（大气、水、土壤）进行调查与监测，掌握环境监测方案的规范制定、监测布点取样以及污染物监测的标准方法和技能，做出农产品生产环境质量评价。此外，针对学生职业技能鉴定和农业实验工、肥料配方与评价师和土肥测试员职业资格考试，在课程中增加了水处理与营养液的配制、土壤理化性质和肥力指标检验、有机肥料检验和配方施肥方案设计和实施的内容，以便学生在掌握相关知识与技能的同时可取得相关的职业资质证书，为就业于相关的岗位工作打好基础。

“农产品环境检测”是一门综合性强、实践性强的课程，在学习过程中要有一定的理论基础，需要头脑灵活、善于思考，还要掌握化学分析检验和仪器分析的技能，才能很好地完成农产品生产环境检测的课程学习。“农产品生产环境检测”是以“化学”、“分析化学”、“仪器分析”和“概率与数理统计”学科为基础的，你是否具备了这些基础？如果基础还没有打好，请在学习过程中不断复习这些基础知识与基本技能，以便应用到课程的学习中。

此外，“农产品生产环境检测”与“环境监测”、“食品环境学”、“土壤肥料学”、“安全食品与认证”、“土壤理化分析”、“作物营养与施肥”、“农业化学研究法”、“无土栽培”、“环境评价”都有一定联系，建议在学习过程中，阅读有关参考书籍，以便更好地完成“农产品生产环境检测”学习。“农产品生产环境检测”中还涉及许多相关的标准，建议在学习中把涉及的标准收集起来，作为学习参考资料，这会对学习本课程有较大的帮助。

《农产品生产环境监测》全书由北京农业职业学院组织编写，食品与生物工程系绿色食品生产与检验专业刘焕龙副教授担任主编，负责教材整体构思和统稿工作；绪论由刘焕龙编写；学习情境Ⅰ环境标准体系由刘焕龙、北京农业职业学院园艺系范继红讲师和北京农业职业学院食品与生物工程系绿色食品生产与检验专业刘超讲师共同编写；学习情境Ⅱ环境监测质量保证、学习情境Ⅲ土壤环境监测、学习情境Ⅳ土壤理化性质和土壤肥力指标检测由刘焕龙编写；学习情境Ⅴ水环境监测和学习情境Ⅵ水处理与营养液的配制由范继红负责编写；学习情境Ⅶ大气环境监测由刘超讲师负责编写；学习情境Ⅷ有机肥料的检测由北京市大兴区农科所张彩月高级农艺师负责编写；学习情境Ⅸ环境检测数据的应用由刘焕龙和张彩月共同编写。本书在编写过程中，得到了中国农业大学资源与环境学院环境科学与工程系李国学教授和北京市土肥工作站副站长贾小红研究员的大力支持，在此表示感谢。

在本书的编写过程中参考了众多文献及各种标准，在此对这些文献的作者表示衷心的感谢。在列入参考文献表时难免有遗漏，在此对未列出者表示歉意。

由于时间比较仓促，在编写过程中难免会出现一些错误，还请各位读者在阅读过程中批评指正，我们将与您共同探讨，加以改正。

编　者

2010年5月于北京

Contents **目录**

绪论

随着现代社会经济和科学技术的高速发展，食品安全和环境问题越来越引起人们的高度重视，食品安全与环境污染已经成为影响广泛而深远的全球性和社会性热点问题。食品安全与环境污染两者是否存在着联系呢？答案是肯定的，食品安全与环境污染存在必然的联系，环境污染直接导致食品安全受到威胁，换句话说，环境污染是食品安全生产过程中需要重点考虑的头等大事。正因为如此，我国在安全食品生产与认证中，首先要考虑的就是安全生产环境这个因素。

一、食品中有害物质来源

食品的不安全因素主要来自于食品中的有害物质超标与积累，造成对人体健康乃至生命安全的危害。

“民以食为天，食以安为先。”食品是人类赖以生存的物质基础，食品安全事关社会安宁、政治稳定和国民经济建设健康发展的头等大事。一方面，随着科技和物质文明的进步和发展，使人类的食物结构和食品需求发生了巨大的变化；另一方面，环境污染对食物链的影响和破坏，严重威胁着人类的健康和生命安全。食品安全性已经成为消费者选择食品的首要标准。在世界范围内不断出现的食品安全事件如：英国的“疯牛病”事件，比利时的“二噁英”事件，日本的 O157 事件以及亚洲的“禽流感”事件和欧洲的“口蹄疫”事件等，国内发生的毒米、毒油、瘦肉精、苏丹红、“大头娃娃奶粉”、三聚氰胺奶粉等事件，另据 WHO 估计，全球 5 岁以下儿童约有 15 亿人次发生食源性致病菌疾病，120 多万人死亡。全球食品安全形势不容乐观。

食品中有害物质主要来自于使用农药和兽药不当，或使用违禁药物；来自于加工、储藏和运输中的污染；来自于特定食品加工工艺（熏烤、腌制和油炸）；使用的食品添加剂中有害物质超标；来自于包装材料溶出；来自于环境污染；食品原材料中天然固有的；不法食品生产者使用国家明令禁止在食品生产中使用的化工原料作为食品添加剂等。我们通过对食品中有害物质的来源分析，看食品中有害物质与环境的关系。

（一）使用农药和兽药不当，或使用违禁药物

由于农药使用不规范，使用量加大，使用时间靠近收获期等，造成食品中农药残留；使用国家已经禁止使用的农药，如“六六六”和“DDT”等，造成食品中农药残留；滥用抗生素、激素等兽药，造成禽畜肉、蛋制品中兽药残留；使用的农药中含有铅、镉、砷、汞等有害元素，造成食品中有害元素残留。

（二）加工、贮藏和运输中的污染

加工器械、盛放容器不洁净或其材料中含有有害元素，有害元素浸出造成食品的有害元素污染；贮藏环境和运输中环境污染，造成食品的有害元素、有害物质污染，如在马路上晾晒粮食，可受到沥青污染而产生苯并[α]芘、多氯联苯等污染，还会受到汽车尾气污染，产生苯并[α]芘、多氯联苯污染及铅的残留；食品在贮藏时发生霉变，可产生霉菌毒素（如黄曲霉素、杂色曲霉素等）；在生产和储藏中卫生条件较差，而产生致病菌（如李斯特菌、沙门氏菌、志贺氏菌、副溶血性弧菌、肉毒梭状芽孢杆菌、口蹄疫致病菌等）和寄生虫污染等。

（三）特定食品加工工艺产生

某些食品加工工艺会使食品中的某些成分会转化成有害物质，残留在食品中。如腌制食品中产生的亚硝酸盐，熏制食品、烘烤食品和腌制食品中产生的N-亚硝基化合物、苯并[α]芘、多氯联苯等致癌物，水解蛋白液中产生的氯丙醇等。

（四）使用的食品添加剂和原材料中有害物质超标

在食品生产中，使用的食品添加剂中重金属或其他有害物质超标，导致食品中有害物质残留；在食品生产中使用的原材料，由于某种原因受到污染，导致食品中有害物质超标。

（五）包装材料中成分浸出

食品包装材料中的重金属和其他有害物质浸出，造成食品中重金属和有害物质残留。

（六）环境污染

工业“三废”对水体和土壤的污染，导致植物对有害物质富集而造成食品污染，如污水灌溉和土壤中的重金属可通过植物富集而残留在食品中；环境污染直接导致食品污染，如燃烧废气中的多氯代二噁英（2，3，7，8-TCDD，简称 $PCDD_S$）、多氯代苯并呋喃（$PCDF_S$）、多氯联苯（PCB_S）、苯并[α]芘等致癌物对食品的污染，导致食品中致癌物残留。

(七)食品原材料中固有的

有些植物和动物体内本身带有某些毒素,导致食品中毒素残留,如杏仁中的氰苷、发芽土豆中的龙葵碱、未经处理棉子油中的棉酚、黄花中的秋水仙碱、毒蘑菇中的蘑菇毒素、河豚中的河豚毒素、濒死的河蟹和甲鱼中的组胺、存在于螺类中的四甲胺、骨螺毒素、千里酰胆碱、丙烯酰胆碱、存在于动物肝脏中的胆酸、牛黄胆酸、脱氧胆酸等。

(八)使用化工原料和变质原料生产食品

一些不法生产者利欲熏心,使用国家明令禁止在食品生产中使用的化工原料,从而造成食品中有害物质大量残留在食品中,如使用甲醛作防腐剂;使用三聚氰胺做蛋白粉;使用含甲醇的工业酒精勾兑白酒等;使用变质原材料生产食品,导致霉菌毒素、游离脂肪酸等有害物质和致病菌大量残留在食品中。

通过对食品中有害物质来源分析来看,我们不难看出,在违法生产添加的有害物质和食品原材料中固有的毒素两大来源外,农、兽药污染,加工、储运污染,添加剂污染,包装材料污染,以及环境污染等来源,都和环境污染有关。也就是说,食品有害物质主要来源于环境的污染。

1993 年英国科学家 C. E. Fisher 研究发现现代食品安全问题主要包括 6 大因素,如图 0-1 所示。我们可以看出有 4 大食品安全问题因素与环境直接或间接相关。其中环境污染物和人为加入食物链的有害物质(包括农药、过量化肥和激素以及食品添加剂)为两个主要因素,与环境直接相关,环境中的微生物致病菌和自然毒素与食品安全间接相关。

食品作为环境中的物质、能量交换的产品,其原料生产、加工、流通以及消费等是在一个完全开放的系统中进行的,从某种意义上来说,环境对食品安全有着直接的影响,也就是说食品安全性与环境的安全性密不可分。

在食品的整个生产周期链中,每个环节都可能产生环境因素而导致食品不安全。但食品安全是一个相对的概念,我国古训有“病从口入”的说法,但食品中有害有毒物质能否对人体产生危害,其对人体的危害程度,取决于有毒有害物质的种类和数量。而环境因素对食品安全的影响也是一个相对的概念,在食品生产周期链中,环境因素作用于食品安全的程度在不同链节或形态上存在着本质区别或差异,也就是说同一种环境因素在食品原料生产环节和食品加工环境对食品安全的影响是不尽相同的。

目前,对环境因素如何影响食品安全问题的研究,多集中在技术层面上的某种

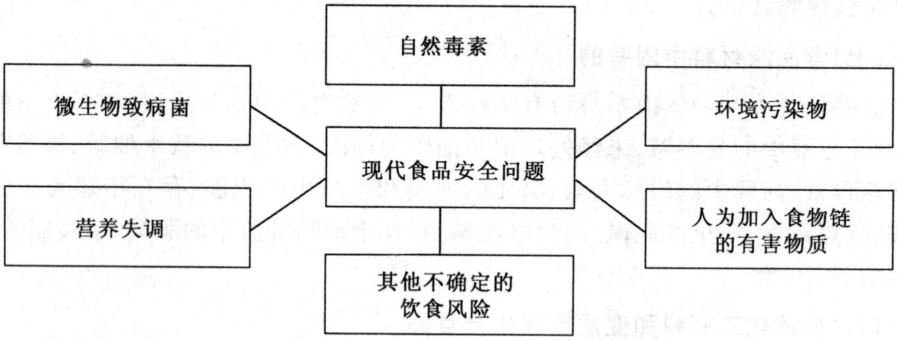

图 0-1　现代食品安全问题因素与环境的关系
（张建新，沈明浩. 食品环境学.）

环境污染物对食品安全的影响，主要表现在农药残留量、化肥残留量、污水灌溉、饲料污染、重金属污染、微生物污染等通过食物链进入食品从而导致的食品污染影响人体健康的方面。

二、环境在食品安全生产中的地位

农产品的生产环境是指农产品在生产过程中所处的空间及大气因素、土壤因素等环境因素的综合。在农产品生长过程中，经常会受到来自内部和外界因素的影响。比如，放射性物质、人类喷洒的农药、化肥施用和矿山开采等造成对环境的破坏，可能会影响到农产品的生长，进而威胁到人类的健康。因此安全产地和生态环境是目前生产农产品所必需的，换句话讲，要生产安全农产品，其生产环境应符合相应的环境标准，这也是保证食品安全性的最主要的措施之一。

（一）环境与无公害农产品认证

良好的生态环境和安全无污染的生产过程是生产无公害农产品的基本保证。我们国家规定，在进行无公害农产品认证前，首先要进行无公害农产品生产产地的认证，只有在产地认证后，才能进行产品认证。在无公害农产品产地认证中，根据 2004 年 1 月 7 日，中华人民共和国农业部发布《无公害食品　产地环境评价准则》（2004 年 3 月 1 日实施）中规定的无公害食品产地环境质量评价程序、评价方法和报告编制，适用于种植业、畜禽养殖业、水产养殖业无公害食品产地环境质量现状评价。在无公害农产品产地环境质量监测中，无公害蔬菜产地与生态环境应执行中华人民共和国国家标准 GB 18407.1—2001 相应的规定，无公害水果产地与生态环境应执行 GB 18407.2—2001 相应的规定，对无公害畜禽肉产地与生态环境的要求执行 GB 18407.3—2001 相关规定，无公害水产品产地与生态环境应执行 GB 18407.4—2001 的规定。

此外还规定，无公害蔬菜产地应选择不受污染源影响或污染物含量限制在允许范围之内，生态环境良好的农业生产区域；土壤重金属背景值高的地区，与土壤、水源环境有关的地方病高发区不能作为无公害蔬菜产地。

(二)环境与绿色食品生产认证

绿色食品是指遵循可持续发展原则，按照特定生产方式生产，经专门机构认定，许可使用绿色食品标志商标的无污染的安全、优质、营养类食品，为了更加突出这类食品出自良好生态环境，因此定名为绿色食品。绿色食品必须是在生态环境质量符合规定标准的产地进行生产、加工的。

绿色食品是通过产前环节的环境监测和原料检测；产中环节具体生产、加工操作规程的落实，以及产后环节产品质量、卫生指标、包装、保鲜、运输、储藏、销售控制，确保安全食品的整体产品质量。

农业部行业标准(NY/T 391—2000)《绿色食品产地环境质量标准》规定了绿色食品产地的环境空气质量、农田灌溉水质、渔业水质、畜禽养殖水质和土壤环境质量的各项指标及浓度限值、监测和评价方法。提出了绿色食品产地土壤肥力分级和土壤质量综合评价方法。

(三)环境与有机食品生产

有机农业是指遵照一定的有机农业生产标准，在生产中不采用基因工程获得的生物及其产物，不使用化学合成的农药、化肥、生长调节剂、饲料添加剂等物质，遵循自然规律和生态学原理，协调种植业和养殖业的平衡，采用一系列可持续发展的农业技术以维持持续稳定的农业生产体系的一种农业生产方式。这些技术包括选用抗性作物品种，建立包括豆科植物在内的作物轮作体系，利用秸秆还田、施用绿肥和动物粪便等措施培肥土壤保持养分循环，采取物理的和生物的措施防治病虫草害，采用合理的耕种措施，保护环境防止水土流失，保持生产体系及周围环境的基因多样性等。

有机食品是指来自于有机生产体系，根据有机认证标准生产、加工，并经具有资质的独立的认证机构认证的一切农副产品。

从有机农业和有机食品的定义中我们不难看出，有机食品同样是产自良好的生态环境，而且对产地的生态环境要求更高。

三、农产品生产环境检测

农产品生产环境检测是为了满足绿色食品生产与检验专业人才培养模式的需求，针对安全食品“从田间到餐桌”全程质量控制的要求，对安全食品产前环境监测的需求而开设的一门课程。

农产品生产环境检测是环境监测的一个分支，是在环境监测基础上的，根据环境监测的原则和要求，采用环境监测的方法和手段，按照安全农产品生产环境监测调查技术规范，引入安全农产品生产环境标准，侧重于对通过食物链传递的污染物和农产品生产土壤环境的检测，判断环境质量是否合乎国家或有关部门制定的环境质量标准，定期提出环境质量报告，对安全食品生产全过程的生产环境进行全程监控，为食品安全生产提供依据，为确保食品安全奠定基础。

课程围绕安全食品生产“从田间到餐桌”全程质量控制的宗旨，使学生学会运用化学及分析化学基础知识、环境学基础知识，针对农产品生产中主要环境要素（大气、水、土壤）进行调查与监测，掌握环境监测方案的制订，监测布点取样，以及污染物监测的方法和技能，做出农产品生产环境质量评价。此外，针对学生职业技能鉴定，取得农业实验工、肥料配方与评价师和土肥测试员职业资格证书，在本课程中增加了水处理与营养液的配制，土壤理化性质和肥力指标检验，有机肥料检验和配方施肥方案设计和实施的内容，以便学生在掌握相关知识与技能的同时，可取得相关的职业资质证书，为就业于相关的岗位工作打好基础。同时，学习农产品生产环境检测，也为学习其他专业课程打好基础。

农产品环境监测是一门综合性强、实践性强的课程，在学习过程中要有一定的理论基础，需要头脑灵活善于思考，还要掌握化学分析检验和仪器分析的技能，才能更好地完成农产品生产环境监测的课程学习。

四、如何学好“农产品生产环境检验”

（一）食品检测岗位的特点决定了在教学过程中要加强学生的德育教育

“加强学生的德育教育”这并不是一句空话和套话。这里所说的德育教育并不是学校开设的一般德育课程，而是指食品检测岗位所需的职业道德，是我们作为专业教师在教学中需要加强和贯彻始终的，这是食品安全检测岗位特点所决定的。换句话说，要想学好食品检验的课程，德育教育是不容忽视的。对于德育教育我们一般从这样五个方面考虑。

1. 组织纪律性的加强

食品检测岗位特点决定了从事这方面工作的人员时刻都离不开与法律和法规

打交道,检测方法需要遵循国际、国家或行业标准,食品中的有害物质含量限量指标也是遵循国际、国家或行业标准的,我们的检测也是依据相关的法律法规而进行的,我们整天都在与标准、法规打交道,就必须在整个学习过程中自始至终给学生树立遵纪守法的理念,培养学生遵守国家法律法规自觉性,要让学生从遵守学校各项规章制度与纪律做起,养成习惯,达到自觉遵守国家法律法规的目的。

2.求真务实态度的培养

实验科学是需要求真务实的,需要有严谨的科学态度作保证,才能够做到在检验过程中精益求精,做到实验数据的真实可靠,才能保证我们获得准确的检测结果。

3.职业道德的培养

食品检测是把住食品安全关的重要途径,作为食品检测人员,必须要有良好的职业道德和责任心,要担负起自己应该担负的责任,不能因为疏忽造成检测结果的差错,更不能因为玩忽职守而渎职;不能屈服于金钱、权力和欲望的满足而放弃真理、改变事实,也不能为了一己之私而出卖自己的灵魂。要知道,作为食品检测人员,是为了广大的人民群众都能使用安全放心的食品而进行工作的,是为了广大人民群众的身体健康和生命安全而服务的。如果因为种种原因而造成检测结果的差错,轻则造成经济损失,严重的是要葬送许多无辜人的性命,那样我们和杀人犯没有什么两样了。

4.敬业精神的培养

很多食品检测的项目需要费时、费力,也有时是很艰苦的,往往为了完成一个检测的项目,不能够保证按时吃饭与休息,需要为此而付出。因此,我们教师在教学中还要注意对学生敬业精神的培养。

5.团队协作精神的培养

在学习过程中,学生完成工作任务是以学习小组为单位进行的。因此,也就表明学生在学习过程中需要相互协作,要求学生必须有团队协作的精神。学习与工作任务的完成,不仅是学业和技能的学习,同时还是团队精神的培养。

(二)学好检测技能需要有一定的理论基础作保证

高等职业教育决定了我们培养的学生是高级职业应用型技术人才,既然是高级职业技术人才,那就要区别于不同的技术工人和一般的技术人员。那区别又应该在哪呢?我认为,这个区别就在于,高级职业技术人才应该具备高素质,有较高的理论基础,不仅仅能够掌握职业技能,而且还应该明白为什么要这样做,怎样才能做得更好,还应该能够指导技术工人与一般技术人员。

作为检测类的课程是以分析操作技能为主的技术性课程,以学习和掌握分析检验的操作技能为主要目的，但基础理论知识却是不可缺少的。有些观点认为：检测类课程的技能是熟练型的，教学中可让学生通过观看操作过程的录像学习，然后再进行反复的实际操作训练即可，这样学生就可以很好地学习和掌握检测类课程的技能，教师就是在学生实际操作中起指导作用的。这种观点虽然不完全是错误的，但确是非常片面的。检测类课程的技能虽然是熟练型的，但并不是学生通过模仿就可以较好地掌握检测操作技能的，学生要想较好地学习和掌握检测技能，就必须明白为什么要这样做？怎样做才能更好地减免误差，使分析检测结果更准确？

作为化学和分析化学的基础理论，是使学生明白为什么要这样做的基本保证，其中的误差理论，是使学生在分析检测操作过程中，有效地减免误差、保证分析检测结果准确的必要保障，学生只有把误差理论应用到分析检测实践操作中，才能保证分析结果的准确可靠，反之则不能保证检测结果的准确性。

我们通过两个案例来看误差理论在分析检验中的应用。

案例 1. 少量多次的原则

在我们学习分析化学的时候，老师都会向我们提到“少量多次”的原则，也就是在洗涤或淋洗器皿时，在水总量不变的前提下，每次用水要少，淋洗次数要多，这样才能保证淋洗或洗涤更干净。而我们在教学中也要求和告诫学生，洗涤或淋洗是要少量多次，但往往却收不到效果，那又是为什么呢？

其实，原因在于我们强调了技能，却忽视了理论，忽视了理论在技能操作中起到的作用。我们教师没有教给学生这其中的道理，学生不明白这其中的道理，只是盲目地服从和遵循，也就不能很好地掌握操作的技能。

案例 2. 做工作曲线的关键操作

在仪器分析检测中，一般都需要做工作曲线，将一定浓度的标准溶液稀释成一系列浓度的标准溶液，通过仪器检测得到一系列的参数，作为未知结果计算的标准，待测样品经过制备和预处理后，其待测溶液在相同条件下用仪器分析，得到样品测定参数，再通过与标准溶液的工作曲线进行比较，即可得到未知样品中待测物的浓度。可想而知，如果作为标准的工作曲线出了问题，那么样品的测定结果的准确性肯定是无法保证的了。在将标准溶液稀释成系列浓度溶液时，需要进行的操作是这样，用少量标准溶液润洗移液管，再用移液管吸取一定量的标准溶液，将吸好的标准溶液放到容量瓶中，然后定容，摇匀，完成稀释过程。在整个操作过程中，润洗、吸量、转移、定容和摇匀的每一操作，也包括所使用的各种容量器皿的洗涤，理论上讲都应该是重要的，但在这些操作中，对整个结果影响最大的是哪一操作呢？我们来分析一下整个操作过程，容量器皿的洗涤、润洗、吸量转移、定容和摇匀等操作，来找出在操作中的关键点，通过对关键点的控制，来保证检测结果的准确。

1.玻璃器皿的洗涤

如果容量器皿洗涤不干净，将会对检测结果产生多大影响呢？答案告诉我们，肯定会有很大影响，严重的会导致结果产生重大偏差。因此，对于玻璃器皿的洗涤来说，应该是减少误差的关键操作之一，换句话说，学生要想学会并掌握检测操作技能，首先就要学会对玻璃器皿的洗涤，将玻璃器皿洗得干净，才能对结果的准确做出保证。玻璃器皿的洗涤是一个关键点。

2.移液管润洗

移液管润洗主要目的是不要让移液管中残留的水分将标准溶液稀释。因此，如果使用干净和干燥的移液管，润洗与否所带来的误差将不会很大，而使用干净湿润的移液管，不润洗移液管将会产生较大的影响。润洗并不是在所有情况下的一个关键点。

3.吸量转移

用移液管来吸量标准溶液，看似一个简单的操作，但却会对检测结果影响很大。一般来说，在做工作曲线时，吸取的标准溶液量较少，多在1～5 mL之间，而且溶液又是高浓度的，因此微量的差异就可以给结果带来很大的误差。如在吸取1 mL溶液时，差了一滴溶液（一滴溶液为0.05 mL），看似差异很小，但我们可以用误差理论来计算一下，其相对误差为5%；而我们在定容时，容量瓶的容积多为50 mL，定容时我们也差了一滴溶液，则误差为0.1%。两者相比较，则可以看出，同样差一滴溶液，溶液吸量是所造成的误差是定容时所造成误差的50倍。因此，可以认为，溶液的吸量是操作的关键点之一。在溶液吸量时引起差异的原因是什么呢？持移液管的手法，移液管在调整液面高度（读取刻度）时是否垂直，观察刻度时眼睛是否与刻度平齐，在操作中移液管下口的处理以及溶液的转移等操作都是引起移液管吸量溶液差异的原因。

（1）手持移液管的方法　手持移液管的方法不正确，虽然不是直接导致误差产生的原因，但手持移液管的方法不正确，会导致在调节移液管液面高度时，移液管容易产生倾斜，而导致吸量溶液体积产生误差。正确的手持移液管的方法是，用拇指和中指捏住移液管上部，用食指堵在移液管上口，进行移液管吸量溶液的操作。

（2）吸量溶液体积调节　在移液管在吸量溶液时，需要调节吸量溶液的体积，此时，移液管应自然垂直，而移液管在调节吸量溶液时倾斜，会导致吸量溶液的体积产生误差。

在调节移液管液面高度时，移液管下口悬空，容易导致移液管下方产生气泡，而使吸量溶液体积偏低；移液管下口插入液面，静液面压力会导致移液管中溶液液面升高，同样会造成溶液吸量量偏低。正确的操作是，在调节移液管中液面高度时，移液管的下口紧贴在盛放溶液容器的内壁上，不能悬空或插入液面，用拇指和中指轻轻转动移液管，是移液管中页面缓慢下降至所需刻度。

在移液管读数时，观察移液管刻度时眼睛应与刻度平齐，视线高于刻度或低于刻度，则读出的溶液体积会偏低或偏高，直接导致吸量溶液的体积产生误差。

由此看来，吸量溶液体积调节操作，是吸量溶液体积产生误差的主要原因，此项操作则是整个操作中的关键操作点，如果被忽视或错误操作，则必然导致溶液吸量产生较大误差。

(3)溶液转移　溶液转移是指将移液管中的溶液转移至容量瓶中。按照吸量溶液操作要求，移液管溶液在转移至容量瓶中时，当液面不再下将时，将移液管下口贴在容量瓶内壁上，停靠约 15 秒，以保证吸量溶液全部转移至容量瓶中。此时，还应有少量溶液留在移液管中。如果不将移液管下口贴在容器内壁上停靠 15 秒，由于毛管力作用，使留在移液管中的溶液体量增多，造成所吸量得溶液转移不彻底，使吸量溶液的体积偏低；如果用洗耳球将移液管中的剩余溶液吹进容量瓶中，或用力将移液管中剩余的溶液甩进容量瓶中，则使吸量溶液的体积偏高。

因此，溶液转移也是移液管吸量溶液的关键操作点。

(4)定容和摇匀　定容和摇匀是吸量溶液最后一步操作。定容是指将溶剂加到容量瓶的刻度，其所产生的误差刚才也已经说过，相对与吸量溶液产生的误差要小得多，可不算是关键操作点。

摇匀是指定容后将容量瓶中的溶液混合均匀，对从容量瓶中吸取溶液的操作会产生影响，而导致操作误差的产生。摇匀的操作简单，但也很容易被忽视而产生误差。

通过对以上操作的分析，可以很快找到操作关键点，通过对操作关键点的控制，来减免误差，获取较准确的检测结果。如何对上述操作进行分析呢？实际上我们对上述操作的分析是建立在误差理论的基础上，把误差理论应用到分析检测操作中。这一点也充分说明了，检测类的操作需要在一定理论指导下，才能有效地减免误差，获得准确的分析检测结果。而较多的人忽视了这一点，分析检测的结果产生较大的偏差。

教师们在教学中，通过对学生的调查，发现大多数学生都在这方面存在着问题，从而导致了学生不能很好地掌握检测类操作技能。

从案例2我们更能够看出，误差理论是指导我们做好分析检测的理论基础。

（三）学生要注重综合能力的自觉培养

检测类课程的一个突出的特点是，在学习和训练操作技能时，不仅需要进行模仿，而且更需要动脑思考，如果只是简单地模仿，则不能很好地保证检测结果的准确性，或者说在掌握操作技能上要慢得多。在学习检测类课程时，若想学好和更好、更快地掌握操作技能，需要有较为灵活的头脑，善于思考，在操作中发现问题，并通过把所学习的知识相关联，运用这些知识来解决问题。在教学中就有这样的例子，往往踏踏实实学习但不善于动脑筋的学生，在掌握操作技能上比较慢，而那些灵活善于思考的学生，在掌握操作技能上却快得多。有些学生模仿能力很强，但在操作中不善于动脑子，他们的操作技能看似较好，但实际上并没有很好地掌握，检测的结果准确性较差，时间一长，他们所模仿来的操作技能就会忘记，这也是很多学生虽然"曾经把检测的操作技能掌握了"，但在上专业检测类课程时，却表现出对基本操作技能一窍不通，无法继续学习，只好再次进行基本技能的学习与训练，这样对专业检测类课程的学习来说，无形中增加了困难，减少了应该学习与掌握的内容，达不到预期的教学效果。

（四）寻找技能操作的关键点，以降低结果误差

我们以土壤速效磷测定为例，通过整个操作过程的分解，来找技能操作的关键点，以降低结果误差。我们把土壤速效磷测定整个操作过程进行分解，得到下面一系列的操作过程，然后就可以按照上面案例2中的方法，来寻找技能操作关键点（通过每一项操作产生误差的大小来找），并在操作中通过对关键技能点的控制，达到降低结果误差的目的。

①样品采集、样品制备、样品称量、样品预处理。

②玻璃器皿洗涤、溶液配制、移液管吸取溶液、显色、定容、振荡。

③分光光度计的预热、波长的调节、"0"点的调节、比色皿的手持方法、比色皿的放置、比色皿的润洗、比色皿外面溶液的处理、分光光度计开盖时"T/A"档的切换等。

④工作曲线的绘制、查工作曲线、结果计算。

你是否可以寻找出整个操作过程中的关键技能点？不妨试一试。

（五）要学会阅读和理解操作指导，明确整个过程中都需要做什么

要培养学生独立完成检测工作的能力，学生在完成工作任务前，就必须要读懂操作指导，才能按操作指导的要求来完成任务。同时，学生在能够读懂操作指导的情况下，才能在操作中发现异常问题，解决这些问题，提高检测的能力，从而更好地达到检测结果的精密度要求，做到既知道该干什么，又知道怎样去干，还知道如何能干得更好。

（六）知识的关联

"农产品生产环境检测"是以"化学"、"分析化学"、"仪器分析"和"概率与数理统计"学科为基础的，你是否具备了这些基础？如果基础还没有打好，请在学习过程中不断复习这些基础知识与基本技能，以便应用到课程的学习中。

"农产品生产环境检测"属于专业基础课程，在生产实践中没有绝对适应的岗位相对应，作为农业生产技术员、肥料配方师、土肥测试员、农业实验工和安全食品认证员等岗位，单一学习本课程的知识是远远不够的，还必须要具备许多相关的知识，如"安全果蔬生产"、"土壤肥料学"、"安全食品与认证"等。

此外，"农产品生产环境检测"与"环境监测"、"食品环境学"、"土壤肥料学"、"安全食品与认证"、"土壤理化分析"、"作物营养与施肥"、"农业化学研究法"、"无土栽培"、"环境评价"都有一定联系，建议学生在学习过程中，阅读这些参考书籍，使我们更好地完成"农产品生产环境检测"学习。

"农产品生产环境检测"中涉及许多相关的标准，建议学生在学习中，把涉及的标准收集起来，作为学习参考资料，会对学习本课程有较大的帮助。

学习情境Ⅰ　环境标准体系

学习指南

1. 学习情境Ⅰ以资料学习为主，主要了解我国环境标准体系的框架；了解我国安全农产品生产中相关的标准内容。

2. 为了更好地了解标准内容，学生应在课后以学习小组为单位，把学习情境Ⅰ中涉及的标准收集起来，便于学习。

3. 学习情境Ⅰ的主要参考资料：《食品环境学》、《安全食品标准与认证》及相关的标准。

Ⅰ. 学习资料

一、环境标准

（一）环境标准的产生

1. 环境标准的概念

在一定时间和空间范围内，根据社会经济的发展需要，以保护生态环境和生活环境为目标而制定的统一规范，称为环境标准。

环境标准是为了防治环境污染，维护生态平衡，保护人体健康，对环境保护工作中需要统一的各项技术规范和技术要求所做的统一规定。具体一点说，环境标准是国家为了保护人民健康，促进生态良性循环，实现社会经济发展目标，根据国家的环境政策和法规，在综合考虑本国自然环境特征、社会经济条件和科学技术水平的基础上规定环境中污染物的允许含量和污染源排放污染物的数量、浓度、时间和速率以及其他有关技术规范。

环境标准是国家环境政策与法律法规在技术方面的具体体现，是行使环境监督管理和进行环境规划的主要依据，是推动环境科技进步的动力。由此可见，环境标准是随环境问题的产生而出现，是随科技进步和环境科学的发展而发展，其表现是在标准种类（国家环境标准有5类）和数量上也越来越多。环境标准为社会生产力的发展创造良好的条件，又受到社会生产力发展水平的制约。

2.环境标准的产生

环境标准是随着环境问题的产生而产生的。英国是工业化开始最早的国家，环境公害问题在世界各国中也发生最早，英国是产生环境标准与法规最早的国家。早在1863年，英国《碱业法》中对工厂 H_2SO_4、SO_2、HCl 等污染物的排放量就作了明确规定，这是世界上第一个附有污染物排放限制的法律。此后，美国、前苏联、前联邦德国等一些发达国家在19世纪末20世纪初为控制大气和河流污染也作了类似的规定。

20世纪30—60年代，现代化工业的发展，使各种污染物的排放量大大增加，由此导致了许多环境公害事件的发生，尤其是工业发达国家的环境质量状况日趋恶化。在这种情况下，人类为了保护自身的健康和赖以生存的环境，更加迫切希望政府或有关部门制定控制环境污染的法规和标准。于是，很多发达的国家相继制定和颁布了环境法律法规，来保护自己国家的环境。如前苏联于1951年颁布了居住区大气中有害物质最高容许浓度标准，英国制定了《空气清洁法》和《河流防污法》，美国于1955年开始着手制定大气污染控制计划，德国于20世纪50年代后期也制定了各种推荐性的环境质量标准。20世纪60年代后，环境保护工作已越来越受到全世界各国的关注，在污染治理方面也由最初的治标变为治本，由消极的治理环境污染物转为预防为主、防治结合，从局部地区制定排放标准开始发展到全国性的环境标准，标准的形式也由单一的环境污染物浓度控制逐步发展到总量控制等多种形式。此后，先是英美等发达国家对已有的环境标准进行了进一步的补充和完善，随后日本、法国、比利时、前捷克斯洛伐克、意大利、波兰、西班牙、瑞典、前南斯拉夫等许多国家及世界卫生组织（WHO）也相继制定了各自的环境标准。这一时期，环境标准得到了迅猛发展，各国的环境污染状况也得到了一定的控制。

自1973年我国颁布第一个环境标准《工业“三废”排放试行标准》起至今，我国开展专门的环境标准化工作已有30多年。环境保护标准已从单一的污染物排放限量标准发展成为包括环境质量标准、污染物排放标准和环境监测方法标准、环境基础标准等的环境标准体系。

环境标准不是一成不变的，它与一定时期的技术经济水平以及环境污染与破坏的状况相适应，并随着技术经济的发展、环境保护要求的提高、环境监测技术的不断进步及仪器普及程度的提高而进行及时调整或更新。

环境标准通常几年修订一次。修订时，每一标准的标准号是不变的，变化的只是标准的年号和内容。修订后的标准代替老标准。例如《地表水环境质量标准》(GB 3838—2002)就是《地表水环境质量标准》(GB 3838—83)的逐步代替版本。

(二)环境标准的作用

环境标准是具有法规性质的技术规范，按照规定程序制定、发布与实施。依据环境保护法和相关法规，对环境中有害成分含量及其排放源污染物及其排放量做出明确的限量阈和技术规范。环境标准是政策、法规的具体体现，是强化环境管理的基本保证。其作用表现在以下方面。

(1)环境标准是执行环境保护法规的基本手段，也是制定环境保护法规的重要依据　在我国已经颁布的《环境保护法》、《水污染防治法》、《大气污染防治法》、《海洋环境保护法》和《固体废物污染环境防治法》等法律中，都明确规定了有关实施环境标准的条款，所以说环境标准是环境保护法规的原则规定具体化，提高了执法过程的可操作性，为依法进行环境监督管理提供了科学的手段和依据。

(2)环境标准是强化环境管理的技术基础　环境标准本身作为直接手段，不仅仅是环境管理的基本形式，同时还是一系列环境管理制度措施建立和实施的配套基础。如我国现在实行的“三同时”制度、排污申报登记制度、环境影响评价制度等，都是以环境标准为基础建立并实施的。此外，在处理环境纠纷和污染事故中，环境标准则是重要依据之一。

(3)环境标准是环境规划的定量化依据　环境规划是环境保护工作的基本内容之一。在制定环境规划的过程中，环境标准则是重要的定量化依据，是制定环境综合整治目标和污染防治措施要求的具体体现。只有依据环境标准，才能定量分析评价环境质量的优劣；只有依据环境标准，能明确排污单位进行污染控制的具体要求和力度。

(4)环境标准是推动社会科技进步的动力　环境标准反映着科学技术与生产实践的综合成果，是与社会、经济和技术不断发展相适应的产物。应用环境标准可进行环境保护技术的筛选评价，促进无污染或少污染的先进工艺的应用，推动资源和能源的综合利用等。此外，大量的环境标准的颁布与更新，对促进环保仪器设备的改进以及样品采集、分析、测试和数据处理等技术方法的发展也提供了强有力的推动力。

(三)环境标准的分类

按标准的性质和内容可将环境标准分成5类，即环境质量标准、污染物排放标准(或控制标准)、环境监测方法标准、环境标准样品标准和环境基础标准。

按其所具有的法律性质，环境标准又可以分为强制性标准和推荐性标准两种。环境质量标准、污染物排放标准和法律、法规规定必须执行的其他环境标准均为强制性标准，必须强制执行。国家强制性标准编码为“GB XX—××××”，环保行业强制性标准编码为“HJ XX—××××”。强制性标准以外的环境标准均属推荐性标准，国家鼓励采用推荐性环境标准，但推荐性标准被强制性标准引用后则变为强制性标准，必须强制执行。国家推荐性标准编码为“GB/T XX—××××”，环保行业推荐性标准编码为“HJ/T XX—××××”。

二、环境标准体系

我国现行的环境标准体系是从国情出发，总结多年来环境标准工作经验和参考国际和国外的环境标准体系制定的，分为两级七个类型。具体分为国家环境标准、地方环境标准和国家环境保护总局标准。国家环境标准包括国家环境质量标准、国家污染物排放标准、国家环境监测方法标准、国家环境标准样品标准和国家环境基础标准。地方环境标准包括地方环境质量标准和地方污染物排放标准。

1. 国家环境标准

在国家环境标准中可以分成5类：国家环境质量标准、污染物排放标准、环境监测方法标准、环境标准样品(物质)标准和环境基础标准。

(1)国家环境质量标准　为了保护人类健康、维持生态平衡和保障社会物质财富，并考虑技术经济条件、对环境中有害物质和因素所做的限制性规定。它是衡量环境质量的依据、环保政策的目标、环境管理的依据、也是制定污染物控制标准的基础。

(2)国家污染物排放标准(或控制标准)　为了实现环境质量要求而对污染源产生排入环境的污染物质或有害因素，结合技术经济条件和环境特点做出的限制性规定。是根据国家环境标准以及适用的污染控制技术，并考虑经济承受能力，对排入环境的有害物质和产生污染的各种因素所作的限制性规定，是对污染源控制的标准。

(3)国家环境监测方法标准　在环境保护领域内以采样、分析、测定、试验和统计等方法为对象所制定的统一技术规定。统一的方法标准，对于规范环境监测过程和统计等人员操作，提高环境监测、统计等数据的准确性，保证监测数据的可比性以及获得的信息质量具有重要的意义。

(4)国家环境标准样品标准　环境标准样品是指在环境保护工作中，用来标定仪器、验证测量方法、进行量值传递或质量控制的标准材料或物质。环境标准样品标准是为保证环境监测数据的准确、可靠，对环保标准样品必须达到的要求所作的统一技术规定，在保证标准样品用于环境管理中进行分析方法评价、分析仪器及其灵敏度的评价和鉴别以及分析人员的操作技术评价等方面具有重要作用。

(5)国家环境基础标准　对环境标准工作中,需要统一的技术术语、符号、代号(代码)、图形、指南、导则、量纲单位及信息编码等所作的统一规定。

2.地方环境保护标准

地方环境标准是对国家环境标准的补充和完善,由省、自治区、直辖市人民政府制定。由于我国幅员辽阔,各地情况差别较大,近年来为控制环境质量的恶化趋势,一些地方已将总量控制指标纳入地方环境标准。对于省、自治区、直辖市人民政府制定机动车、船大气污染物地方排放标准严于国家排放标准的,须报经国务院批准。

地方性标准应具有国家标准中所没有规定的项目;地方标准应严于国家标准,以起到补充完善的作用;地方环境标准在执行上优先于国家环境标准执行。

3.国家环境保护行业标准

在国家标准和地方标准之外,在环境保护工作中对还需要统一的技术要求所制定的标准(包括执行各项环境管理制度、监测技术、环境区划、规划的技术要求、规范、导则等)。

国家环境保护行业标准分为强制性环境标准和推荐性环境标准。环境质量标准、污染物排放标准和法律、法规规定必须执行的其他标准为强制性标准。强制性环境标准必须执行,超标即违法。强制性标准以外的环境标准属于推荐性标准。国家鼓励采用推荐性环境标准,推荐性环境标准被强制性标准引用,也必须强制执行。

三、安全农产品生产环境标准

农产品的生产环境是指农产品在生产过程中所处的空间及大气因素、土壤因素等环境因素的综合。在农产品生长过程中,经常会受到来自内部和外界因素的影响。比如,放射性物质、人类喷洒的农药、化肥施用和矿山开采等造成对环境的破坏,可能会影响到农产品的生长,进而威胁到人类的健康。因此,安全产地和生态环境是目前生产农产品所必需的,换句话讲,要生产安全农产品,其生产环境应符合相应的环境标准,这也是保证食品安全性的最主要的措施之一。

(一)无公害农产品环境标准

1.无公害农产品产地生态环境要求

无公害蔬菜产地与生态环境应符合中华人民共和国国家标准 GB 18407.1—2001 相应的规定要求,无公害水果产地与生态环境应符合 GB 18407.2—2001 相应的规定要求。

①无公害蔬菜产地应选择不受污染源影响或污染物含量限制在允许范围之

内、生态环境良好的农业生产区域。

②土壤重金属背景值高的地区以及与土壤、水源环境有关的地方病高发区不能作为无公害蔬菜产地。

(1)无公害农产品产地水环境要求　无公害蔬菜产地与生态环境应符合中华人民共和国国家标准 GB 18407.1—2001 相应的规定要求。无公害农产品产地灌溉水质量标准应符合表 1-1 的要求。

表 1-1　无公害农产品农田灌溉水质量指标　mg/L

项　目	指　标	项　目	指　标
pH	5.5～8.5	砷	≤0.05
氯化物	≤250	铅	≤0.1
氰化物	≤0.5	镉	≤0.005
氟化物	≤3.0	六价铬	≤0.1
总汞	≤0.001	石油类	≤1.0

(2)无公害农产品产地大气环境要求　无公害农产品产地大气环境质量指标应符合表 1-2、表 1-3 的要求。

表 1-2　无公害蔬菜产地生态环境指标

项　目	指　标	
	日平均	1 h 平均
总悬浮颗粒物(标准状态)/(mg/m³)	≤0.30	—
二氧化硫(标准状态)/(mg/m³)	≤0.15	≤0.50
氮氧化物(标准状态)/(mg/m³)	≤0.10	≤0.15
氟化物/[μg/(dm³·d)]	≤5.0	—
铅(标准状态)/(μg/m³)	≤1.5	—

表 1-3　无公害水果产地生态环境指标

项　目	指　标	
	日平均	1 h 平均
总悬浮颗粒物(标准状态)/(mg/m³)	≤0.30	—
二氧化硫(标准状态)/(mg/m³)	≤0.15	≤0.50
氮氧化物(标准状态)/(mg/m³)	≤0.12	≤0.24
氟化物/[μg/(dm³·d)]	≤5.0	月平均≤10
铅(标准状态)/(μg/m³)	≤1.5	季平均≤1.5

(3)无公害农产品产地土壤环境要求　无公害农产品产地土壤环境质量指标应符合表1-4和表1-5的要求。

表1-4　无公害蔬菜产地土壤质量指标　mg/kg

项　目	指　标		
	pH<6.5	pH6.5～7.5	pH>7.5
总汞	≤0.3	≤0.5	≤1.0
总砷	≤40	≤30	≤25
铅	≤100	≤150	≤150
镉	≤0.3	≤0.3	≤0.6
六价铬	≤150	≤200	≤250
六六六	≤0.5	≤0.5	≤0.5
滴滴涕	≤0.5	≤0.5	≤0.5

表1-5　无公害水果产地土壤质量标准　mg/kg

项　目	指　标		
	pH<6.5	pH6.5～7.5	pH>7.5
总汞	≤0.30	≤0.50	≤1.0
总砷	≤40	≤30	≤25
铅	≤250	≤300	≤350
镉	≤0.30	≤0.30	≤0.60
六价铬	≤150	≤200	≤250
六六六	≤0.5	≤0.5	≤0.5
滴滴涕	≤0.5	≤0.5	≤0.5

2.无公害畜禽肉产地生态环境要求

对无公害畜禽肉产地与生态环境要执行GB 18407.3—2001相应的规定要求。

(1)选址及设施

①畜禽养殖地、屠宰和畜禽类产品加工必须选择生态环境良好、无或不直接受工业“三废”及农业、城镇生活、医疗废弃物污染的生产区域。选址应参照国家相关标准的规定，避开水源防护区、风景名胜区、人口密集区等环境敏感地区，符合环境保护、兽医防疫要求，场区布局合理，生产区和生活区严格分开。

②养殖区周围500 m范围内、水源上游没有对产地环境构成威胁的污染源，

包括工业“三废”、农业废弃物、医院污水及废弃物、城市垃圾和生活污水等污物。

③与水源有关的地方病高发区，不能作为无公害畜禽肉类产品生产、加工地。

④养殖地应设置防止渗漏、径流、飞扬且具一定容量的专用储存设施和场所，设有粪尿污水处理设施，畜禽粪便处理后应符合 GB 7959—1987 和 GB 14554—1993 的规定，畜禽病害肉尸及其产品无害化处理应符合 GB 16548—2006 的有关规定，排放出的生产和加工废水应符合 GB 8978—1996 的有关规定。

⑤饲养和加工场地应设有与生产相适应的消毒设施、更衣室、兽医室等，并配备工作所需的仪器设备，肉类加工厂卫生应符合 GB 12694—1990 的有关规定。

(2)防疫要求

①按照《中华人民共和国动物防疫法》及 GB 16549—1996 规定的要求进行。

②采用“全进全出”养殖管理模式，生产地应建有隔离区。

③实施灭鼠、灭蚊、灭蝇，禁止其他家畜禽进入养殖场内。

④发现疫情应立即向当地动物防疫监督机构报告，接受防疫机构的指导，尽快控制、扑灭疫情，病死畜禽按 GB 16548—1996 规定进行无害化处理。

(3)消毒要求

①养殖场应建立消毒制度，定期开展场内外环境消毒、畜禽体表消毒、饮用水消毒等不同消毒方式。

②使用的消毒药应安全、高效、低毒、无残留。

③进出车辆和人员应严格消毒。

(4)畜禽肉产地水环境要求　无公害产品畜禽饮用水质量指标应符合表 1-6 的要求。

表 1-6　无公害产品畜禽饮用水质量指标

项　目	指　标	项　目	指　标
砷/(mg/L)	≤0.05	氟化物(以 F 计)/(mg/L)	≤1.0
汞/(mg/L)	≤0.001	氯化物(以 Cl 计)/(mg/L)	≤250
铅/(mg/L)	≤0.05	六六六/(mg/L)	≤0.001
铜/(mg/L)	≤1.0	滴滴涕/(mg/L)	≤0.005
六价铬/(mg/L)	≤0.05	总大肠菌群/(MPN/L)	≤3
镉/(mg/L)	≤0.01	pH	6.5～8.5
氰化物/(mg/L)	≤0.05		

无公害畜禽肉产地大气环境质量指标应符合表1-7的要求。

表1-7　无公害畜禽肉产地生态环境指标

项目	场区	雏禽舍	成禽舍	猪舍	牛舍
氨气/(mg/m^3)	5	10	15	25	30
硫化氢/(mg/m^3)	2	2	10	10	8
二氧化碳/(mg/m^3)	750	1 500	1 500	1 500	1 500
可吸入颗粒(标准状态)/(mg/m^3)	1	4	4	1	2
总悬浮颗粒物(标准状态)/(mg/m^3)	2	8	8	3	4
恶臭(稀释倍数)	50	70	70	70	70

3.无公害水产品产地生态环境要求

无公害水产品产地与生态环境应符合GB 18407.4—2001的规定要求。

(1)产地要求

①养殖地应是生态环境良好,无或不直接受工业“三废”及农业、城镇生活、医疗废弃物污染的水(地)域。

②养殖地区域内及上风向、灌溉水源上游,没有对产地环境构成威胁的(包括工业“三废”、农业废弃物、医院污水及废弃物、城市垃圾和生活污水等)污染源。

(2)渔业水质要求　渔业水质质量应符合GB 11607—1989的规定,见表1-8。

表1-8　渔业水质标准

项　目	指　标
色、臭、味	不得使鱼、虾、贝、藻类带有异色、异臭、异味
漂浮物质	水面不得出现明显油膜或浮沫
悬浮物质/(mg/L)	人为增加的量不得超过10,而且悬浮物质沉积于底部后,不得对鱼、虾、贝类产生有害的影响
pH	淡水6.5～8.5,海水7.0～8.5
溶解氧/(mg/L)	连续24 h中,16 h以上必须大于5,其余任何时候不得低于3,对于鱼类栖息水域冰封期其余任何时候不得低于4
生化需氧量(5 d、20℃)/(mg/L)	不超过5,冰封期不超过3
总大肠菌群(个/L)	5 000(贝类养殖水质500)
汞/(mg/L)	≤0.000 5
镉/(mg/L)	≤0.005
铅/(mg/L)	≤0.05

续表 1-8

项 目	指 标
铬/(mg/L)	≤0.1
铜/(mg/L)	≤0.01
锌/(mg/L)	≤0.1
镍/(mg/L)	≤0.05
砷/(mg/L)	≤0.05
氰化物/(mg/L)	≤0.005
硫化物/(mg/L)	≤0.2
氟化物(以 F 计)/(mg/L)	≤1.0
非离子氨/(mg/L)	≤0.02
凯氏氮/(mg/L)	≤0.05
挥发性酚/(mg/L)	≤0.005
黄磷/(mg/L)	≤0.001
石油类/(mg/L)	≤0.05
丙烯腈/(mg/L)	≤0.5
丙烯醛/(mg/L)	≤0.02
六六六(丙体)/(mg/L)	≤0.002
滴滴涕/(mg/L)	≤0.001
马拉硫磷/(mg/L)	≤0.005
五氯酚钠/(mg/L)	≤0.01
乐果/(mg/L)	≤0.1
甲胺磷/(mg/L)	≤1
甲基对硫磷/(mg/L)	≤0.000 5
呋喃丹/(mg/L)	≤0.01

(3)无公害水产品产地底质要求

①底质无工业废弃物和生活垃圾,无大型植物碎屑和动物尸体。

②底质无异色、异臭,自然结构。

③底质有害有毒物质最高限量应符合规定。无公害水产品产地底质有害有毒物质最高限量应符合表 1-9 的规定。

表 1-9　底质有害有毒物质最高限量　　mg/kg 湿重

项　目	指　标	项　目	指　标
总汞	≤0.2	铬	≤50
镉	≤0.5	砷	≤20
铜	≤30	滴滴涕	≤0.02
锌	≤150	六六六	≤0.5
铅	≤50		

4. 无公害生产加工环境质量标准

无公害生产加工用水质量标准应符合生活饮用水卫生标准(GB 5749—2006)中规定的生活饮用水水质常规指标及限值。

无公害生产加工环境空气质量标准应符合空气质量标准(GB 3095—1996)中的三级标准规定的污染物限量标准。

(二)绿色食品环境标准

农业部行业标准(NY/T 391—2000)《绿色食品产地环境质量标准》规定了绿色食品产地的环境空气质量、农田灌溉水质、渔业水质、畜禽养殖水质和土壤环境质量的各项指标及浓度限值、监测和评价方法,提出了绿色食品产地土壤肥力分级和土壤质量综合评价方法。该标准适用于绿色食品(AA 级和 A 级)生产的农田、蔬菜地、果园、茶园、饲养场、放牧场和水产养殖场。

绿色食品生产基地应选择在无污染和生态条件良好的地区。基地选点应远离工矿区和公路铁路干线,避开工业和城市污染源的影响,同时绿色食品生产基地应具有可持续的生产能力。

1. 绿色农产品产地环境标准

绿色食品是指产自优良环境,按照规定的技术规范生产,实行全程质量控制,无污染、安全、优质并使用专用标志的食用农产品及加工品。绿色食品标准要高于无公害食品标准。

农业部行业标准(NY/T 391—2000)《绿色食品产地环境质量标准》规定了绿色食品产地的环境空气质量、农田灌溉水质、渔业水质、畜禽养殖水质和土壤环境质量的各项指标及浓度限值、监测和评价方法。提出了绿色食品产地土壤肥力分级和土壤质量综合评价方法。该标准适用于绿色食品(AA 级和 A 级)生产的农田、蔬菜地、果园、茶园、饲养场、放牧场和水产养殖场。

绿色食品生产基地应选择在无污染和生态条件良好的地区。基地选点应远离工矿区和公路铁路干线，避开工业和城市污染源的影响，同时绿色食品生产基地应具有可持续的生产能力。

（1）绿色农产品产地水环境标准　农田灌溉水中各项污染物含量应符合表1-10的规定要求。

表1-10　绿色农产品农田灌溉水中各项污染物的指标要求

项　目	指　标	项　目	指　标
pH	5.5～8.5	总铅/(mg/L)	≤0.1
总汞/(mg/L)	≤0.001	六价铬/(mg/L)	≤0.1
总镉/(mg/L)	≤0.005	氟化物/(mg/L)	≤2.0
总砷/(mg/L)	≤0.05	粪大肠杆菌*/(个/L)	≤10 000

注：*灌溉菜园用的地表水需测粪大肠菌群，其他情况不测粪大肠菌群。

（2）绿色农产品产地大气环境质量标准　绿色农产品产地大气环境质量标准应符合表1-11的要求。

表1-11　绿色食品产地大气中各项污染物的指标要求(NY/T 391—2000)

项　目	指　标	
	日平均	1 h平均
总悬浮颗粒物/(mg/m^3)	≤0.30	—
二氧化硫/(mg/m^3)	≤0.15	≤0.50
氮氧化物/(mg/m^3)	≤0.10	≤0.15
氟化物/$(\mu g/m^3)$	≤7	≤20
$\mu g/(dm^2 \cdot d)$(挂片法)	≤1.8	

注：①日平均是指任何1日的平均指标。

②1 h平均是指任何1小时的平均指标。

③连续采样3 d，1日3次，晨、午和夕各1次。

④氟化物采样可用动力采样滤膜法或用石灰滤纸挂片法，分别按各自规定的指标执行，石灰滤纸挂片法挂置7 d。

（3）绿色农产品产地土壤环境质量标准　绿色农产品产地土壤环境质量标准应符合表1-12的要求。土壤肥力要达到表1-13中Ⅰ、Ⅱ级指标。

2.绿色食品生产渔业水质要求

绿色食品产地渔业用水中各项污染物含量应符合表1-14的要求。

表 1-12 绿色农产品产地土壤中各项污染物的指标限值 mg/kg

耕作条件	旱田			水田		
pH	<6.5	6.5～7.5	>7.5	<6.5	6.5～7.5	>7.5
镉	≤0.30	≤0.30	≤0.40	≤0.30	≤0.30	≤0.40
汞	≤0.25	≤0.30	≤0.35	≤0.30	≤0.40	≤0.40
砷	≤25	≤20	≤20	≤20	≤20	≤15
铅	≤50	≤50	≤50	≤50	≤50	≤50
铬	≤120	≤120	≤120	≤120	≤120	≤120
铜	≤50	≤60	≤60	≤50	≤60	≤60

注:①果园土壤中的铜限量为旱田中铜限量的1倍。

②水旱轮作用的标准值取严不取宽。

表 1-13 绿色农产品产地土壤肥力分级参考指标

项目	级别	旱地	水地	菜地	园地	牧地
有机质/(mg/kg)	Ⅰ	>15	>25	>30	>20	>20
	Ⅱ	10～15	20～25	20～30	15～20	15～20
	Ⅲ	<10	<20	<20	<15	<15
全氮/(g/kg)	Ⅰ	>1.0	>1.2	>1.2	>1.0	—
	Ⅱ	0.8～1.0	1.0～1.2	1.0～1.2	0.8～1.0	—
	Ⅲ	<0.8	<1.0	<1.0	<0.8	—
有效磷/(mg/kg)	Ⅰ	>10	>15	>40	>10	>10
	Ⅱ	5～10	10～15	20～40	5～10	5～10
	Ⅲ	<5	<10	<20	<5	<5
有效钾/(mg/kg)	Ⅰ	>120	>100	>150	>100	—
	Ⅱ	80～120	50～100	100～150	50～100	—
	Ⅲ	<80	<50	<100	<50	—
阳离子交换量/(cmol/kg)	Ⅰ	>20	>20	>20	>15	—
	Ⅱ	15～20	15～20	15～20	15～20	—
	Ⅲ	<15	<15	<15	<15	—
质地	Ⅰ	轻壤、中壤	中壤、重壤	轻壤	轻壤	沙壤
	Ⅱ	中壤				
	Ⅲ	沙壤、重壤	沙壤、轻黏土	沙壤、中壤	沙壤、中壤	重壤

注:土壤肥力级别Ⅰ为优良,Ⅱ为尚可,Ⅲ为较差。

表 1-14　绿色食品生产渔业用水中各项污染物的指标要求

项　目	指　标	项　目	指　标
色、臭、味	不得使水产品带异色、异臭和异味	总镉/(mg/L)	≤0.005
漂浮物质	水面不得出现油膜或浮沫	总铅/(mg/L)	≤0.05
悬浮物/(mg/L)	人为增加的量不得超过 10	总铜/(mg/L)	≤0.01
pH	淡水 6.5～8.5，海水 7.0～8.5	总砷/(mg/L)	≤0.05
溶解氧/(mg/L)	>5	六价铬/(mg/L)	≤0.1
生化需氧量/(mg/L)	≤5	挥发酚/(mg/L)	≤0.005
总大肠菌群/(MPN/L)	≤5 000(贝类 500)	石油类/(mg/L)	≤0.05
总汞/(mg/L)	≤0.000 5		

3. 绿色食品生产畜禽养殖用水要求

绿色食品产地畜禽养殖用水中各项污染物应符合表 1-15 的规定。

表 1-15　绿色食品畜禽养殖用水中各项污染物的指标要求

项　目	指　标	项　目	指　标
色度	15 度，并不得呈现其他异色	总砷/(mg/L)	≤0.05
浊度	3 度	总汞/(mg/L)	≤0.001
臭、味	不得有异臭、异味	总镉/(mg/L)	≤0.01
肉眼可见物	不得含有	六价铬/(mg/L)	≤0.05
pH	6.5～8.5	总铅/(mg/L)	≤0.05
氟化物/(mg/L)	≤1.0	细菌总数/(个/mL)	≤100
氰化物/(mg/L)	≤0.05	总大肠菌群/(个/L)	≤3

(三)有机食品环境标准

为了推动农业环境保护事业的发展，减少和防止农药、化肥等农用化学品对环境的影响，提高我国有机农业的生产水平，保证有机食品生产和加工的质量，向社会提供纯天然、无污染、高品位的食品，满足市场的需求。我国有机食品认证机构比较分散，各行其是。首先是国家环境保护局(NEPA)委托国家环境保护局有机食品发展中心(OFDC)根据国际有机农业运动联合会(IFOAM)有机农业生产和食品加工的基本标准，参照国际有机作物改良协会(OCIA)、美国加利福尼亚州有机农民协会(CCOF)以及其他国家(德国、日本等)有机农业和食品生产、加工标准，结合我国具体情况制定了《有机（天然）食品生产和加工技术规范》。之后，中国农科院的荣叶新开展了有机基层认证工作，中国华夏认证中心也开展了农产品方面的有机认证工作，参加国际有机农业运动联合会的单位就有20多家。为了统一规范有机产品包括有机食品的认证管理，2004年11月国家质检总局发布了《有机产品认证管理办法》，并于2005年4月1日开始施行。该办法共七章四十六条，并规定由国家认证认可监督管理委员会负责有机产品的统一管理，综合协调和监督工作。为了保证统一管理的有效实施，2005年1月国家标准化管理委员会发布了有机产品系列标准，并于2005年4月1日实施。

此外，有机食品生产用地还应符合以下要求：①有机食品生产应避免在废水污染源的固体废弃物周围进行，这些固体废弃物包括废水排放口、污水处理池、排污渠、重金属含量高的污灌区和被污染的河流、湖泊、水库，以及冶炼废渣、化工废渣、废化学药品、废溶剂、尾矿粉、煤矸石、炉渣、粉煤渣、污泥、废油及其他工业废料、生活垃圾等。②严禁未经处理的工业废水、废渣、城市生活垃圾和污水等废弃物进入有机食品生产用地，采取严格措施防止可能来自系统外的污染。

有机食品生产用水包括农田灌溉用水、渔业用水、畜禽饮用水及食品加工用水等。

1. 有机农产品产地水环境标准

（1）有机农产品农田灌溉用水标准　有机农产品生产农田灌溉用水质量指标应符合表1-16的要求。

表1-16　有机农产品农田灌溉水中各项污染物的指标要求

项　目	指　标	项　目	指　标
pH	5.5～8.5	硫化物/(mg/L)	≤1.0
汞(mg/L)	≤0.001	氟化物/(mg/L)	≤2.0
砷/(mg/L)	≤0.05(水田、蔬菜)，0.1(旱田)	氰化物/(mg/L)	≤0.5
铅/(mg/L)	≤0.1	石油类/(mg/L)	≤0.5
镉/(mg/L)	≤0.005	有机硫农残	不得检出
六价铬/(mg/L)	≤0.1	六六六	不得检出
氯化物/(mg/L)	≤250	滴滴涕	不得检出
硫酸盐/(mg/L)	≤250	大肠菌群/(MPN/L)	≤10 000 (生吃瓜果收获前1周)

（2）有机产品渔业用水质量标准　有机产品渔业用水质量指标应符合表1-17的要求。

表 1-17　有机产品渔业用水中各项污染物的指标要求

项　目	指　标
色、臭、味	不得使鱼、虾、贝、藻类有异色、异味、异臭
漂浮物质	水面不得出现明显油膜或浮沫
pH	淡水 6.5～8.5，海水 7.0～8.5
溶解氧(O_2)/(mg/L)	连续 24 h、16 h 以上必须大于 5，其余任何时候不得低于 3
BOD(5 d、20℃)	≤5
总大肠菌群/(MPN/L)	≤5 000(贝类养殖≤500)
汞/(mg/L)	≤0.000 5
砷/(mg/L)	≤0.05
铅/(mg/L)	≤0.05
镉/(mg/L)	≤0.005
六价铬/(mg/L)	≤0.1
氰化物/(mg/L)	≤0.005
氟化物/(mg/L)	≤1.0
有机硫农残/(mg/L)	不得检出
六六六/(mg/L)	不得检出
滴滴涕/(mg/L)	不得检出

(3)有机产品畜禽饮用水质量标准　有机产品畜禽饮用水质量指标应符合表 1-18 的要求。

表 1-18　有机产品畜禽饮用水中各项污染物指标要求

项　目		标准值	
		畜	禽
感官性状及一般化学指标	色度	不超过 30°	
	浑浊度	不超过 20°	
	臭和味	不得有异臭、异味	
	肉眼可见物	不得含有	
	总硬度(以 $CaCO_3$ 计)/(mg/L)	≤1 500	
	pH	5.5～9	6.8～8.0
	溶解性总固体/(mg/L)	≤4 000	≤2 000
	氯化物(以 Cl^- 计)/(mg/L)	≤1 000	≤250
	硫酸盐(以 SO_4^{2-} 计)/(mg/L)	≤500	≤250

续表 1-18

项目		标准值	
		畜	禽
细胞学指标	总大肠菌群/(个/100 mL)	成年畜≤10,幼畜和禽≤1	
毒理学指标	氟化物(以 F^- 计)/(mg/L)	≤2.0	≤2.0
	氰化物/(mg/L)	≤0.2	≤0.05
	总砷/(mg/L)	≤0.2	≤0.2
	总汞/(mg/L)	≤0.01	≤0.001
	铅/(mg/L)	≤0.1	≤0.1
	铬(六价)/(mg/L)	≤0.1	≤0.05
	镉/(mg/L)	≤0.05	≤0.01
	硝酸盐(以 N 计)/(mg/L)	≤30	≤30
	马拉硫磷/(mg/L)	≤0.25	
	内吸磷/(mg/L)	≤0.03	
	甲基对硫磷/(mg/L)	≤0.02	
	对硫磷/(mg/L)	≤0.003	
	乐果/(mg/L)	≤0.08	
	林丹/(mg/L)	≤0.004	
	百菌清/(mg/L)	≤0.01	
	甲萘威/(mg/L)	≤0.05	
	2,4-D/(mg/L)	≤0.1	

(4)有机食品加工用水质量标准　有机食品加工用水质量指标应符合表 1-19 的要求。

2.有机食品生产空气质量标准

有机食品是纯天然、无污染、安全营养的食品,也可称为“生态食品”。有机农产品生产全部过程都利用农业资源,而不是利用农业以外的能源(化肥、农药、生产调节剂和添加剂等)影响和改变农业的能量循环。有机食品产地空气按《环境空气质量标准》(GB 3095—1996)中规定的一级标准要求,见表 1-20。

表 1-19　有机食品加工用水中各项污染物指标要求

项　目	指　标
色度	色度不超过 15 度，并不得呈现其他异色
臭、味	不得有异色、异味
肉眼可见物	不得含有
pH	6.5～8.5
总硬度（以碳酸钙计）/（mg/L）	≤450
挥发酚类（以苯酚计）/（mg/L）	≤0.002
氰化物/（mg/L）	≤0.005
氟化物/（mg/L）	≤1.0
汞/（mg/L）	≤0.000 1
砷/（mg/L）	≤0.05
铅/（mg/L）	≤0.05
镉/（mg/L）	≤0.005
硝酸盐（以氮计）/（mg/L）	≤10
有机硫农残/（mg/L）	不得检出
六六六/（mg/L）	不得检出
滴滴涕/（mg/L）	不得检出
细菌总数（CFU/mL）	≤100
总大肠菌群/（MPN/L）	≤3

表 1-20　有机食品生产地空气环境标准　　mg/m^3

项　目	标准			
	日平均	任何一次	年平均	小时平均
总悬浮颗粒	0.12	0.30	0.08	—
可吸入颗粒物	0.05	0.15	0.04	—
二氧化硫	0.05	0.05	0.02	0.15
氮氧化物	0.05	0.10	0.05	0.15
一氧化碳	4.00	10.0	—	10.0
臭氧	—	—	—	0.12

注：①日平均为任何 1 日的平均浓度。

②任何 1 次为任何 1 次采样值。采样时间为 1 天 3 次，7:00～8:00（晨），14:00～15:00（午），17:00～18:00（晚），连续采样 3 d。

3. 有机农产品生产土壤环境质量标准

有机农产品生产土壤环境质量应符合表 1-21 的要求

表 1-21　有机食品生产土壤标准　mg/kg

土壤类型	铜	铅	镉	砷	汞	铬
褐土	≤4.3	≤21.3	≤0.100	≤11.6	≤0.040	≤64.8
潮土	≤24.1	≤21.9	≤0.103	≤9.7	≤0.047	≤66.6
水稻土	≤5.3	≤34.4	≤0.142	≤10.0	≤0.183	≤65.8
棕壤	≤22.4	≤25.1	≤0.092	≤10.8	≤0.053	≤64.5
草甸土	≤9.8	≤22.4	≤0.080	≤8.8	≤0.039	≤51.1
沼泽土	≤20.8	≤22.1	≤0.092	≤9.6	≤0.041	≤58.3
盐土	≤23.3	≤23.0	≤0.100	≤10.6	≤0.041	≤62.7
碱土	≤18.7	≤17.5	≤0.088	≤10.7	≤0.025	≤53.3
风沙土	≤8.8	≤13.8	≤0.044	≤4.3	≤0.016	≤24.8

注：有机磷农药残留、六六六、滴滴涕均不得检出。

Ⅱ. 学习拓展

在学习学习情境Ⅰ时，作为学习的参考，要求学生在课后阅读《食品环境学》，了解“环境与环境问题”以及“食品安全与环境污染”两方面的知识。

学习情境Ⅱ 环境监测的质量保证

学习指南

1.学习情境Ⅱ以资料学习为主，同时要将所学的知识应用到实践中，正确处理检测数据，为获得正确的检测结果作保证。此部分学习虽没有具体工作任务，但它是每一个工作任务完成的保证。

2.为了更好地学习本部分内容，学生应具备概率与数理统计、分析数据的处理等相关知识。学生在课后应把《概率与数理统计》、《分析化学》所学的相关知识进行系统的复习。

3.学习情境Ⅱ的主要参考资料：《概率与数理统计》、《分析化学》和《环境监测》。

Ⅰ.学习资料

一、环境监测质量保证概述

环境监测的根本目的在于为环境管理与评价服务。正确的环境对策基于对环境的正确认识、评价和分析；错误的、不具代表性的监测结论可能会导致错误的和片面的环境对策，从而给国民经济、人们的生命财产带来巨大的损失。因此，在环境监测中得出错误的结果比没有结果更坏。

目前，环境监测已逐渐发展成为由众多实验室和广大分析人员共同参加的监测网，像全球环境监测系统（水、大气、生物）、全国环境背景值、调查协作网络、全国酸雨监测系统、全国粮食中有机氯农药调查等大型协作项目，都迫切要求监测数据具有时间、空间的可比性，以评价实验室内部、外部的数据是否准确一致，评价环境质量的变化，从而制定正确的环境对策。

世界各国在环境监测开始阶段，由于当时还没有标准物质，也没有采用保证数据质量的措施，使得同一样品由不同单位测定的结果可以相差几倍甚至十几倍，所以无从评价每个实验室的测定结果。再者由于数据分散，难以通过检测结果判断该污染水平。

怎样才能实现环境监测数据的准确、一致与可靠呢？图 2-1 中描述了一个准确一致的测定系统。在图中，从Ⅰ到Ⅵ各部分的作用在于把准确性传递到它的下一步，并提供对它上一步的追溯能力。这就保证了测量系统的一致性。在系统的顶部是所谓的权威方法，这些方法能够给出可能得到的准确值。然而，绝大多数权威方法是很复杂的，难以在常规监测中应用。但是，用这类方法能够把准确值逐步传递到可以直接在常规监测中应用的标准方法和现场方法。

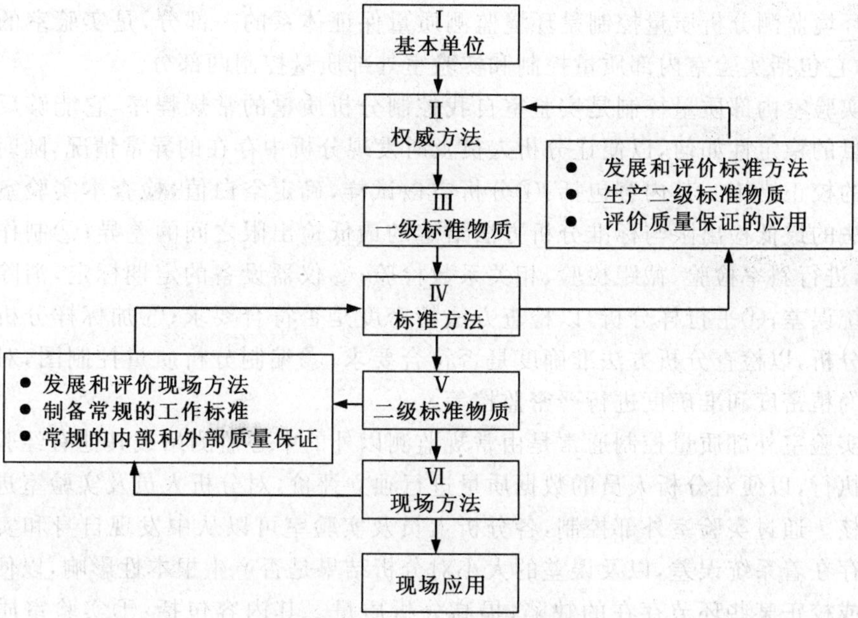

图 2-1　准确一致的测定系统

当然，仅仅通过标准物质和标准方法来实现准确一致的环境监测还是不够的。通常我们认为，准确的测量受到分析人员、分析方法、标准物、试剂、采样、运输、保存以及环境条件等多方面的影响，因此，包括准确的采样和样品运输保存、标准的方法、良好的试验操作、合格的分析人员在内的实验室内部外部的质量保证和质量控制，才是实现完整的准确一致测量结果的条件保证。

(一)环境监测质量保证体系和内容

环境监测质量保证是指为保证监测数据的准确性、精密性、代表性、完整性和可比性所应采取的措施,它是保证监测数据准确可靠的重要手段,也是科学管理实验室和监测系统的有效措施。环境监测质量保证的内容包括:制订质量保证的任务和计划,根据计划和可能确定一些监测指标和数据的质量要求,规定相应的分析测量系统,实验室分析质量控制,以及与此有关的标准物质定值和分析方法要求等。其内容包括采样、样品的现场处理、运输和储存、实验室供应、仪器设备、试剂要求、器皿的选择和校准、试剂、溶剂和基准物质的选用、统一测量方法、质量控制的程序 、数据记录、计算和修约等。

(二)环境监测分析质量控制

环境监测分析质量控制是环境监测质量保证体系的一部分,是实验室的质量保证,它包括实验室内部质量控制和实验室外部质量控制两部分。

实验室内部质量控制是实验室自我控制分析质量的常规程序,它能够反映分析质量的稳定性如何,以便让分析人员及时发现分析中存在的异常情况,随时采取相应的校正措施。其内容包括:①分析空白试样,确定空白值,检查本实验室该分析方法的最低检出限与标准分析方法给定的最低检出限之间的差异;②制作标准曲线,进行斜率检验、截距检验、相关系数检验;③仪器设备的定期标定,消除仪器的系统误差;④平行样分析,以检查方法精密度是否符合要求;⑤加标样分析及密码样分析,以检查分析方法准确度是否符合要求;⑥编制分析质量控制图,对分析过程的精密度和准确度进行严密监控等。

实验室外部质量控制通常是由常规监测以外的中心监测站或其他有经验的人员来执行,以便对分析人员的数据质量进行独立评价,对分析人员及实验室进行实际考核。通过实验室外部控制,各分析人员及实验室可以从中发现自身和实验室是否存在着系统误差,以及误差的大小对分析结果是否产生根本性影响,以便及时纠正或校正某些环节存在的缺陷,提高分析质量。其内容包括:①实验室质量考核;②实验室误差测试;③实验室标准溶液的比对。

二、相关概念

(一)总体和样本

1. 总体和个体

研究对象的全体称为总体,组成总体的每个满足指定条件的基本单元称个体。在实际工作中,我们只对某个指标感兴趣,x 是一个随机变量,因而总体往往又指

该随机变量 x 取值的全体，其中的每一个值均应为实数。如果表征总体的随机变量 x 的分布函数为 $F(x)$，我们也可把总体称作总体 $F(x)$。

2. 样本和样本容量

取自总体中的一部分用于实际观测的个数就称为样本。如果样本是按随机原则抽取，亦即总体中每个个体被抽到的机会是均等的，并且在抽取一个个体之后，总体的成分不变，我们把这种样本称为随机样本。样本所含个体的数目叫此样本的容量，记作 n。

(二)平均数

平均数代表一组变量的平均水平或集中趋势，样本观测中大多数测定值靠近平均数。

1. 算术平均数 $\bar{x}$

算术平均数是最常用的，简称算术均数。其定义为：

$$\text{样本平均数 } \bar{x} = \frac{\sum x_i}{n} \quad n \text{ 为样本容量}$$

$$\text{总体平均数 } \mu = \frac{\sum x_i}{n} \quad n \to +\infty$$

算术均数易受数据中特大值或特小值的影响，因此仅对于对称分布的数据，算术均数才能反映其平均水平，对于偏态分布的则不适用。

2. 几何平均数

当变量呈等比关系时，常需用几何均数 G。n 个变量值的几何均数等于这些数的乘积的 n 次方根，即：

$$G = \left\{ \prod_{i=1}^{n} x_i \right\}^{1/n} \quad n = 1, 2, 3, \cdots$$

有的时候也常用对数式来计算几何平均数：

$$G = \text{anti lg} \left\{ \frac{1}{n} \sum_{i=1}^{n} x_i \right\} \quad n = 1, 2, 3, \cdots$$

或

$$G = \lg^{-1} \left[\frac{\sum \log x_i}{n} \right]$$

3. 中位数 M_e

将各数据按大小顺序排列，位居中间的数即为中位数，若样本容量为偶数，取中间两数的平均值。由于中位数位于一组数据的中间，大于中位数的变量数与小于中位数的变量数相等，不受极大或极小值的影响，所以在偏态分布中比算术均数更能代表数据的水平。

4. 众数 M_0

一组数据中出现频数最多的一个数据称为众数。

平均数表示集中趋势，当监测数据是正态分布时，其算术均数、中位数和众数三者重合。

(三)误差与准确度

1. 真值(x_t)

在某一时刻和某一位置或状态下，某量的效应体现出的客观值或实际值称为真值。真值分三种：

(1)理论真值　如三角形内角和等于180°，其180°是理论真值。

(2)约定真值　由国家基准或当地最高计量标准复现而赋予该特定量的值；或采用权威组织推荐的该量的值；有时也用某量的多次测量结果来确定该量的约定真值。

(3)标准器的相对真值(包括标准物质的相对真值)　高一级标准器的误差为低一级标准器或普通仪器误差的1/5(或1/20～1/3)时，可认为前者是后者的相对真值。

2. 误差及表示方法

任何测量结果都只趋近于真值，但不完全等于真值，也就是说在测量结果(x)和真值(x_t)总存在一定的差值，这种差值存在于测量全过程之中。测量结果与真值之间的差值就是误差，用以表示测量的准确度或曰测量结果和真值之间的符合程度。误差越小，测量结果准确度越高，测量结果越接近真值。误差常用绝对误差和相对误差来表示：

$$\text{绝对误差}=x-x_t$$

$$\text{相对误差}=\frac{x-x_t}{x_t}\times 100\%$$

3. 误差的种类

误差按其性质和产生原因，可分为系统误差和偶然误差。

(1)系统误差　又称可测误差，是由测量过程中某些确定性或经常性因素造成的，在一定条件下具有重现性，它不因测量次数的增加而消失或减小，总是以正的或负的值出现，且差值大小相差不大。系统误差主要是由于方法缺陷、仪器不准、试剂不纯、恒定的操作人员主观因素等造成的。

(2)偶然误差 又称未定误差，是由测定过程中各种偶然性或不确定性因素所造成的。偶然误差是可变的，重复测量时不具有重现性，其值或正、或负、或高、或低，但偶然误差遵从正态分布，可通过增加测量次数取测量结果均值来加以减免。

操作过失不属于误差，它明显地歪曲测量结果，因而一旦发现，必须及时改正。

4.误差的累积

(1)系统误差的累积 若分析结果 R 是由 A(误差 α)、B(误差 β)、C(误差 γ)三个值测量值进行加减运算($R=A\pm B\pm C$)得到，则：ρ(结果误差)$=\alpha+\beta+\gamma$，其结果表示为：$R+\rho=(A\pm B\pm C)\pm(\alpha+\beta+\gamma)$。

若 R 是由 A(误差 α)、B(误差 β)、C(误差 γ)三个值测量值进行乘除运算[$R=(A\times B)/C$]得到，则：ρ(结果误差)$/R=\alpha/A+\beta/B+\gamma/C$，其结果表示为：$R+\rho=(A\times B)/C\pm(\alpha/A+\beta/B+\gamma/C)\times(A\times B)/C$。

(2)偶然误差的累积 若分析结果 R 是由 A(标准偏差 S_A)、B(标准偏差 S_B)、C(标准偏差 S_C)三个值测量值进行加减运算($R=A\pm B\pm C$)得到，则：S_R(结果标准差)$^2=S_A^2+S_B^2+S_C^2$；若分析结果 R 是由 A(标准偏差 S_A)、B(标准偏差 S_B)、C(标准偏差 S_C)三个值测量值进行乘除运算[$R=(A\times B)/C$]得到，则：$(S_R/R)^2=(S_A/A)^2+(S_B/B)^2+(S_C/C)^2$。

5.准确度

准确度是一个特定的分析程序所获得的分析结果(单次测定值和重复测定值的均值)与假定的或人工的真值之间符合程度的度量。它反映分析方法或测量系统存在的系统误差和偶然误差两者的综合指标，并决定其分析结果的可靠性。准确度用绝对误差和相对误差表示。

评价准确度的方法有两种：第一种是用某一方法分析标准物质，根据其结果确定其准确度；第二种是“加标回收”法，即在样品中加入标准物质，测定其回收率，以确定准确度，多次回收试验还可以发现方法系统误差，这是目前常用且方便的方法，其计算式是：

$$\text{回收率}=\frac{\text{加标试样测定值}-\text{试样测定值}}{\text{加标量}}\times100\%$$

所以，通常加入标准物质的量应与待测物质的浓度水平接近，因为加入标准物质的大小对回收率有影响。

(四)精密度

精密度是指用一种特定的分析程序在受控条件下重复分析均一样品所得测定

值的一致程度，它反映分析方法或测量系统所存在偶然误差的大小，也可反映出分析人员的分析操作水平。极差、平均偏差、相对平均偏差、标准偏差和相对标准偏差都可以用来表示精密度的大小，较常用的是标准偏差。

1. 偏差

个别测量值（x_i）与多次测定均值（$\bar{x}$）之间的偏离叫偏差，分为绝对偏差、相对偏差、平均偏差、相对平均偏差和标准偏差等。

（1）绝对偏差（d_i）

$$d_i = x_i - \bar{x}$$

（2）相对偏差

$$相对偏差 = \frac{d_i}{\bar{x}} \times 100\%$$

（3）平均偏差

$$\bar{d} = \frac{1}{n}\sum_{i=1}^{n} |d_i|$$

（4）相对平均偏差

$$相对平均偏差 = \frac{\bar{d}}{\bar{x}} \times 100\%$$

2. 标准（偏）差

（1）样本标准偏差

$$S = \sqrt{\frac{\sum_{i=1}^{n}(x_i - \bar{x})^2}{n-1}}$$

（2）样本相对标准偏差（R. S. D，又称为变异系数 CV）

$$CV = \frac{S}{\bar{x}} \times 100\%$$

（3）总体标准偏差

$$\sigma = \sqrt{\frac{\sum_{i=1}^{N}(x_i - \mu)^2}{N}}$$

式中：N 为总体的容量；μ 为总体均值，$\frac{1}{N}\sum_{i=1}^{N} x_i$ 。

（4）极差

R，又称全距，是一组测量结果中最大值和最小值之间的差值

$$R = x_{\max} - x_{\min}$$

在讨论精密度时，常要遇到如下一些术语：

①平行性：指在同一实验室内，当分析人员、分析设备和分析时间都相同时，用同一分析方法对同一样品进行双份或多份平行样测定结果之间的符合程度。

②重复性：指在同一实验室内，当分析人员、分析设备和分析时间三因素中至少有一项不相同时，用同一分析方法对同一样品进行两次或两次以上独立测定结果之间的符合程度。

③再现性：指在同一实验室（分析人员、分析设备甚至分析时间都不相同）内，用一分析方法对同一样品进行多次测定结果之间的符合程度。

通常室内精密度是指平行性和重复性的总和；而室间精密度（即再现性）通常用分析标准溶液的方法来确定。

对于测量结果来说，由于真值的不可知，使得我们很难用准确度来评价测量结果，只能选择精密度来评价测量结果。一般来说，精密度与准确度的关系是：准确度越高，精密度也就越高；反之，精密度高，准确度不一定高，而精密度低，准确度一定不高。因此，为了确保高准确度，必须要保证有高的精密度。

(五)正态分布与置信区间

1. 正态分布

正态分布是一种重要的连续型理论分布，在相同的条件下，对同一样品测定的偶然误差均服从正态分布。正态分布的概率密度函数 $[\varphi(x)]$ 可以用下式表示，根据正态分布概率密度函数可画出正态分布曲线（图 2-2）。

$$\varphi(x)=\frac{1}{\sigma\sqrt{2\pi}}e^{-\frac{(x-\mu)^2}{2\sigma^2}}$$

式中：x 为分布中随机抽出的样本测定值；μ 为总体均值；σ 为总体标准偏差。

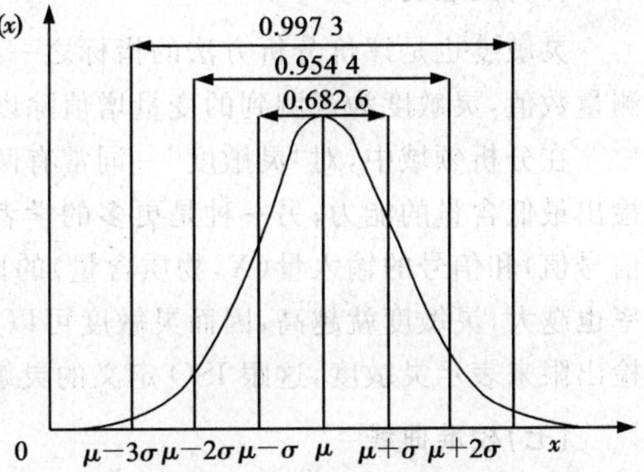

图 2-2　正态分布图

（崔树军. 环境监测. 2008.）

样本落在不同区间的概率也称作置信概率或置信水平，如概率（置信水平）为 95%，表示测定结果落在这个区间的可能性有 95%，而测定结果落在这个区间之外的几率只有 5%，这个几率也称作显著水平，常用 α 表示。表 2-1 是正态分布样本落在不同区间的概率。

表 2-1　正态分布样本落在不同区间的概率

区间	样本落在此区间的概率/%	区间	样本落在此区间的概率/%
$\mu\pm1.000\sigma$	68.26	$\mu\pm2.000\sigma$	95.44
$\mu\pm1.645\sigma$	90.00	$\mu\pm2.576\sigma$	99.00
$\mu\pm1.960\sigma$	95.00	$\mu\pm3.000\sigma$	99.73

2. 置信区间

表 2-1 中的区间也称作置信区间。如 $\mu\pm1.645\sigma$，表示有 90%的可能性测定结果在 $\mu\pm1.645\sigma$ 范围内，或者说有 10%的可能性测定结果在 $\mu\pm1.645\sigma$ 范围之外。置信区间的一般表达式为：

$$\mu=\bar{x}\pm\frac{t_{(\alpha,f)}\cdot S}{\sqrt{n}}$$

式中：$t_{(\alpha,f)}$ 为显著水平为 α、自由度为 f 的 t 分布值(可查相关统计手册得到)；$\bar{x}$ 为测定结果均值；S 为 n 次平行测定的标准偏差；n 为测定次数。

(六)灵敏度

灵敏度也是评价分析方法的指标之一。根据 ISO 的定义，对于一个给定的检测量数值，灵敏度为观测到的变量增值除以检测量的相应增值。

在分析领域中，对“灵敏度”一词常有两种理解：一种是认为灵敏度是表示方法检出最低含量的能力；另一种是更多的学者认为，灵敏度是反映信号的输出量(Y，信号值)和信号的输入量(X，物质含量)的比值，两者的比率越大，则校准曲线的斜率也越大，灵敏度就越高，因而灵敏度可以用校准曲线的斜率来表示，而不用最低检出限来表示灵敏度，这跟 ISO 定义的灵敏度具有一样的含义。

(七)校准曲线

在仪器分析中，我们一般都要用标准溶液作相对测量，待测物质的含量是通过作为已知含量的标准溶液进行比较得到的，而这种比较又是通过一个中间指示量(仪器的响应值)来实现的。用已知标准来确定被测量与指示量之间的关系，如果这种关系可以用一条曲线来表示，那么这条曲线就叫校准曲线。

校准曲线是用于描述待测物质的浓度或量与相应测量仪器的响应量与其他指标量之间的定量关系的曲线。校准曲线包括“工作曲线”(绘制校准曲线的标准溶液的分析步骤与样品分析步骤完全相同)和标准曲线(绘制校准曲线的标准溶液的分析步骤与样品分析步骤相比有所省略，如省略样品的前处理)。

监测中常用校准曲线的直线部分。某一方法的标准曲线的直线部分所对应的待测物质浓度(或量)的变化范围,称为该方法的线性范围。

(八)检出限与测定限

1.检出限

检出限也称检测限,为某特定分析方法在给定的置信度内可以从样品中检出待测物质的最低浓度或最小量。检出限通常是相对于空白试验而言的。

在《全球环境监测系统水检测操作指南》中规定:给定置信水平为95%时,样品测定值与零浓度的测定值有显著差异即为检出限(L)。当空白测定次数 $n \geqslant 20$ 时:

$$L = 4.6\sigma$$

当空白测定次数 $n < 20$ 时:

$$L = 2\sqrt{2} \times t_f \times s$$

式中:t_f 为显著水平为0.05、自由度为 f 的 t 值。

①分光光度分析中规定,以吸光度等于0.010时所对应的待测物质浓度值为检出限值。

②原子吸收分析中规定,以产生3倍空白吸光度标准偏差时对应的待测元素的浓度或含量来表示其检出限大小。

③气相色谱分析中的检出限即指最小检测量,系指监测器恰能产生和噪声相鉴别的信号时所需进入色谱柱的物质的最小量。一般认为恰能产生和噪声相鉴别的信号最小应为噪声的2倍,而最小检测浓度为最小检测量与进样量的体积之比。

④某些离子选择电极测定中规定,当校准曲线的直线部分外延的延长线与通过空白电位且平行于浓度轴的直线相交时,其交点所对应的浓度值即为该离子选择电极法的检出限。

2.测定限

(1)测定下限　是指在测定误差能够满足预定要求的前提下,用特定的方法能够准确地定量测定出的待测物质的最小浓度或含量。

测定下限是定量分析方法实际可能测定的某组分的下限,是个定量指标。而检出限是指产生一个能可靠地被检出的分析信号所需要的某元素的最小浓度或含量,是个定性指标。测定限不仅受到测定噪声的限制,而且还受到空白背景绝对水平的限制,只有当分析信号比噪声和空白背景大到一定程度时,才能可靠地分辨与检测出待测物质来。噪声和空白背景越高,实际能测定的浓度就越高,说明高的噪声和高的空白背景值会使测定限变坏。测定限在数值上总应高于检出限。

(2)测定上限　是指在限定误差能够满足预定要求的前提下，用特定方法能够准确地定量测定的待测物质的最大浓度或含量。

(九)空白试验

通常说的是方法空白试验，是指与试样分析同时进行的分析试验，通常是在不加试样的情况下，用蒸馏水代替试样，按照与试样分析同样的步骤和操作条件进行分析，以校正有关因素对分析结果的影响。空白试验应与试样测定同时进行，试样分析时仪器的响应值（如吸光度、峰高等）不仅是试样中待测物质的分析响应值，还包括所有其他因素，如试剂中杂质、环境及操作进程的玷污等的响应值，这些因素是经常变化的，为了了解它们对试样测定的综合影响，每次测定时均做空白实验，空白试验所得的响应值称空白试验值，由空白值可以计算出分析方法的最低检出限。

还有一种叫试剂空白，通常是对纯试剂（如水等）进行测定，其结果可以衡量纯试剂的质量是否符合分析要求。显然，试剂空白值应小于方法空白值。

三、数据处理的质量保证

(一)有效数字记录、修约和计算

在进行监测数据整理前，必须遵循有效数字的修约规则与计算规则。

①在有效数字的位数确定后，其后的数字一律按下列规则修约：四舍六入五选择，五后非零则进一，五后皆零视奇偶，五前为偶应舍去，五前为奇则进一。如：

修约前	修约后（保留一位小数）
22.342 6	22.3
22.263 1	22.3
22.250 1	22.3
22.250 0	22.2
22.350 0	22.4

另外需说明的是，若拟舍去的数字为两位以上的数字，应按上述规则一次修约，不得连续多次修约。

②在加减计算中其结果的误差限应与各数中的误差限最大的那一个相同。在小数运算中，加减计算的结果其小数点后应保留的位数与各数中小数点后位数最小者相同。在实际计算中，可将各数先修约成比小数点后位数最少的数多一位小数进行计算，计算结果再按上述修约规则修约。如：

362.32＋293.6＋87.952＋4.346 1≈3 622.32＋293.6＋87.95＋4.35＝748.22

修约后→748.2

当两个数值相近的近似值相减时，其差的有效数字位数将比原数值减少很多，如：

$$24.327\,1-24.326\,9=0.000\,2$$

原数值有六位有效数字，其差只有一位有效数字。在这种情况下，应尽量先做其他运算，最后再相减，或预先在原来的数值内尽可能多取几位有效数字。

③在乘除计算时，其结果的有效数字位数与各数中位数最少者相同。实际计算时可先将有效数字位数较多的数字先修约成比位数最少的数值多保留一位有效数字，然后进行计算，所得结果再按规则修约。如：

$$\frac{12.735\,2\times3.531\,1}{2.61}\approx\frac{12.735\times3.531}{2.61}=17.228\,844\,83\quad 修约后\rightarrow17.23$$

④近似值的平方、立方或多次方运算时，计算结果的有效数字位数与原数值位数相同。其方根也与原数值有效数字位数相同。

⑤对有效数字的第一位等于或大于 8 的数值进行计算时，有效数字可以多算一位，如：0.089 4 十分接近于 0.100 0，因此可以认为该数有四位有效数字。

⑥由于测定平均值的精度要优于个别测定值的精度，因此，在计算准确度相同的四个或四个以上的测定值的平均值时，其结果的有效数字位数可以增加一位。

⑦在计算式中的常数 π、e 等以及乘除因子，1/6 之类的数值的有效数字可以认为是无限的，可视需要来选取。

⑧在对数计算时，所取对数的位数（不含首数）应与真数的有效数字位数一致。

⑨对于标准偏差等表示测量精度数值的修约，一般情况下只取两位有效数字，测量次数大于 50 次时可多取一位。但必须注意对标准差等的修约时，不能用“四舍六进五单双”规则，而是只进不舍。例如，测定结果的标准偏差为 0.213 时，则应修约为 0.22 而不是 0.21，这是因为标准偏差 0.21 的精度高于 0.213，修约后反而提高精度是不合理的。

⑩对于自由度，只取整数部分，舍去小数部分，如 $\varphi=14.7$ 应取 $\varphi=14$。

在当今计算工具十分先进的情况下，计算工作量已不成问题，所以，在统计分析的一系列连续计算中，可以多保留几位有效数字，不必在每一步上拘泥于上述修约规则。只需注意在最终结果中保留合理的有效数字就可以了。

(二)可疑值的取舍

与正常数据不是来自同一分布总体，明显歪曲试验结果的测量数据，称离群数据；可能会歪曲试验结果，但尚未经检验断定其是否是离群数据的测量数据称为可疑数据。

在数据处理时，必须剔除离群数据，以使测定结果更符合客观实际。正常数据也总有一定的分散性，如果人为地删去一些误差较大但并非属离群的数据，由此得到精密度很高的测定结果也并不符合客观实际。因为测定数据中可能是测定过程中偶然误差波动的偏差表现，亦即虽然该值明显地偏离于其他数据，但仍然处在统计上所容许的合理误差范围内。该值与其他数据仍属同一总体，这种情况下不能将此可疑数字舍弃。所以对可疑数据的取舍必须遵循一定的原则。

在测量过程中发现明显的系统误差和过失误差，由此而产生的数据应随时剔除。而可疑数据的舍取应采取统计方法判别，即离群数据的检验。其检验方法较多，下面只介绍最常用的两种方法。

1. Dixon 检验法

Dixon 检验法按不同的测定次数分成不同的范围，采用不同的统计量，因此比较严密。此法适用于一组测量值的一致性检验和取舍离群值。其步骤如下：

①将一组测量数据按从小到大的顺序排列为 $x_1, x_2, \cdots, x_n$，x_1 和 x_n 分别为最小可疑值和最大可疑值。

②按表 2-2 计算公式求统计量 D 值。

③根据测量数据数目（样本容量）和给定的显著性水平 α，在表 2-2 中查得临界值 D_n。

表 2-2　Dixon 检验临界值表

样本容量	临界值 D_α		检验统计 D 计算公式	
n	$\alpha=0.05$	$\alpha=0.01$	检验最小值 x_1	检验最大值 x_n
3	0.941	0.988		
4	0.765	0.889		
5	0.642	0.780	$D=\frac{x_2-x_1}{x_n-x_1}$	$D=\frac{x_n-x_{n-1}}{x_n-x_1}$
6	0.560	0.698		
7	0.507	0.637		
8	0.554	0.683		
9	0.512	0.635	$D=\frac{x_2-x_1}{x_{n-1}-x_1}$	$D=\frac{x_n-x_{n-1}}{x_n-x_2}$
10	0.477	0.597		
11	0.576	0.679		
12	0.546	0.642	$D=\frac{x_3-x_1}{x_{n-1}-x_1}$	$D=\frac{x_n-x_{n-2}}{x_n-x_2}$
13	0.521	0.615		

续表 2-2

样本容量	临界值 D_α		检验统计 D 计算公式	
n	$\alpha=0.05$	$\alpha=0.01$	检验最小值 x_1	检验最大值 x_n
14	0.546	0.641		
15	0.525	0.616		
16	0.507	0.595		
17	0.490	0.577		
18	0.475	0.547		
19	0.462	0.535		
20	0.450	0.524	$D=\frac{x_3-x_1}{x_{n-2}-x_1}$	$D=\frac{x_n-x_{n-2}}{x_n-x_3}$
21	0.440	0.524		
22	0.430	0.514		
23	0.421	0.505		
24	0.413	0.497		
25	0.406	0.489		

④将计算值(D)与临界值(D_α)进行比较，以确定可疑值的取舍。

当 $D>D_{0.01}$ 时，被检验值为离群值，应予以剔除；当 $D\leqslant D_{0.05}$ 时，被检验值为正常数据，应予以保留；当 $D_{0.05}<D\leqslant D_{0.01}$ 时，被检验值为偏离值，应考虑具体情况确定，如果能找到原因，可作离群值处理，否则应予以保留。

2. Grubbs 检验法

用于检验多组(组数为)测量均值的一致性和取舍多组测量值中的离群均值，也可用于一组测量值(组数为)的一致性和取舍一组测量值中的离群值。其步骤如下。

①将多组测量数据的均值按从小到大的顺序排列为 $\bar{x}_1,\bar{x}_2,\cdots,\bar{x}_n$，$\bar{x}_1$ 和 $\bar{x}_n$ 分别为最小可疑值和最大可疑值，用 $\bar{x}_d$ 表示。

②计算样品总体平均值和样本标准偏差：

$$\bar{\bar{x}}=\frac{1}{n}\sum_{i=1}^{n}\bar{x}_i$$

$$S_{\bar{x}}=\sqrt{\frac{\sum_{i=1}^{n}(\bar{x}_i-\bar{\bar{x}})^2}{n-1}}$$

③按下面公式求统计计量 G_n：

$$G_n=\frac{|\bar{x}_d-\bar{\bar{x}}|}{S_{\bar{x}}}$$

④根据测量数据数目(样本容量)和给定的显著性水平 α,在表 2-3 中查得临界值 G_n。

表 2-3 Grubbs 检验临界值表

n	α 0.01	α 0.05	n	α 0.01	α 0.05	n	α 0.01	α 0.05
3	1.115	1.153	12	2.550	2.285	21	2.912	2.580
4	1.492	1.463	13	2.607	2.331	22	2.939	2.603
5	1.749	1.672	14	2.695	2.371	23	2.963	2.624
6	1.944	1.822	15	2.705	2.409	24	2.987	2.644
7	2.097	1.938	16	2.747	2.443	25	3.009	2.663
8	2.221	2.032	17	2.785	2.475	30	3.103	2.745
9	2.323	2.110	18	2.821	2.504	35	3.178	2.811
10	2.410	2.176	19	2.854	2.532	40	3.240	2.866
11	2.485	2.234	20	2.884	2.557	50	3.336	2.956

⑤将计算值(G_n)与临界值(G_α)进行比较,以确定可疑值的取舍。

当 $G>G_{0.01}$ 时,被检验值 $\bar{x}_d$ 为离群值,应予以剔除;当 $D\leqslant D_{0.05}$ 时,被检验值 $\bar{x}_d$ 为正常数据,应予以保留;当 $D_{0.05}<D\leqslant D_{0.01}$ 时,被检验值 $\bar{x}_d$ 为偏离值,应考虑具体情况确定,如果能找到原因,可作离群值处理,否则应予以保留。

(三)直线回归方程

在描述待测物质的浓度或量与相应测量仪器的响应量与其他指标量之间的定量关系时,我们可以绘制工作曲线,用来求出待测物质的浓度或量,也可以应用直线回归方程来求出待测液的浓度或量。

所谓直线回归方程,是建立在因变量(仪器响应值或其他指标量)随自变量(标准物质浓度或量)变化而变化的相关关系基础上的,也就是说,因变量和自变量之间既存在关系,但又没有明确确定它们关系的数学表达式,它们之间的关系称为相关关系,关系的数学表达式叫回归方程式,而最简单的为直线回归方程式,这也是我们在仪器分析校准曲线中最常见的一种,其数学表达式为:

$$\hat{y}=ax+b$$

式中:a,b 为常数。当 x 为 x_i 时,实际 y 值按计算所得 $\hat{y}$ 左右波动。

1. 直线回归方程的配置

直线回归方程可根据最小二乘法来建立。即首先测定一系列 $x_1,x_2,\cdots,x_n$ 和

相对应的 $y_1, y_2, \cdots, y_n$，然后按下式求常数 a 和 b。

$$a = \frac{n\sum_{i=1}^{n} x_i y_i - \sum_{i=1}^{n} x_i \sum_{i=1}^{n} y_i}{n\sum_{i=1}^{n} x_i^2 - \left(\sum_{i=1}^{n} x_i\right)^2}$$

$$b = \frac{\sum_{i=1}^{n} x_i^2 \sum_{i=1}^{n} y_i - \sum_{i=1}^{n} x_i \sum_{i=1}^{n} x_i y_i}{n\sum_{i=1}^{n} x_i^2 - \left(\sum_{i=1}^{n} x_i\right)^2}$$

相关与回归既可以用在仪器分析校准曲线中，也可以用在环境监测和其他自然科学试验中变量之间的关系确定上。

2. 相关系数(γ)

相关系数是表示两种变量之间关系的性质和密切程度的指标，符号为 γ，其值在 $-1\sim+1$ 之间，计算公式为：

$$\gamma = \frac{\sum_{i=1}^{n}(x_i-\overline{x})(y_i-\overline{y})}{\sqrt{\sum_{i=1}^{n}(x_i-\overline{x})^2 \cdot \sum_{i=1}^{n}(y_i-\overline{y})^2}}$$

x 与 y 的相关关系有如下几种情况：

①若 x 增大，y 也相应增大，称 x 与 y 呈正相关。此时 $0<\gamma<1$，若 $\gamma=1$，称完全相关。

②若 x 增大，y 相应减小，称 x 与 y 呈负相关。此时 $-1<\gamma<0$，若 $\gamma=-1$，称完全负相关。

③若 x 与 y 毫无关系，则 $\gamma=0$。

有时 x 与 y 之间虽然无线性关系，但可能为非线性函数关系。

Ⅱ.学习拓展

在学习情境Ⅱ学习中，要求学生阅读《环境监测》，了解环境监测质量保证中监测实验室的质量保证、监测实验室间的质量保证和监测分析方法的质量控制相关内容，作为环境监测质量保证的学习参考与提高内容，为学生进一步学习和提高做准备，为学生从事环境监测工作打好基础。

学习情境Ⅲ 土壤环境监测

学习指南

1. 学习情境Ⅲ为土壤环境监测，资料学习是为土壤环境监测做准备，主要了解土壤环境监测的基本知识。

2. 在学习情境Ⅲ安排了两个工作任务，两个工作任务均为综合性任务，是学生技能学习和训练的主要内容。

3. 第一个任务为土壤样品采集、制备和预处理。要求学生在教师指导下，通过学习能够独立完成监测方案的制订，按照正确方法采集土壤样品，将采集的样品风干、制备成分析检测样品，能够按要求进行样品的保存。对于样品的预处理方法，则主要了解样品处理的目的，样品处理的方法，并结合分析检测项目的不同，学会采用不同的样品预处理方法。

4. 第二个任务为土壤环境污染物的监测。此任务又分为土壤环境监测项目确定、土壤中金属污染物（重金属）的检测、非金属化合物检测和有机污染物的检测四个分项。分项一要求学生以《农田土壤环境监测技术规范》（NY/T 395—2000）为依据，确定土壤环境监测项目。在分项二、三和分项四中有部分检测项目在土壤、水、大气环境监测中有重叠，建议在数学中可有选择完成。

5. 学习情境Ⅲ的主要参考资料：《环境监测》、《环境监测实验》和《环境检测方法标准汇编　土壤环境与固体废物》，以及《农田土壤环境监测技术规范》（NY/T 395—2000），《绿色食品　产地环境技术条件》（NY/T 391—2000）、《绿色食品产地环境调查、监测与评价导则》（NY/T 1054—2006）等。

Ⅰ.学习资料

一、土壤环境

(一)土壤与土壤圈

土壤是地球陆地表面上具有肥力、能够生长植物的疏松表层。土壤是生物、气候、母质、地形、时间五大成土因素和人类生产活动综合作用下的产物,是独立的历史自然体,是地球上所有生物赖以生存的基础。

土壤构成了一个覆盖于地球陆地表面和浅水水域底部的连续体,称为土壤圈。土壤圈处于大气圈、水圈、生物圈和岩石圈的交接界面,是植物与环境间进行物质和能量交换的主要场所。而且,在人类生活中,土壤—植物—动物系统仍然是输送太阳能的主要传递者。

(二)土壤环境

土壤是人类生存的外部条件,又是环境。从环境科学的角度,人们把连续覆盖于地球陆地表面的土壤圈层称为土壤环境。

土壤环境是由植物和土壤生物及其生存环境要素,包括土壤矿物质和有机质、土壤空气和土壤水构成的一个有机统一整体,是个开放系统。土壤环境包括土壤物理环境、土壤化学环境和土壤生物学环境,是农业环境的一个最重要的组成要素,土壤环境质量直接影响到为人类提供的农产品的产量和质量。因此,要使土壤具有较高的肥力和良好的环境质量,就必须使土壤同时具有良好的物理、化学和生物学环境。

(三)土壤在陆地生态系统中的地位

在陆地生态系统中,土壤与生物群落之间的能量与物质的循环和转化,是全球性物质和能量循环与转化的主体。

土壤具有高度的自然肥力,是植物养分的主要来源和植物生长的介质,具有供应和协调植物生长和发育所需养分、水分、空气和热量的能力。因此,土壤是以生物生产为基本特征的农业生产的基本生产资料和物质基础,离开了土壤,也就没有了农业生产。

作为农业生产的对象,土壤是资源,是社会财富的来源,具有可再生性。作为资源,土壤质量的优劣,表现为一定环境条件下的土地生产力水平高低及其可持续性。因此,土壤质量对农业乃至整个人类社会和经济的可持续发展,具有重要影响。

决定土壤质量优劣的因素是土壤的物理、化学和生物学性质以及土壤中有无污染物质的存在。在各种成土因素和人类活动的影响下，随着成土过程的不断进行，土壤本身也在不断地发生演变，土壤质量也随之发生沿替。

二、土壤污染

人类在生产和生活活动中所产生的一些污染物、废弃物直接地或通过大气、水体间接地进入土壤环境，增添了土壤中某些本来不存在的有害物质（人工合成有机物质，如农药等）或使土壤中的某些固有成分（如土壤中各种微量元素）大量增加。

进入土壤中的污染物质的数量和速度超过了土壤本身的自净化能力，污染物就会逐渐积累，从而改变土壤成分的组成，导致土壤理化性质变劣，肥力下降，这种现象称为“土壤污染”。

污染的土壤会影响作物的生长、发育，影响农产品的产量和品质。如果土壤中的有毒物质被作物吸收，在农产品中残留，会通过食物链危害人体和动物的健康。由于土壤污染引起化学物质在农产品中的过量残留，对人畜健康造成的危害，其中有许多是致命性的。

1.土壤污染的主要途径

引起土壤污染的因素有很多种，主要有以下几种：

(1)水体污染　利用工业废水和城市、生活污水进行灌溉时，污染物随水进入土壤，造成土壤污染。由于来源不同，污染物成分复杂。

(2)固体废弃物污染　垃圾、矿渣、污泥等工业和城市固体废弃物的堆放，污水处理产生的污泥，都会由于地表水的径流而进入农田，而使土壤受到不同程度的污染。

(3)大气污染　一些厂矿排放的粉尘经大气传播沉降到地面，引起土壤污染。如各种金属粉尘，各种硫化物、氮化物造成的酸雨，也会破坏土壤原有的生态平衡。

(4)农业污染　各种不合理的农业活动，如肥料、农药的滥用，使污染物质进入土壤。

土壤中的污染物质与大气和水体中的污染物质有很多是相同的，其污染物的种类常常与所处的环境相关联，且种类复杂。如在工业区，常发生酚、氰和金属的残留积累；化工区，产生金属的残留积累；石油工业区，发生油、芳烃、烷烃、苯并芘等的残留积累；在生活区，生活污水和垃圾，往往以生物污染或氮、磷污染为主；在一些工矿区，污染物在土壤中的残留累积的特点与矿山的采掘相似，汞矿区以汞的残留累积为主，铅、锌矿则以铅、锌和镉等重金属残留累积为主。

2. 土壤污染的特点

(1)污染的蓄积性 土壤污染与河流、大气污染不同。河流、大气由于不停息地运动,可使污染物质不断地得到稀释、扩散。但污染物在土壤中的运动速度比较缓慢,很多污染物质都能被土壤无机胶体和有机胶体所吸附。因此,某些化学性质稳定的污染物可以在土壤表层不断蓄积,在一定时期内污染越来越严重。这种“蓄积性”是土壤污染的显著特点。

(2)污染的不可恢复性 土壤对污染物具自净化能力,这种能力是指污染物进入土壤后,便与土壤固相、液相、气相物质之间发生物理、化学等一系列反应,或经土壤微生物的分解,使污染物的形态改变,致毒作用减弱,或使污染物被分解成无害物质。但土壤的自净能力是有一定限度的,当进入土壤的污染物数量大大超过土壤本身的自净化能力时,特别是一些不能被分解的重金属大量进入土壤后,就会使土壤受到严重污染,这时再去治理就十分困难,难以恢复。

(3)污染的隐蔽性 土壤污染与大气污染和水污染不同。水污染和大气污染有时通过人的感觉器官就能发现,而土壤污染则比较隐蔽,一般不能通过感官观察,往往要通过对作物生长产生的影响,或通过吃食物的人或动物的健康状况变化才能反映出来。即土壤从开始污染到导致后果的出现,有一个较长时期的隐蔽过程。如在我国城郊大量种植蔬菜,由于受城市污染物的影响,土壤中汞、铅等重金属严重超标,引起了蔬菜残留量增大,这种污染发生在20世纪60～70年代,但直到20世纪80年代初才被人们所发现。

(4)污染的传递性 土壤污染物一般不对人类产生直接危害,但可通过生物富集和食物链传递对人类产生危害。如世界上有名的日本“骨痛病”,就是神通川流域的人们由于长期食用镉污染土壤上生产的镉超标米而引起的。

(5)污染的持久性 许多有机磷或有机氯农药在自然土壤环境中具有持久性。12种持久性有机污染物中的8种是农业上使用的杀虫剂,即艾氏剂、氯丹、DDT、狄氏剂、异狄氏剂、七氯、灭蚁灵和毒杀芬。虽然目前已经禁止生产和使用,但以往的长期、大量使用,使这些污染物在土壤和水里残存了几十年。因此,这类污染物还会在很长的一段时间内继续影响着土壤质量,值得特别的关注。

三、土壤环境容量与土壤背景值

(一)土壤环境容量

环境容纳污染物质的能力是有一定的限度的,这个限度称为环境容量。土壤环境容量则是指一个特定区域的环境容量(如某城市、某耕作区等),与该环境的空间、自然背景值及环境各种要素、社会功能、污染物的物理化学性质以及环境的自净能力等因素有关。

土壤环境容量一般有两种表达方式：一是在满足一半目标值的限度内特定区域土壤环境容纳污染物的能力，其大小由环境自净能力和特定区域土壤环境“自净能力”的总量决定。二是在保证不超出环境目标值的前提下，特定区域土壤环境能够容许的最大排放量。当污染物存在的浓度超过土壤最大纳污量时，土壤环境的生态平衡和正常功能就会遭到破坏。

土壤环境容量可分为土壤环境绝对容量（静容量）和土壤年容量（动容量）两类。

1.土壤环境绝对容量（静容量）

环境的绝对容量（W_Q）是某一环境所能容纳某种污染物的最大负荷量，达到绝对容量没有时间限制，即与年限无关。土壤的绝对容量是由土壤环境标准的规定值（W_S）和土壤环境背景值（B）来决定，以浓度单位表示的环境绝对容量（mg/kg）的计算公式为：

$$W_Q = W_S - B$$

2.土壤年容量（动容量）

年容量（W_A）是某一土壤环境在污染物的积累浓度不超过环境标准规定的最大容许值的情况下，每年所能容纳的某污染物的最大负荷量。年容量的大小除了与环境标准规定值和环境背景值有关外，还与环境对污染物的净化能力有关。由于土壤是一个开放的系统，污染物既可以进入土壤，也可以离开土壤，所以，土壤年容量是根据污染物的残留量计算出土壤的环境容量的。若某污染物对土壤环境的输入量为A（单位负荷量），经过一年时间后，被净化的量（年输出量）为A'，以浓度单位表示的土壤环境年容量的计算公式为：

$$W_A = K(W_S - B)$$

式中K为某污染物在某一土壤环境中的年净化率。

$$K = A'/A \times 100\%$$

年容量与绝对容量的关系为

$$W_A = KW_Q$$

土壤环境容量是土壤环境的一种属性，是一个地区特有的资源，也是环境功能区划和污染物总量控制的基础和科学依据。

土壤环境容量的定义应为：一定土壤环境单元在一定时限内、遵循环境质量标准，既维持土壤生态系统的正常结构与功能、保护农产品的生物学产量与质量，也不使环境系统污染时，土壤环境所能容纳污染物的最大负荷量。

(二)土壤环境背景值

1. 土壤环境背景值

土壤是一类受自然过程和人为影响的成分复杂的物质，它几乎含有所有的天然元素，其含量因环境地质、成土母质、植被、气候条件、地貌地形等多种因素的不同而有一定的差异。

土壤背景值又称土壤本底值，它代表一定环境单元中的一个统计量的特征值。背景值是指在各区域正常地质地理条件和地球化学条件下元素在各类自然体(岩石、风化产物、土壤、沉积物、天然水、近地大气等)中的正常含量。在环境科学中，土壤背景值是指在未受或少受人类活动影响下，尚未受或少受污染和破坏的土壤中元素的含量。

由于人类活动与现代工业发展的影响已遍布全球，已很难找到绝对不受人类活动和污染影响的土壤，只能去寻找污染影响尽可能少的土壤。因此，通常所说的土壤环境背景值在时间上与空间上的概念都具有相对的含义。不同自然条件下发育的不同的土类，同一种土类发育不同的母质母岩，其土壤环境背景值都会有明显的差异，就是在同一地点(土类、母质、母岩相同)采集的样品，分析结果也有差别。这说明土壤本身的结构与化学组成是不均匀的。所以土壤元素的环境背影值的测定是统计性的，即按照统计学的要求进行采样设计和样品采集，分析结果经频数分布类型检验，确定其分布类型，以其特征值(若是对数正态分布的，用几何平均值，其他采用算术平均值)表达该元素背景值的集中趋势，以一定的置信度表达该元素背景值的范围。可以说土壤环境背景值是一个范围值，而不是一个固定的基准值。

2. 土壤环境背景值的表示方法

关于土壤背景值的表示方法国内外没有统一的规定，常用表达方法有下列几种：用土壤样品平均值 $\overline{x}$ 表示；用平均值和标准偏差(S)表示($\overline{x}\pm S$，$\overline{x}\pm 2S$)；用几何平均值(M)和几何标准偏差(D)表示($M\pm D$)。我国土壤元素背景值的表达方法如下。

①对元素测定值呈正态分布或近似正态分布的元素，用算术平均值($\overline{x}$)表示数据分布的集中趋势，用算术平均值标准偏差(S)表示数据的分散度，用($\overline{x}\pm 2S$)表示95%置信度数据的范围值。

$$\overline{x}=\frac{\sum_{i=1}^{n}x_i}{n}$$

式中：$\bar{x}$ 为土壤中某污染物的背景值；x_i 为土壤中某污染物的实测值；n 为土样数量。

$$S=\sqrt{\frac{\sum_{i=1}^{n}(x_i-\bar{x})^2}{n-1}}$$

②对元素测定值呈对数正态或近似对数正态分布的元素，用几何平均值(M)表示数据分布的集中趋势，用几何标准偏差(D)表示数据分散度，用 $M/(D^2-MD^2)$ 表示95%置信度数据的范围值。

$$M=\sqrt[n]{\prod_{i=1}^{n}x_i}$$

$$D=\sqrt{\frac{\sum_{i=1}^{n}(\lg x_i)^2-\frac{(\sum_{i=1}^{n}\lg x_i)^2}{n}}{n-1}}$$

式中：M 为土壤中某污染物的背景值；x_i 为土壤中某污染物的实测值；n 为土样数量。

有关背景值的调查研究，近几十年来国内外做了许多工作。美国首先于1961年由地质调查局在美国大陆本土开展了背景值的调研工作，1984年发表了"美国大陆土壤及其他地表物质中的元素浓度"的专项报告，并于1988年完成了全国土壤背景值的研究，前后共分析了近50个元素。日本在1978—1984年也开展了全国范围的表土和底土背景值的调研，测定了Cu、Pb、Zn、Cd、Cr、Mn、Ni和As共8种元素，并提出了背景值的表达方法。中国科学院土壤研究所等单位于20世纪70年代中期在北京、南京、上海等地区进行了土壤背景值调查、测定。自1982年以来，我国多次把土壤环境背景值研究列入国家重点科技攻关项目，研究了30个省、市、自治区(除台湾省以外)的所有土壤类型，分析了60多种元素，提出了中国土壤环境背景值图集，并于1990年出版了《中国土壤元素背景值》专著。全国土壤A层背景值见表3-1。

3.土壤环境背景值与土壤环境容量和土壤环境质量标准的关系

土壤环境背景值是土壤环境质量评价的基本依据，是研究和确定土壤环境容量、制订环境标准的基本参数和依据。污染物进入土壤后的组成、数量、形态和分布变化都要与土壤环境背景值相比较才能加以分析和判断。此外，土壤环境背景值还是进行土壤环境质量管理和规划，制订施肥、污水灌溉和种植规划，提高产品水平和质量，确立食品卫生标准等的重要参比数据。

表 3-1　全国土壤(A层*)背景值　mg/kg

元素	算术		几何		95%置信度范围值
	均值	标准差	均值	标准差	
As	11.2	7.9	9.2	1.9	2.5～33.5
Cd	0.097	0.079	0.074	2.118	0.017～0.330
Co	12.7	6.4	11.2	1.7	4.0～31.2
Cr	61.0	31.1	53.9	1.7	19.3～150.2
Cu	22.6	11.4	20.0	1.7	7.3～55.1
F	478	198	440	2	191～1 012
Hg	0.065	0.080	0.040	2.602	0.006～0.270
Mn	583	363	482	2	130～1 786
Ni	26.9	14.4	23.4	1.7	7.7～71.0
Pb	26.0	12.4	23.6	1.5	10.0～56.1
Se	0.290	0.255	0.215	2.146	0.047～0.990
V	82.4	32.7	76.4	1.5	34.8～168.2
Zn	74.2	32.8	67.7	1.5	28.4～161.1
Li	32.5	15.5	29.1	1.6	11.1～76.4
Na	1.02	0.63	0.68	3.19	0.01～2.27
K	1.86	0.46	1.79	1.34	0.94～2.97
Ag	0.132	0.098	0.105	1.973	0.027～0.410
Be	1.95	0.73	1.82	1.47	0.85～3.91
Mg	0.78	0.43	0.63	2.08	0.02～1.64
Ca	1.54	1.63	0.71	4.41	0.01～4.80
Ba	469	135	450	1	251～809
B	47.8	32.6	38.7	2.0	9.9～151.3
Al	6.62	1.63	6.41	1.31	3.37～9.87
Ge	1.70	0.30	1.70	1.19	1.20～2.40
Sn	2.60	1.54	2.30	1.71	0.80～6.70
Sb	1.21	0.67	1.06	1.67	0.38～2.98
Bi	0.37	0.21	0.32	1.67	0.12～0.88
Mo	2.00	2.54	1.20	2.86	0.10～9.60
I	3.76	4.44	2.38	2.48	0.39～14.71
Fe	2.94	0.98	2.73	1.60	1.05～4.84

注：*A层指土壤表层或耕作层。

本表摘自：中国环境监测总站. 中国土壤元素背景值，1990。

土壤环境容量的大小既取决于土壤环境背景值和污染物本身的性质，也取决于土壤生态系统的抵抗力，自净能力及受害后系统的恢复能力。在一定区域的土壤特征和环境条件下，土壤环境背景值和土壤的自净能力是一定的，土壤环境容量的大小取决于土壤环境质量标准值的大小。

四、土壤环境质量标准

（一）土壤环境质量分类

土壤环境质量一般根据土壤应用功能和保护目标划分为三类：

Ⅰ类，主要适用于国家规定的自然保护区（原有背景重金属含量高的除外）、集中式生活饮用水源地、茶园、牧场和其他保护地区的土壤，土壤质量基本保持自然背景水平。

Ⅱ类，主要适用于一般农田、蔬菜地、茶园、果园、牧场等土壤，土壤质量基本上对植物和环境不造成危害和污染。

Ⅲ类，主要适用于林地土壤及污染物容量较大的高背景值土壤和矿产附近等地的农田土壤（蔬菜地除外），土壤质量基本上对植物和环境不造成危害和污染。

Ⅰ、Ⅱ、Ⅲ类土壤环境质量分别执行一、二、三级土壤环境质量标准值。

（二）土壤环境质量标准

土壤环境质量标准分为三级：一级标准是为保护区域自然生态，维持自然背景的土壤环境质量的限制值；二级标准是为保障农业生产、维护人体健康的土壤限制值；三级标准是为保障农业生产和植物正常生长的土壤临界值。具体标准值见表 3-2。

表 3-2　土壤环境质量标准

（GB 15618—1995）　　mg/kg

项目	级别				
	一级	二级			三级
土壤 pH 值	自然背景	＜6.5	6.5～7.5	＞7.5	＞6.5
Cd	≤0.20	≤0.30	≤0.60	≤1.0	
Hg	≤0.15	≤0.30	≤0.50	≤1.0	≤1.5
As 水田	≤15	≤30	≤25	≤20	≤30
旱地	≤15	≤40	≤30	≤25	≤40
Cu 农田等	≤35	≤50	≤100	≤100	≤400
果园	—	≤150	≤200	≤200	≤400

续表 3-2

项目	级别				
	一级	二级			三级
Pb	≤35	≤250	≤300	≤350	≤500
Cr 水田	≤90	≤250	≤300	≤350	≤400
旱地	≤90	≤150	≤200	≤250	≤300
Zn	≤100	≤200	≤250	≤300	≤500
Ni	≤40	≤40	≤50	≤60	≤200
六六六	≤0.05		≤0.05		≤1.0
滴滴涕	≤0.05		≤0.05		≤1.0

注：①重金属（铬主要是三价）和 As 均按元素量计，适用于阳离子交换量大于 5 mmol(＋)/kg 的土壤，若不大于，其标准值为表内数值半数。

②六六六为四种异构体总量，滴滴涕为四种衍生物总量。

③水旱轮作地土壤质量标准，As 采用水田值，Cr 采用旱地值。

Ⅱ.工作任务

任务一　土壤样品采集、制备与预处理

一、土壤监测方案的制订

防止土壤污染，首先要对土壤进行监测，即查明是否有污染，污染程度如何，污染是怎样引起的，今后有什么发展趋势，只有这样才能采取有效的防治措施。环境是一个整体，污染物进入哪一部分介质都会影响整个环境，因此，土壤监测必须与大气、水体和生物的监测紧密联系起来，调查和分析方法应该有相对统一的规定：

《土壤环境监测技术规范》(HJ/T 166—2004)；

《农田土壤环境监测技术规范》(NY/T 395—2000)；

《绿色食品　产地环境调查、监测与评价导则》(NY/T 1054—2006)。

(一)土壤污染调查

在采集污染土壤样品之前，首先必须对监测地区进行调查研究。土壤污染调查主要是对引起土壤环境污染因素的综合调查，调查范围包括各种污染源及其各类污染因子，同时也要调查与其质量密切相关的地下水水质、土壤中微生物群落和土壤酶的变化情况。通常，污染调查分为基础资料的收集和现场勘察两部分。

1. 基础资料收集

①监测区域的交通图、土壤分布图、地质图、水文地质图、大比例地形图、监测区域土类、成土母质、土壤性状、层次特征、农业生产特征、植被等土壤信息资料。②工程建设或生产过程对土壤造成影响的环境资料。③造成土壤污染事故的主要污染物的毒性、稳定性以及如何消除等资料。④土壤历史资料和相应的法规。⑤监测区域工农业生产及排污、污灌、化肥农药施用情况。⑥气象水文资料。⑦监测区域遥感与土壤利用及其演变过程资料等。

2. 现场勘查

资料收集到一定数量后,要进行现场调查和踏勘。

(二)土壤污染监测项目

国际学术联合会环境问题科学委员会(SCOPE)提出的"世界环境监测系统"草案中规定,空气、水源、土壤以及生物界中的物质应与人类健康联系起来。土壤中优先监测物有以下两类:

第一类:汞、铅、镉、DDT 及其代谢产物与分解产物、PCBs(多氯联苯);

第二类:石油产品,DDT 以外的长效性有机氯、四氯化碳乙酸衍生物,氯化脂肪酸族,自然环境系统中的碳、氮、磷、硫化物中与人体健康有关的物质,砷、锌、硒、铬、钒、锰、镍。有机磷化合物以及其他生物活性物质(抗生素、激素、致畸性物质、催畸性物质和诱变物质)。

根据我国《土壤环境质量标准》(GB 15618—1995)规定,土壤常规检测项目包括:金属化合物有镉、铬、铜、汞、铅、锌;非金属无机化合物有砷、氰化物、氟化物、硫化物等;有机化合物有 DDT 和六六六等。待《土壤环境质量调查　采样方法导则》、《土壤环境质量调查　制样方法》等标准方法颁布后,土壤环境监测从采样→样品制备→分析测定→数据分析→评价报告等全过程均将纳入规范的轨道。

二、土壤样品的采集

(一)采样点的选择

土壤环境监测属痕量分析范畴,加上污染物在土壤介质中的不均一性,土壤分析工作者要特别注意采样的代表性和分析结果的准确性。因为土壤与大气和水体不同,是由固、液、气三相组成的分散体系,呈不均一状态,污染物进入土壤环境后流动、迁移、混合都较困难,故土壤布点采样比较复杂,样品有很大局限性。如在污水灌溉区,污水流进田中,在灌溉过程中,污水中成分不断发生变化,污染物在各点的分布差异很大,即使是多点采样,所收集的样品也往往代表性不够。因此,采集土壤样品时必须要注意能够反映其实际情况，使采样误差降低到最小。

在调查研究的基础上，根据需要和可能，选择能代表被调查区域的地块作为采样单元，并且选择一定面积的区域作为对照，布置一定数量的采样点。通过调查反映出土壤的真实情况，作为土壤环境质量评价的依据。

由于土壤本身在空间分布上具有一定的不均匀性，所以在同一个采样分析单元内，应当在不同方位上选择多点，当面积不大时[2～3 亩(1 333～2 000 m^2)以内]，一般选择 5～10 个有代表性的采样点，并且均匀混合作为具有代表性的土壤样品。对于企业区域内的土壤污染调查，采样点的分布应尽量照顾到土壤的全面情况，采样点或网格不应该布设得太疏。对于大气污染物引起的土壤污染，采样点就应以污染源为中心，并依据当地的风向、风速及污染强度系数等选择在某一方向或某几个方向上进行。采样点的数量和间距大小可依调查的目的和条件而定，一般是靠近污染源的采样点间距小些，远离污染源的采样点间距可稍大些。对照点应设在远离污染源，不受其影响的地方。

对于由城市污水或被污染的河水灌溉农田而引起的土壤污染，采样点应根据水流的路径和距离来考虑。总之，采样点的布设既应尽可能考虑土壤的全面情况，又要视污染情况和监测目的而定。

(二)采样点布设方法

样品是由总体中随机采集的一些个体组成，个体之间存在变异，因此样品与总体之间差异愈小，样品的代表性愈好，反之亦然。布点方法可分简单随机、分块随机和系统随机布点(图 3-1)。

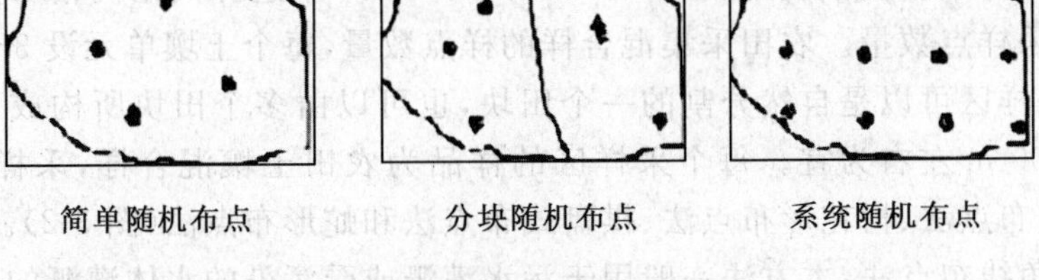

简单随机布点　　分块随机布点　　系统随机布点

图 3-1　土壤样品采集布点方式示意图

(1)简单随机　简单随机是将监测单元分成网格，每个网格编上号码，决定采样点样品数后，随机抽取规定的样品数的样品，其样本号码对应的网格号即为采样点。这种简单随机布点是一种完全不带主观限制条件的布点方法。

(2)分块随机　分块随机是根据如上所收集的资料,按监测区域内土壤的明显的几种类型,将区域分成几块,每块内污染物较均匀,块间的差异明显。将每块作为一个监测单元,在每一个小的监测单元内再随机布点。本方法在正确分块的前提下比上种方法更具代表性。

(3)系统随机　系统随机方法是将监测区域分成面积相等的几部分(网格划分),每网格内布设一采样点。如区域内土壤污染物含量变化较大,系统随机布点比简单随机布点所采样品更具代表性。

(三)采样点布设数量

土壤监测的布点数量要求满足样本容量的基本要求,即由均方差和绝对偏差、变异系数和相对偏差计算出的样品数的下限值。

(1)由均方差和绝对偏差计算样品数:

$$N=t^2 \cdot s^2/D^2$$

(2)由变异系数和绝对偏差计算样品数:

$$N=t^2 \cdot C_v^2/m^2$$

式中:N 为样品数;t 为选定置信水平(一般为 95%)为一定自由度的 t 值;s^2 为均方差,可从先前的其他研究或从极差 R 估计,$s^2=(R/4)^2$;C_v 为变异系数(%),可从先前的研究资料中估计;m 为可接受的相对偏差,一般限定为 20%～30%。

在实际工作中,土壤监测布点数量还要根据调查目的、调查精度和调查区域环境状况等因素确定。

一般要求每一个监测单元最少布设 3 个点。

区域调查按精度不同可从 2.5、5、10、20、40 km 中选择网距网格布点,结点数即为土壤采样点数量。农田采集混合样的样点数量,每个土壤单元设 3～7 个采样区,单个采样区可以是自然分割的一个田块,也可以由多个田块所构成,其范围以 200 m×200 m 左右为宜。每个采样区的样品为农田土壤混合样,采样方法有四种:对角线布点法、梅花形布点法、棋盘式布点法和蛇形布点法(图 3-2)。

①对角线布点法:本方法一般用于污水灌溉或受污染的水体灌溉的田地,由田地进水口向对角线引一斜线,将此对角线 5 等分,以等分点作为采样分点。

②梅花形布点法:适用于面积较小、地形平坦、土壤比较均匀的田地,一般采样点 5 个左右。

③棋盘式布点法:适用于中等面积、地势平坦、土壤不够均匀的地块,设 10 个

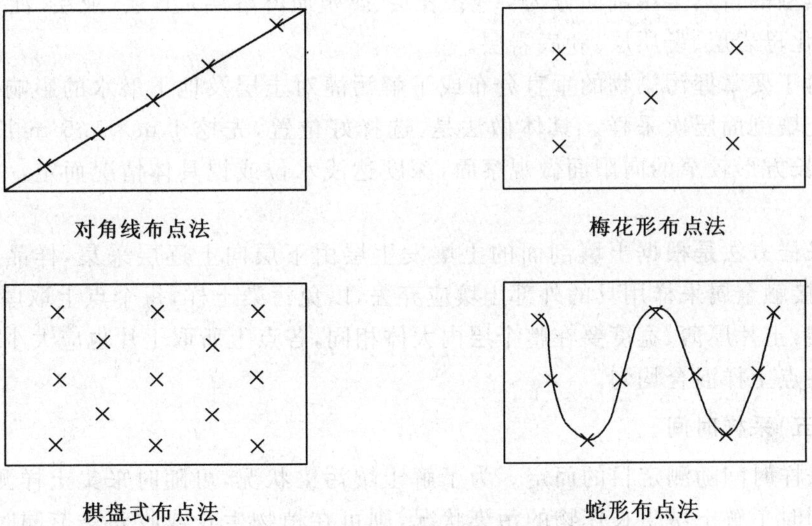

图 3-2　农田土壤样品采集布点方法

分点左右，受污染的土壤设 20 个以上分点。这一方法也适用于固体废物污染的土壤，因为固体废物分布不均匀，采样点应在 20 个以上。

④蛇形布点法：适用于大面积田地，地形不太平坦，土壤也不很均匀，采样点布设较多，一般 15 个左右。土壤肥力(养分测定)调查宜采用此法。

另外，在布点时注意研究作物生长情况，因为有些有害物质含量高，可使作物生长发育受到影响。按其形态状况，并结合土壤类型、灌溉、施肥和施用农药等情况划分不同田块进行采样，可达到更为合理的目的，样品也更具代表性。

建设项目土壤环境评价监测采样，每 100 hm^2 占地不少于 5 个，且总数目不少于 5 个采样点。柱状样，大、中、小型建设项目分别不少于 5、3、1 个柱状采样点。城市土壤采样点数量以网距 2 000 m 的网格布设为主，功能区布点为辅，每个网格设一采样点，对专项研究可适当加密。土壤污染事故采样点要考虑污染物的类型、地形、风向，以及固体、液体、爆炸等不同类型污染因素，以采用不同的布点形状，一般采样点 3～5 个，并设 2～3 个背景对照采样点。

(四)采样深度

采样深度视监测目的而定。如果只是一般了解土壤污染情况，采样深度只需取 20 cm 左右耕层土壤和耕层以下的 20～40 cm 土样。如要了解土壤污染的垂直分布情况，则应按土壤剖面层次分层取样。

典型的自然土壤剖面分为A层(表层、腐殖质淋溶层)、B层(亚层、淀积层)、C层(风化母岩层、母质层)和底岩层。

对于要掌握污染物的垂直分布或了解污灌对土层及地下潜水的影响情况时,应按土壤剖面层次采样。具体做法是:选择好位置,先挖1 m×1.5 m长方形土坑,以长方形较窄的向阳面做观察面,深度达浅水位或视具体情况而定,一般可达2 m。

采样方法是根据土壤剖面的土壤发生层由下层向上逐层采集,样品1 kg左右,凡接触金属采样用具的外部土壤应弃去,以免污染土样,每个点上取厚约1 cm的土层,土片厚薄、宽度要在整个层内大体相同,各点上所取土片也应大小接近,然后把各点土样混合均匀。

(五)采样时间

采样时间随测定目的而定。为了解土壤污染状况,可随时采集土样测定。若需要同时了解土壤生长作物的污染状况,则可在植物生长或收获季节同时采集土壤和植物样品。对于环境影响跟踪监测项目,可根据生产周期或根据年度计划实施土壤质量监测;对于地下水位不很稳定的区域,土壤污染监测还要考虑地下水位的变化情况,安排合理的采样时间和采样频次。但每次采样必须尽量保持采样点位置的固定,以确保测试数据的有效性和可比性。一般在大雨之后或久旱不雨时采集的样品也可能没有代表性。

对于了解土壤肥力状况,一般在春耕前或秋收后采样,也可在倒茬间期进行采样。应避开雨后、灌溉后和施肥期采集样品。

(六)采样量

由于测定所需的土样是多点均量混合而成的,取样量往往较大,而实际供分析的土样不需要太多,具体需要量视分析项目而定,一般要求1 kg即可。因此,对多点采集的混合土壤样品,可在现场或在实验室内反复按四分法弃取(图3-3),最后留下所需的土样量,装入布袋或塑料袋中,贴上标签,做好记录。标签一般需两张,一张放入袋内(如用双袋,标签放在两塑料袋间),一张扎在袋口上。标签上写明土壤剖面情况,标明采样地点、深度、日期、采样人、野外土壤定名等,一般用铅

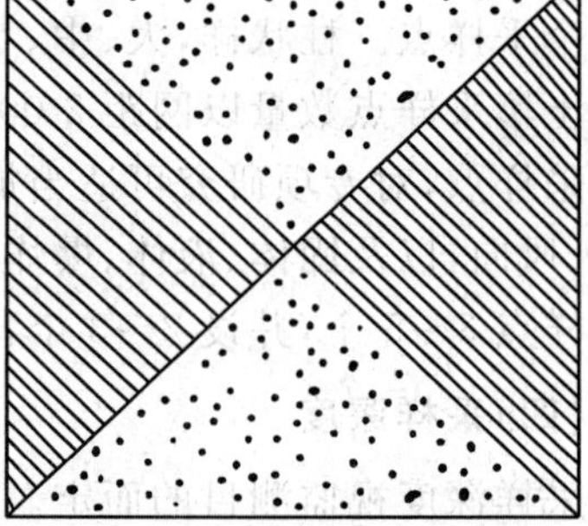

图3-3 土壤样品四分法取舍示意图

笔填写。

(七)土壤背景值样品采集

土壤中有害物质背景值是环境保护和环境科学的基本资料，是环境质量评价的重要依据。这类样品采集时，首先要摸清当地的土壤类型和分布规律。采样点选择应包括主要类型土壤，并远离污染源，同一类型土壤应有 3～5 个以上的采样点。其次要注意，与污染土壤采样不同之处是，同一样点并不强调采集多点混合样，而是选取植物发育完好、具代表性的土壤样品。采样深度为 1 m 以内的表土和心土，对土壤发育完好的典型部分，应按层分别取样，以研究各种元素在土壤中的分布。

(八)采样工具

一般土壤样品采集用土钻与竹刀、花铲等采样工具；原状土样品采集用环刀(容重取土器)；盛放样品用布袋或塑料袋等；对于土壤剖面样品采集，除备齐采样工具外，还需要准备十字镐、铁锹、直尺等工具。

三、土壤样品的制备与保存

(一)土样的风干

风干的方法是将采得的土样全部倒在塑料薄膜或瓷盘内在阴凉、通风处慢慢晾干，在至半干状态时压碎土块，除去植物根茎、叶、石块等杂物，铺成薄层，在室温下经常翻动，充分风干，要防止阳光直射和尘埃落入，并防止酸、碱等气体的污染。但需要测定土壤样品中的游离挥发酚、铵态氮、硝态氮、低价铁、挥发性有机物等不稳定项目时，应在采样现场采集新鲜土样并对采样瓶进行严格的密封。除此之外，多数项目(包括土壤养分测定)需用风干土样，风干后的样品容易混合均匀，分析结果的重复性、准确性都较好。

风干后的土壤含水率一般小于5%。

(二)磨碎和过筛

风干后的土样放在塑料板或胶皮垫上，用有机玻璃棒或木棒碾碎后，全部过 2 mm 尼龙筛，去除 2 mm 以上的砂砾和植物残体。1927 年国际土壤学会规定通过 2 mm 孔径的土壤样品用作物理分析，通过 1 mm 或 0.5 mm 孔径的土壤样品用作化学分析。若砾石(粒径≥1 mm)含量较多，应计算它占整个土壤的百分数。将过筛后的风干土样反复按四分法弃取，最后留下足够分析用的数量(重金属测定可留约 100 g)。用四分法弃去的样品另装瓶备用。留下的样品再进一步用有机玻璃棒或玛瑙研钵予以磨细，全部通过 100 目(0.15 mm)尼龙筛。过筛后的样品充分摇匀,装瓶备分析用。在制备样品时,必须注意样品不要被所分析的化合物或元素污染。另外,研磨过细会破坏土壤矿物的结晶,使 pH 值等测定结果增大,这一点应当注意。

筛网规格有两种表达方法:以筛网孔径尺寸表示,如孔径为 2 mm、1 mm 的筛网;另一种是以每英寸长度上的孔数来表示,如每英寸长度上有 80 个孔即称为 80 目,100 目的筛网则说明在每英寸长度上有 100 个孔。两种单位换算式为:孔径(毫米数)≈目数/18。

(三)土样保存

一般土样通常要保存半年至一年,以备必要时查核。标样或对照样品则需长期妥善保存,建议采用蜡封瓶口。在保存土样时,除了贴上标签、写上编码等以外,应注意避免日光、高温、潮湿和酸、碱气体等的影响。

玻璃材质容器是常用的优质储器,聚乙烯塑料容器也属美国环保局推荐容器之一,该类储器性能良好、价格便宜且不易破损。将风干土样、沉积物或标准土样等储存于洁净的玻璃或聚乙烯容器之内,在常温、阴凉、干燥、避阳光、密封(石蜡涂封)条件下可保存 30 个月以上,对不易发生变化的成分测定用土样,可常年保存。

四、土壤样品预处理方法

土壤与土壤污染物种类繁多,不同的污染物在不同土壤中的样品处理方法及测定方法各异。所以要根据不同的监测要求和监测目的,选定样品的预处理方法。预处理方法包括普通酸分解法、高压密闭消解法、微波炉消解法、碳酸钠熔融法、碳酸锂-硼酸溶样法、石墨粉坩埚熔样法、HCl-HNO_3 消解法、HNO_3-H_2SO_4-$HClO_4$ 消解法、HNO_3 消解法等(一般适用于元素分析),另外还有形态分析样品的各种处理方法,有机污染物的提取方法等(包括溶剂浸泡法、萃取法、色层分离法等)。经过预处理的样品,根据 HJ/T 166—2004 要求,选择不同的分析方法。

(一)样品预处理的目的

由于食品的成分复杂,组分之间常会相互结合,以复杂形式存在,会给分析带来干扰。因此,在样品分析测定之前,需要将样品进行适当的处理——样品的预处理。

样品的预处理的目的是:将待测成分转化成便于测定的形式;排除样品中对测定产生干扰的成分;将浓度较低的待测成分进行浓缩富集或将含量较高的待测成分进行稀释,以便进行测定;将待测成分进行提纯。

(二)样品预处理的方法

1.有机质破坏法

在测定食品样品中矿质元素含量时,需要将样品中的有机物在高温或强氧化剂作用下破坏,使待测元素以简单的无机化合物形式释放出来,便于分析测定。

①干灰化法:样品在500~600℃条件下,于高温灰化炉(马福炉)中进行灰化,将有机物质氧化。为了使样品中的有机物质更好地氧化,或避免某些成分损失,有时可加入少量浓硝酸等;为避免某些成分损失,还可以加入少量NaOH、Na_2CO_3、MgO、$Mg(NO_3)_2$ 等碱或盐(助灰化剂)一起灰化。

②湿灰化法:也称消化或消煮,以浓硫酸或浓硝酸在加热条件下处理样品,将样品中的有机物质氧化。为了提高氧化效率和消化速度,常添加 $HClO_4$、HNO_3、H_2O_2、$K_2Cr_2O_7$ 等氧化剂,或添加特殊混合加速剂等。

③紫外光解法:在由高压汞灯提供的紫外光照射下,在(85±5)℃温度下进行光解。为了加速光解,在光解过程中通常加入 H_2O_2。

④微波消解法:以微波为热源的湿灰化和样品水解。

2.蒸馏法

常用于易挥发成分分离。有普通蒸馏法、水蒸气蒸馏法、减压蒸馏法。

3.溶剂提取法

①溶剂浸泡法:以适当的溶剂(提取剂)浸泡样品,将样品中待测成分溶解在提取剂中。

②萃取法:利用待测成分在两种不相溶的溶剂中溶解性不同,将待测成分分离提取出来。

4.化学分离法

①磺化法:利用浓硫酸处理含脂肪的样品,将脂肪中耐酸的待测成分分离出来。如农药残留检测有机氯农药六六六和DDT的提取。

②皂化法:利用NaOH处理含脂肪的样品,将脂肪中耐碱的待测成分分离出来。如维生素A和维生素D的提取。

③沉淀分离法:利用沉淀反应将待测成分分离。

④盐析法:利用电解质或其他试剂将高分子化合物或溶胶凝聚沉淀达到分离的目的。

⑤掩蔽法:加入适当的物质,将干扰待测成分测定的物质利用化学反应屏蔽,或破坏干扰反应的发生条件,达到排除干扰的目的。如在用双硫腙比色法测定铅时,在pH=9的测定条件下,加入氰化钾和柠檬酸铵掩蔽剂,可消除 Cu^{2+}、Cd^{2+} 等对测定的干扰。

5. 色层分离法

也称色谱分离法。利用待测成分和其他成分在两种物质中的溶解度或吸附力、分配系数等不同，达到将待测成分分离的目的。根据固定相不同可分为纸层析法、薄层层析法和柱层析法，根据流动相不同可分为气相色谱法和液相色谱法，根据分离原理不同可分为吸附色谱、分配色谱、离子交换色谱和空间排斥色谱（凝胶色谱）。

6. 浓缩法

常用于液体样品，将溶剂挥发，使待测成分浓度提高。有普通浓缩法、冷冻浓缩法和减压浓缩法。

任务二　土壤污染物监测

一、土壤环境监测项目的确定

①物理指标：土壤质地、土壤水分、土壤孔隙度、土粒密度、土壤容重、田间持水量、土壤温度、土壤渗透率、毛细作用等；

②化学指标：酸碱性、缓冲性、氧化还原电位、阳离子交换量、氮、磷、钾等全量和速效养分含量、有机质含量、有效态微量营养元素含量、各种污染物包括重金属和有毒非金属（汞、镉、铬、镍、铅、砷和硒等）、氟化物、农药残留量（有机氯、有机磷等）、石油及其产品等；

③生物指标：土壤动物如蚯蚓数量、微生物种群、土壤酶等。

表 3-3　土壤常规监测项目及其分析方法

监测项目	检测仪器	监测方法	方法来源
镉	原子吸收分光光度计	石墨炉原子吸收分光光度法	GB/T 17141—1997
	原子吸收分光光度计	火焰原子吸收分光光度法	GB/T 17140—1997
汞	测汞仪	冷原子吸收分光光度法	GB/T 17136—1997
砷	分光光度计	Ag-DDTC 分光光度法	GB/T 17134—1997
	分光光度计	硼氢化钾-硝酸银分光光度法	GB/T 17135—1997
铜	原子吸收分光光度计	火焰原子吸收分光光度法	GB/T 17138—1997
铅	原子吸收分光光度计	石墨炉原子吸收分光光度法	GB/T 17141—1997
	原子吸收分光光度计	火焰原子吸收分光光度法	GB/T 17140—1997
铬	原子吸收分光光度计	火焰原子吸收分光光度法	GB/T 17137—1997

续表 3-3

监测项目	检测仪器	监测方法	方法来源
锌	原子吸收分光光度计	火焰原子吸收分光光度法	GB/T 17138—1997
镍	原子吸收分光光度计	火焰原子吸收分光光度法	GB/T 17139—1997
六六六和滴滴涕	气相色谱仪	GC-ECD	GB/T 14550—1997
六种多环芳烃	高效液相色谱仪	HPLC	GB 113198—1991
稀土总量	分光光度计	对马尿酸偶氮氯膦光度法	GB 6262
pH	酸度计	酸度计法	GB 7859—1987
阳离子交换量	滴定仪	乙酸铵法	*

注：* 中国科学院南京土壤研究所. 土壤理化分析. 上海科技出版社，1978.

二、土壤中金属污染物的检测

(一)重金属元素的总量测定

根据我国《土壤环境质量标准》(GB 15618—1995)规定，土壤中重金属污染常规测定的项目有 Cd、Cu、Pb、Zn、Cr、Hg 和 Ni 七种。

1. 铅和镉的测定

KI-MIBK 萃取火焰原子吸收分光光度法(GB/T 17140—1997)和石墨炉原子吸收分光光度法(GB/T 17141—1997)：采用 $HCl-HNO_3-HF-HClO_4$ 消解，在酸性介质中 Pb^{2+}、Cd^{2+} 与 I^- 形成稳定的配位化合物，在 MIBK(4-甲基-2-戊酮)中萃取富集，火焰原子化测定(Pb-217.0 nm、Cd-228.8 nm)或消解液直接石墨炉原子化测定吸收值，与标准溶液比较计算出铅和镉含量。

2. 总汞的测定

冷原子吸收分光光度法(GB/T 17136—1997)：采用 $H_2SO_4-HNO_3-KMnO_4$ 消解或 $HNO_3-H_2SO_4-V_2O_5$ 消解，在汞还原器中经 $SnCl_2$ 还原，将汞蒸气吹入测汞仪，在 253.7 nm 波长下测定吸收值，与标准溶液比较计算出汞含量。

3. 总铬的测定

火焰原子吸收分光光度法(GB/T 17137—1997)：采用 $HCl-HNO_3-HF-HClO_4$ 消解，火焰原子化，在 357.9 nm 波长下测定吸收值，与标准溶液比较计算出铬含量。

4. 铜和锌的测定

火焰原子吸收分光光度法(GB/T 17138—1997)：采用 $HCl-HNO_3-HF-HClO_4$ 消解，火焰原子化测定(Cu-324.8 nm、Zn-213.8 nm)吸收值，与标准溶液比

较计算出铜和锌含量。

5.镍的测定

火焰原子吸收分光光度法（GB/T 17138—1997）：采用 $HCl-HNO_3-HF-HClO_4$ 消解，火焰原子化，在 232.0 nm 波长下测定吸收值，与标准溶液比较计算出镍含量。

(二)土壤中重金属形态分析

根据国际理论化学与应用化学协会（IUPAC）定义，“形态分析指确定分析物质的原子和分子组成形式的过程”，即指元素的各种存在形式，包括游离态、共价结合态、络合配位态、超分子结合态等定性和定量的分析。形态上的差异可能会导致不同生物毒性的环境行为。

第一，重金属以自然态转变为非自然态时，其毒性增加；第二，离子态的毒性常大于络合态；第三，金属有机物的毒性大于金属无机物；第四，价态不同，毒性不同；第五，金属羰基化合物常常有剧毒；第六，对不同的化学形态，生物体的可利用性不同。

因此，只有借助于形态分析，才可能确切了解化学污染物对生态环境、环境质量、人体健康等的影响。

在环境领域，金属元素的形态分析一般采用 Tessier 的五步连续提取法。该方法由 Tessier 于 1979 年提出，主要适用于土壤或底泥等基质中重金属的形态分析。连续提取的五种形态分别为可交换态、碳酸盐结合态、铁锰氧化结合态、有机结合态和残渣态。

一般认为，在五种不同的存在形式中，可交换态和碳酸盐结合态金属易迁移、转化，对人类和环境危害较大；铁锰氧化结合态和有机结合态较为稳定，但在外界条件变化时也有释放出金属离子的机会。残渣态一般称为非有效态，因为以这种形态存在的重金属在自然条件下不易释放出来。

①可交换态：2 g 试样中加入 16 mL 1 mol/L 的氯化镁（$MgCl_2$），室温下振荡 1 h，离心 10 min（4 000 r/min），吸出上清液分析。

②碳酸盐结合态：经步骤①处理后的残余物在室温下用 16 mL 1 mol/L 的乙酸钠（NaAc）提取，提取前用乙酸（HAc）把 pH 值调至 5.0，振荡 8 h，离心，吸出上清液分析。

③铁锰氧化结合态：经步骤②处理后的残余物中加入 16 mL 0.04 mol/L 盐酸羟胺（$NH_2OH \cdot HCl$）在 20%（体积百分含量）乙酸（HAc）中提取，提取温度在（96±3）℃，时间为 4 h，离心，吸出上清液分析。

④有机结合态：经步骤③处理的残余物中，加入 3 mL 0.02 mol/L 硝酸（HNO_3）和 5 mL 30%（体积分数）过氧化氢（H_2O_2），然后用硝酸（HNO_3）调节 pH 值至 2，将混合物加热至（85±2）℃，保温 2 h，并在加热中间振荡几次。再加入 5 mL 过氧化氢（H_2O_2），调 pH 值至 2，再将混合物放在（85±2）℃加热 3 h，并间断振荡。冷却后，加入 5 mL 3.2 mol/L 乙酸铵的 20%（体积分数）硝酸（HNO_3）溶液中，稀释到 20 mL，振荡 30 min。离心，吸出上清液分析。

⑤残渣态：对步骤④处理后的残余物，利用硝酸-盐酸-氢氟酸-高氯酸消解法消解分析。

三、土壤中铅、镉、铬、汞含量的测定

（一）铅、镉的测定

1. 原理

我国土壤中铅含量为 0.5～1 200 mg/kg，镉含量为 0.000 1～15.0 mg/kg，所以根据实际情况可以分别选择原子吸收分光光度法和双硫腙比色分光光度法。本实验是以火焰原子吸收分光光度法定量测定土壤中的铅和镉。

土壤中铅、镉存在于矿物质中，也有的以有机化合物形式存在于土壤有机质中，通常以 $HCl\text{-}HNO_3$（3+1）、$HNO_3\text{-}H_2SO_4$、$HCl\text{-}HNO_3\text{-}HClO_4$ 等混合酸进行湿法消化。

在使用锐线光源和测定低浓度待测物的情况下，基态原子蒸气对共振线的吸收符合朗伯-比耳定律：

$$A=\lg\frac{I_0}{I}=KLN$$

式中：A 为吸光度；I_0 为入射光强度；I 为经原子蒸气吸收后的透射光强度；K 为吸光系数；L 为光穿过原子蒸气的光程长度；N 为基态原子密度。

试样进入火焰原子化，当火焰的绝对温度低于 30 000 K 时，则可以认为原子蒸气中基态原子数目实际上接近于原子总数，在固定的实验条件下，原子总数 A 与试样浓度 c 的比例是恒定的，则

$$A=K'c$$

式中：K' 为常数。

上式是原子吸收分光光度法的定量基础。本法采用标准曲线法进行定量分析。

2.仪器

原子吸收分光光度计(附铅空心阴极灯和镉空心阴极灯),无油气体压缩机,乙炔钢瓶,锥形瓶、移液管、容量瓶等玻璃仪器。

3.试剂

①硝酸(优级纯)。

②盐酸(优级纯)。

③高氯酸(优级纯)。

④铅和镉标准储备液:称取 0.500 0 g 高纯铅粉(99.999%)和 0.500 0 g 高纯镉粉(99.999%),溶于(1+1)的盐酸中,移入 500 mL 容量瓶中,用水稀释至标线,此溶液含铅 1.00 mg/mL,含镉 1.00 mg/mL。

⑤铅标准使用液:吸取 10.00 mL 铅标准储备液于 100 mL 容量瓶中,用 1%的稀硝酸稀释至标线。再吸取上述稀释液 25 mL 于另一 100 mL 容量瓶中,用 1%的稀硝酸稀释至标线,即得含 25.0 μg/mL 的铅标准使用液。

⑥镉标准使用液:吸取 10.00 mL 镉标准储备液于 100 mL 容量瓶中,用 1%的稀硝酸稀释至标线。再吸取上述稀释液 5.0 mL 于另一 100 mL 容量瓶中,用 1%的稀硝酸稀释至标线,即得 5.0 μg/mL 的镉标准使用液。

4.操作步骤

(1)样品预处理　称取土壤样品 1.00 g 于 100 mL 高型硬质玻璃烧杯中,加少许水润湿,加 $HCl\text{-}HNO_3$(3+1)15 mL,同时做空白样。于电热板上加热保持微沸(140~160℃),至有机物剧烈反应后,加高氯酸 5 mL,继续加热直至冒白烟,强火加热至土样呈灰白色,小心赶去高氯酸(若出现棕色烧结干块,则再加少许 $HCl\text{-}HNO_3$(3+1),加热至呈灰白色)。取下样品,用 15 mL 1%的硝酸加热溶解,以中速定量滤纸过滤于 25 mL 容量瓶中,用少量水或 1%的稀硝酸洗涤残渣,将溶液定容至刻度,摇匀待用。

(2)仪器调整和使用

①安装铅或镉空心阴极灯。②测定条件见表 3-4。

表 3-4　Pb、Cd 的测定条件

条件	Pb	Cd	条件	Pb	Cd
灯电流/mA	8	8	乙炔流量/(L/min)	1.0	1.0
测定波长/nm	283.3	228.8	进样量/(mL/min)	2~3	2~3
空气流量/(L/min)	5.0	5.0	标准曲线浓度范围	0.10~1.00	0.01~0.10

(3)标准曲线的绘制　取 6 个洁净的 25 mL 容量瓶，向各瓶中分别加入 0.00、1.00、2.00、3.00、4.00、5.00 mL 铅或镉的标准使用液，用 1% 的稀硝酸稀释至标线，摇匀。此系列分别含铅 0.00、1.00、2.00、3.00、4.00、5.00 μg/mL，含镉 0.00、0.20、0.40、0.60、0.80、1.00 μg/mL。测量此系列标准液相应的吸光度。以吸光度为纵坐标，浓度为横坐标，绘制标准曲线。

(4)测定　按标准曲线绘制的操作方法测定样液的吸光度，并在标准曲线上查得样液中铅或镉的浓度，最后计算土壤中铅或镉的含量(mg/kg)。

5. 结果计算

$$\text{Pb 含量(Cd 含量)} = cV/W$$

式中：c 为从标准曲线上查得的浓度，μg/mL；V 为样液体积，mL；W 为样品质量，g。

6. 注意事项

①在消解含有机物过多的污泥、底泥或土壤时，因先反复加 HCl-HNO_3(3+1)多次，使大部分有机物消解完毕。再加高氯酸，以免有机物过多引起剧烈反应，致使样液飞溅甚至爆炸。消解过程必须在通风良好的通风橱中进行。

②土壤用高氯酸消解近干时，残渣若为深灰色，说明有机物还未消解完全，应再加少量(1～3 mL)高氯酸或数滴双氧水，重新消解至白色或灰白色，呈糊状为止。

③用高氯酸消解有机物，应尽可能将过量高氯酸白烟驱尽。

④若样液中铅或镉的浓度超出标准曲线中的浓度范围，则可适当稀释样液(仍定容至 25 mL)。计算时乘以适当的系数。

⑤若样液中铅或镉的浓度太低，则以甲基异丁酮萃取后重新绘制标准曲线和测定样液，或将标准系列稀释后以石墨炉原子吸收分光光度法测定，或二者并用之。

(二)铬的测定

1. 原理

以二苯碳酚二肼比色法测定铬含量，需将低价态铬氧化至高价态铬，目前使用的有高锰酸钾氧化法和过硫酸盐氧化法，本实验采用后一种氧化法，并将氧化过程纳入消化过程。

常用的消化方法有 H_2SO_4-H_3PO_4 法、HNO_3-H_2SO_4-H_3PO_4 法以及 HNO_3-H_2SO_4 等湿法。实验时，土壤样品经 HNO_3-H_2SO_4 混合酸消化，然后在 Mn(Ⅱ)存在的条件下，以 Ag^{2+} 为催化剂，用 20% 的过硫酸钾氧化低价态铬至高价态，再以叠氮化钠或尿素-亚硝酸钠分解剩余的过硫酸铵。

消化、氧化之后，以浓氨水调节酸度，使铁、铅、铜、锌等多种干扰离子形成沉淀，而铬在溶液中与二苯碳酚二肼反应生成红色络合物，最后在 540 nm 处测定吸光度。

2. 仪器

①721 型分光光度计确；②0～4 000 r/min 离心机；③25 mL 比色管；④高型烧杯、容量瓶等其他玻璃仪器。

3. 试剂

①浓硝酸(优级纯)。②(1+1)硫酸。③硫酸溶液，$c(1/2\ H_2SO_4)=5$ mol/L。④20%的过硫酸$[(NH_4)_2S_2O_8]$。⑤0.5%硝酸银。⑥0.5%硫酸铝。⑦0.5%叠氮化钠或 10%尿素-2%亚硝酸钠。⑧0.25%二苯碳酚二肼丙酮溶液$[CO(NH_2 \cdot NH \cdot C_6H_5)_2]$：称取 0.25 g 二苯碳酚二肼，溶于丙酮中，并用丙酮稀释至 100 mL。临用时配制。⑨浓氨水(优级纯)。⑩铬标准储备液：准确称取 0.282 9 g 重铬酸钾(优级纯，110～120℃烘 2 h)，溶于蒸馏水，转移至 1 000 mL 容量瓶中并稀释至标线，即得含铬 100 μg/mL 的标准储备液。⑪铬标准使用液：准确吸取铬标准储备液 10.0 mL，于另一 1 000 mL 容量瓶中稀释至标线，即得含铬 10 μg/mL 的铬标准使用液。

4. 分析步骤

(1)样品预处理

①消化：准确称取 0.500 g 风干土样于 100 mL 高型烧杯中，加少许水润湿，再加(1+1)硫酸 4 mL，浓硝酸 1 mL，盖上表面皿，放在电炉或电热板上加热至冒白烟，如果消化液呈灰色，可取下烧杯稍冷后，滴加硝酸，再加热至冒大量白烟，土样变白为止。

②氧化还原：用水冲洗表面皿和烧杯壁至溶液约为 40 mL，加 1 mL 0.5% 硝酸银和 5 mL 20%过硫酸铵，加数粒玻璃珠，置电热板上加热煮沸 5 min，如果溶液不呈紫红色，可再加过硫酸铵，继续煮沸 5 min，并保持溶液呈紫红色。向烧杯中滴加 0.5%叠氮化钠至紫红色退去，取下烧杯在冷水浴中冷却。

③沉淀分离：向冷却后的溶液中滴加浓氨水至黄棕色出现，再过量 0.5 mL，然后将溶液转移至 200 mL 容量瓶中，充分洗涤烧杯，洗液并入容量瓶，用蒸馏水稀释至标线，充分摇匀，取出 50 mL 溶液于离心管中，离心 5 min(也可静置至上清液清亮)。

④标准曲线绘制：分别准确吸取铬标准使用液 0.00、1.00、2.00、4.00、8 .00、10.0 mL 于 25 mL 比色管中，加 1 mL 5 mol/L 硫酸，加水至标线，摇匀。分别加 1 mL 二苯碳酚二肼溶液立即摇匀。10～15 min 后用 3 cm 比色皿于 540 nm 波长

处测定吸光度，绘制标准曲线。

(2)样品测定　准确吸取 20.00 mL 试样清液于 25 mL 比色管中，加 1 mL 5 mol/L 硫酸，加水至标线，摇匀，以下操作同标准曲线。

5. 结果计算

铬的含量(mg/kg)按下式计算：

$$铬含量=\frac{M\times V_{总}}{V\times M}$$

式中：M 为从标准曲线上查得的铬的质量，μg；$V_{总}$ 为试样定容体积，mL；V 为测定时取样体积，mL；W 为试样质量，g。

(三)汞的测定

1. 原理

溶液中元素汞极易被氮气或空气吹出形成汞蒸气，由于不必使用高温原子化操作，所以汞蒸气中基态原子数等于原子总数，在固定的实验条件下，原子总数 N 与试样浓度 c 的比例是恒定的。

汞蒸气对 253.7 nm 的紫外光有强烈的吸收作用。当试样经适当的前处理后，将样品中各种形态的汞变为可测态的汞离子后，用氯化亚锡将汞离子还原成元素汞，再用干燥清洁的空气或氮气将汞吹出，并送入吸收池。在吸收池中，汞蒸气吸收汞空心阴极灯发出的特征谱线(253.7 nm 共振线)，而使谱线强度减弱，减弱程度(吸光度)与基态原子数即原子总数的关系符合朗伯-比耳定律：

$$A=\lg I_0/I=KLN=K'c$$

式中：I_0 为入射特征谱线强度；I 为透射强度；K 为吸光系数；K'为常数；L 为吸收池长度；N 为原子总数；c 为溶液中汞的浓度。

由此定量测定汞。

我国土壤中含汞量为 0.001～270 mg/kg，多以有机汞化合态形式存在。由于汞的特殊性质，所以在测汞时对土样的预处理技术也较特别，目前常用的预处理方法有四种：H_2SO_4-$KMnO_4$ 消化法、HNO_3-H_2SO_4-V_2O_5 消化法、HNO_3-H_2SO_4-$NaNO_2$ 消化法、热分解法。前三种均是利用高温氧化使样品中的汞转换成汞离子的湿式消化，第四种则是利用汞的沸点低、易挥发的特性直接加热富集样品中的汞。

2. 仪器

①F782 型测汞仪(附低压汞灯)，②硫酸-高锰酸钾消化法专用仪器，③硝酸-

硫酸-五氧化二钒消化法专用仪器，④硝酸-硫酸-亚硝酸钠消化法专用仪器，⑤热解法专用仪器。

3. 试剂

①硫酸溶液，$c(1/2\ H_2SO_4) = 1$ mol/L。

②5%硝酸-0.50%重铬酸钾溶液：称取 0.25 g 重铬酸钾，用蒸馏水溶解，加入 25 mL 硝酸，用蒸馏水稀释至 500 mL。

③30%氯化亚锡溶液：称取 30 g 氯化亚锡（$SnCl_2 \cdot 2H_2O$）溶于 100 mL 1 mol/L 硫酸溶液中。

④汞标准储备液：准确称取 0.135 4 g 氯化汞（$HgCl_2$）盛于烧杯中，用 5% HNO_3-0.05% $K_2Cr_2O_7$ 溶液溶解，移入 1 000 mL 容量瓶中用 5% HNO_3-0.05% $K_2Cr_2O_7$ 溶液稀释至标线，摇匀。此溶液含汞 100 μg/mL。

⑤汞标准使用液：准确吸取汞标准储备液 1.00 mL 置于 100 mL 容量瓶中，用 5% HNO_3-0.05% $K_2Cr_2O_7$ 溶液稀释至标线，摇匀（此溶液含汞 1.0 μg/mL）。

⑥无水氯化钙。

⑦硫酸-高锰酸钾法专用试剂：(1＋1)硫酸，20%盐酸羟胺溶液，5%高锰酸钾溶液（优级纯）。

⑧硝酸-硫酸-五氧化二钒法专用试剂：亚硝酸钠（优级纯）、20%氯化亚锡溶液［称取 20 g 氯化亚锡（$SnCl_2 \cdot 2H_2O$）溶于 10 mL 浓盐酸中，用水稀释至 100 mL，通氮气 30 min 或放置半天后使用］。

⑨热解法专用试剂：硫酸-高锰酸钾（优级纯）吸收液，100 mL 溶液中含有 10 mL (1＋1)硫酸和 10 mL 高锰酸钾饱和溶液，用时配制。

4. 分析步骤

(1)样品预处理　土壤样品的预处理可采用下列方法中的一种。

①硫酸-高锰酸钾消化法：准确称取土壤 1.00～5.00 g 置于 150 mL 锥形瓶中，同时做试剂空白。分别加入蒸馏水 40 mL、(1＋1)硫酸 10 mL、5%高锰酸钾 20 mL，充分摇匀，瓶口插一小漏斗，置沸水浴上加热消化 1 h（消化温度为 75～80℃）。消化过程中，每隔 5 min 左右充分摇动锥形瓶一次，使消化液和土壤充分作用，如高锰酸钾紫色退去，可补加高锰酸钾 5～10 mL，在呈明显紫色情况下消化 1 h。取下冷却，滴加 20%盐酸羟胺溶液，边滴边摇，至紫红色和棕色退尽，再定容至 100 mL（取上层清液测定）。

②硝酸-硫酸-五氧化二钒消化法：准确称取风干试样 0.500 0～2.000 0 g 于 100 mL 锥形瓶中，加入 50 mg 五氧化二钒，瓶口插入一小漏斗，同时做试剂空白。加入浓硝酸 10 mL，摇匀，置沙浴（约 140℃）上加热保持微沸约 5 min，冷却，加入

浓硫酸 10mL，继续在沙浴上加热煮沸 15 min，此时试样颜色转为浅灰白色（试液为黄色），如试样颜色仍较深，可加入适量硝酸，再加热，但消化时间不宜过长。冷却后，用 10 mL 1 mol/L 硫酸冲洗小漏斗和锥形瓶四壁。摇匀，放置使残渣沉降，将上层溶液转入 100 mL（或 250 mL）容量瓶中。用水洗涤残渣三次，每次洗涤液并入容量瓶中，用水稀释至标线，摇匀，以备测定。

③硝酸-硫酸-亚硝酸钠法：准确称取 1.00 g 试样于 100 mL 锥形瓶中，加入约 100 mL 亚硝酸钠，再加 15 mL 硝酸-硫酸（1+2）混合酸，同时做一试剂空白。置表面温度为 140℃的电热板上，加热 0.5 h，取下稍冷却后，小心加入 10 mL 水，再置电热板上加热除二氧化氮 0.5 h。取下，冷却后再加 10 mL 水，滴加高锰酸钾至数分钟时颜色不退。然后加入 1 滴 10%盐酸羟胺溶液，用水稀释至标线，摇匀，以备测定。

④热解法：准确称取 0.100 0～1.000 0 g 土壤样品于石英舟（或瓷舟）中，将石英舟放置于管式电炉中的石英管中，将石英管的一端与氮气（也可为空气或氧气）瓶连接，另一端与盛有 10 mL 吸收液的吸收管连接，将炉温控制在 850～900℃，以流速为 0.8 L/min 的氮气流吹气 20 min，样品中的汞即富集于吸收液中。吸收液定容到一定体积，备做测定。

（2）标准曲线的绘制　分别准确吸取 0.1 μg/mL 的汞标准使用液 0.00、0.50、1.00、2.00、3.00、4.00、5.00 mL 于 20 mL 翻泡瓶中，以 1 mol/L 硫酸稀释至刻度，加入 2 mL 30%氯化亚锡溶液，立即盖上瓶盖进行测定。扣除空白后即可绘制标准曲线。

（3）样品测定　准确吸取处理好的试样液、空白液 20.00 mL（可视汞含量而定）于 20 mL 翻泡瓶中，加入 2 mL 30%氯化亚锡溶液，同标准溶液操作进行测定，并在标准曲线上求出汞含量。

5. 结果计算

汞的含量（mg/kg）用下式计算：

$$汞含量=\frac{M\times V_{总}}{V\times W}$$

式中：M 为从标准曲线上查得的汞质量，μg；$V_{总}$ 为试样定容体积，mL；V 为测定取试样溶液体积，mL；W 为试样质量，g。

6. 注意事项

①玻璃对汞有吸附作用，因此反应瓶、容量瓶等玻璃器皿每次使用后都需要以（1+1）硝酸溶液浸泡，随后用去离子水洗净备用。

②玻璃对汞吸附较强，因此，在配制稀汞标准溶液时，最好先在容量瓶中加部

分 5%硝酸-0.05%重铬酸钾溶液。再加入汞储备液。

③硫酸-高锰酸钾消化土壤应注意如下几点:ⓐ硫酸-高锰酸钾法较适用于烷基汞含量较低(特别是甲基汞含量低)的土壤样品。如有机物含量多,可先加 5 mL 浓硝酸,于水浴上预消化 1 h,然后再按上述步骤消化。ⓑ高锰酸钾的空白值如较高,需重结晶提纯。ⓒ用盐酸羟胺还原高锰酸钾时,要逐滴加入,并注意充分摇动,避免试剂过量太多。

④硝酸-硫酸-五氧化二钒法消化土壤应注意如下几点:ⓐ该方法适用于有机质含量较高的土壤。ⓑ如样品中有机质含量较高,可在加入五氧化二钒和硝酸后,放量过夜再行消化;并可在消化过程中适当添加硝酸 3~5 mL(分次加入)。ⓒ开始加热时,温度不宜高(可低于 140℃)以避免硝酸过快分解而影响消化效果。加入硫酸后,消化温度在 140~160℃为宜。整个消化时间不宜过长。ⓓ根据不同类型的土壤,掌握样品消化时的外观变化,以判断消化的完全程度。一般消化后样品颜色变浅,但有些土壤颜色变化不很明显。

⑤硝酸-硫酸-亚硝酸钠法消化时应注意如下几点:ⓐ该方法适用于土壤中有机质含量低(有机汞含量较高)的样品。ⓑ消化时,应先加入亚硝酸钠,然后加入硝酸-硫酸混合酸,反之则消化不易完全。ⓒ在消化中,必须用水稀释冷却溶液,否则二氧化氮不易赶出。

⑥热解法分解试样时应注意如下几点:ⓐ石英器皿在使用前或测定高含量样品之后,必须洗净,并在加热过程中用载气流冲洗。ⓑ不用管式炉采用煤气灯加热亦可,但加热时应不时挥动煤气灯,使石英管各部分充分受热。在加热结束前,将煤气灯由石英管进气端向出气端缓慢移动,以赶尽可能凝结在管壁上的汞。ⓒ有机质含量较高的样品,可采用氧气做载气,有利于样品分解。ⓓ注意清洗石英管的出口及连接部分,避免因吸附而影响测定结果。

四、土壤中非金属无机污染物的检测

土壤中非金属无机化合物的测定包括氰化物、氟化物、硫化物和砷化物等。

土壤中总砷的测定可用二乙基二硫代氨基甲酸银(Ag-DDTC)分光光度法(GB/T 17134—1997)和硼氢化钾-硝酸银分光光度法(GB/T 17135—1997)。

(一)二乙基二硫代氨基甲酸银(Ag-DDTC)分光光度法

1. 原理

样品经消化后,以碘化钾-氯化亚锡将五价砷还原为三价砷,然后与锌粒和稀硫酸或盐酸产生的新生态氢生成砷化氢,经乙酸铅脱除硫化氢后,用二乙基二硫代氨基甲酸银-三乙醇胺-三氯甲烷溶液吸收后,形成红色胶态物,在 520 nm 波长处有最大吸光度，其吸光度与砷含量成正比，可与标准系列比较定量。

2.仪器

一般实验室使用玻璃仪器和下列仪器：

①可见分光光度计。②砷化氢发生装置：见图3-4。包括100～150 mL锥形瓶：19号标准口；导气管：管口19号标准口或经碱处理后洗净的橡皮塞与锥形瓶密合时不应漏气，管的另一端管内径为1.0 mm；吸收管：10 mL刻度离心管。

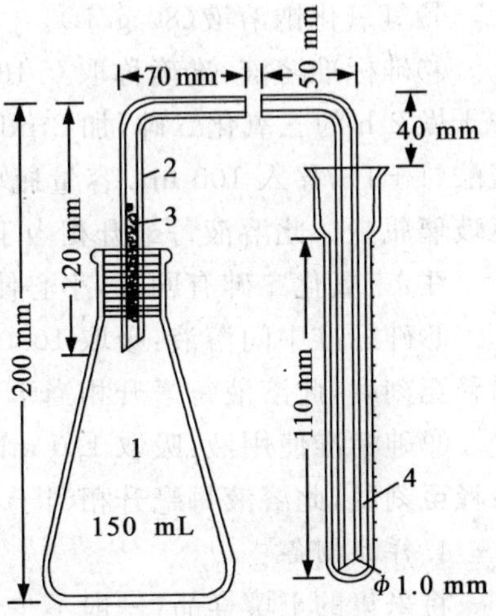

1-150 mL锥形瓶；2-导气管；
3-乙酸铅棉花；4-10 mL刻度离心管

图3-4　银盐法测砷装置

3.试剂

除非另有说明，分析中均使用符合国家标准或专业标准的分析纯试剂和蒸馏水或同等纯度的水。

①硝酸（HNO_3）：ρ=1.42 g/mL。

②硫酸（H_2SO_4）ρ=1.84 g/mL。

③硫酸溶液：1+1。

④盐酸（HCl）：ρ=1.19 g/mL。

⑤无砷锌粒：10～20目。

⑥高氯酸（$HClO_4$）：ρ=1.67 g/mL。

⑦硫酸铜溶液（150 g/L）：称取15.0 g硫酸铜（$CuSO_4 \cdot 5H_2O$），溶于水并稀释至100 mL。

⑧碘化钾溶液（150 g/L）：称取15.0 g碘化钾（KI），溶于水并稀释至100 mL，储存于棕色瓶中。

⑨酸性氯化亚锡溶液：称取40.0 g氯化亚锡（$SnCl_2 \cdot 2H_2O$），用盐酸溶解，并用盐酸稀释至100 mL，加入数颗金属锡粒，防止氯化亚锡氧化，储存于棕色瓶中。

⑩乙酸铅溶液（100 g/L）：称取10.0 g乙酸铅[$Pb(CH_3\text{-}COO)_2$]，溶于水并稀释至100 mL。

⑪乙酸铅棉花：用乙酸铅溶液（100 g/L）浸透脱脂棉后，压除多余溶液，并使疏松，在100℃以下干燥后，储存于玻璃瓶中。

⑫二乙基二硫代氨基甲酸银[$(C_2H_5)_2NCS_2Ag$，Ag-DDTC]。

⑬三乙醇胺（$HOCH_2CH_3)_3N$。

⑭三氯甲烷（$CHCl_3$）。

⑮二乙基二硫代氨基甲酸银-三乙醇胺-三氯甲烷溶液：称取0.25 g二乙基二

硫代氨基甲酸银[$(C_2H_5)_2NCS_2Ag$,Ag-DDTC],置于乳钵中,加少量三氯甲烷研磨,移入 100 mL 量筒中,加入 1.8 mL 三乙醇胺,再用三氯甲烷分次洗涤乳钵,洗液一并移入量筒中,再用三氯甲烷稀释至 100 mL,放置过夜。滤入棕色瓶中储存。

⑯氢氧化钠溶液(80 g/L)。

⑰砷标准溶液:准确称取 0.132 0 g 在硫酸干燥器中干燥过的或在 100℃烘箱中干燥 2 h 的三氧化二砷,加 2 mL 氢氧化钠溶液(80 g/L)溶解,溶解后加 10 mL 硫酸(1+1),移入 100 mL 容量瓶中,加入新煮沸冷却的水稀释至刻度,储存于棕色玻璃瓶中。此溶液每毫升相当于 1.00 mg 砷。

注:三氧化二砷有剧毒,小心使用。

⑱砷标准中间溶液:吸取 10.00 mL 砷标准溶液,置于 100 mL 容量瓶中,加水稀释至刻度,此溶液每毫升相当于 0.1 mg 砷。

⑲砷标准使用液:吸取 1.0 mL 砷标准中间溶液,置于 100 mL 容量瓶中,加水稀释至刻度,此溶液每毫升相当于 1.0 μg 砷。

4. 样品制备

将采集的土壤样品(一般不少于 500 g)混匀后用四分法缩分至 100 g,缩分后的土样经自然风干或冷冻干燥后,挑除植物根叶等有机残体和异物,然后用木棍把土块压细,使之通过 2 mm 筛。充分混匀后,于玛瑙研钵中进一步研磨,使其全部通过 0.149 mm 孔径筛。混匀后装入磨口瓶中备用。

5. 分析步骤

(1)样品消解　称取 0.5～2 g 的土壤样品(精确到 0.000 2 g),置于 150 mL 三角瓶中,加 7 mL 硫酸溶液(1+1),10 mL 硝酸,2 mL 高氯酸,置电热板上加热分解,破坏有机物(若消化液颜色变深,应及时补加硝酸),至产生白色高氯酸浓烟。取下放冷,用水冲洗瓶壁,再加热至冒浓白烟,除去残余的硝酸。如此处理两次,三角瓶装中只剩下少量白色残渣(若有黑色颗粒物,应补加硝酸继续消解),取下放冷,加水溶解约至 50 mL。

取与消化样品相同量的硫酸、硝酸和高氯酸,按与样品相同操作方法做试剂空白试验。

(2)样品溶液中砷含量测定

①消化液及同量的试剂空白液,分别置于 150 mL 三角瓶中(砷化氢发生装置),各加 4 mL 碘化钾溶液(150 g/L),2 mL 酸性氯化亚锡溶液,混匀,静置 15 min。

②取 5.00 mL 吸收液至吸收管中,插入导气管。

③各加入 1 mL 硫酸铜溶液和 4 g 锌粒于砷化氢发生瓶,立即分别塞上装有乙

酸铅棉花的导气管，并使管尖端插入盛有 5 mL 吸收液的离心管中的液面下，保证反应器密闭。

④在室温下维持反应 1 h，使砷化氢完全释放出来。取下离心管，加三氯甲烷补足 5 mL。

⑤以吸收液为参比溶液，在 510 nm 波长下，与标准系列在同样条件下测定吸光度，并与标准系列比较得到砷含量。

(3)标准曲线的绘制　吸取 0.00、1.00、2.50、5.00、10.00、15.00、20.00、25.00 mL 砷标准使用液（相当砷 0.0、1.0、2.5、5.0、10.0、15.0、20.0、25.0 μg）分别置于 8 个 150 mL 三角瓶中（砷化氢发生装置），加入 7 mL 硫酸溶液（1＋1），按步骤(2)进行测定。

6.结果表示

土壤中总砷的含量 c(mg/kg) 按下式计算：

$$c=\frac{m}{W\times(1-f)}$$

式中：m 为样品溶液中砷含量，μg；W 为样品质量，g；f 为土样水分含量，%。

7.精密度和准确度

多个实验室本方法分析 ESS 系列土壤标样中精密度和准确度见表 3-5。

表 3-5　本方法的精密度和准确度

实验室数	土壤标样	保证值/(mg/kg)	总均值/(mg/kg)	室内相对标准偏差/%	室间相对标准偏差/%	相对误差/%
14	ESS-1	10.7±0.8	10.7	2.0	5.6	0.0
15	ESS-3	15.9±1.3	15.9	1.3	4.3	7.5
12	ESS-4	11.4±0.7	11.4	3.8	4.8	0.0

8.说明

①锑和硫化物对测定有正干扰。锑在 300 μg 以下，可用 KI-$SnCl_2$ 掩蔽。在试样氧化分解时，硫已被硝酸氧化分解，不再有影响。试剂中可能存在的少量硫化物，可用乙酸铅脱脂棉吸收除去。

②本标准方法检出限为 0.5 mg/kg（按称取 1 g 试样计算）。

(二)硼氢化钾-硝酸银分光光度法

采用 HCl-HNO_3-$HClO_4$ 消解，用硼氢化钾（钠）在酸性溶液中将 As^{+5} 还原成 As^{+3}，进而还原成 AsH_3，用硝酸-硝酸银-聚乙烯醇-乙醇溶液吸收，Ag^+ 被 AsH_3

还原成单质银，使溶液呈黄色，在 400 nm 波长下比色测定。本标准方法检出限为 0.2 mg/kg(按称取 0.5 g 试样计算)。

五、土壤中有机物污染物的检测

土壤中有机物包括苯并芘、三氧乙醛、矿物油、挥发酚、六六六及 DDT 等。

(一)样品预处理方法

土壤样品中有机物的萃取方法有溶剂萃取法、水浸提-蒸馏萃取法、顶空法和吹扫捕集法等。

1. 溶剂萃取法

土壤中有机物的溶剂萃取又分为直接萃取法、索氏(Soxhlet)萃取法、超声萃取法等。

①直接萃取法:直接萃取法是基于目标物在固相与溶剂相中分配系数不同而进行组分的富集与分离的，是用合适的溶剂浸泡土壤样品，使其中的目标物从固相土壤中脱附进入溶剂相的过程。

②索氏萃取法:将样品置于索氏提取器的玻璃纤维套筒中，在提取器的圆底烧瓶中加入适当的提取剂，对提取器加热，通过提取器本身的虹吸过程和提取器上部的冷凝回流实现连续提取。此法为经典提取法，也叫完全提取法。

③超声萃取法:超声提取技术的基本原理主要是利用超声波的空化作用加速土壤中的目标有机物的浸提过程。

2. 水浸提-蒸馏萃取法

该方法适用于土壤中含有的水溶性好、挥发性比较强的有机物，如挥发性有机酸、挥发酚等。一般情况下，按照土壤与纯水 1∶1(质量比)的比例，控制振幅，在摇床振荡 8～24 h，进行充分浸提。随后，将浸提液作为水样，进行相关指标的蒸馏、收集和分析测定。

3. 顶空法

顶空法是指在一密闭容器内，同体样品中的挥发性或半挥发性有机物从固相中释放进入上层气相中，并达到平衡，而后取顶室气体进行色谱分析的方法。

4. 吹扫捕集法

从理论上讲，吹扫捕集法是动态顶空技术。与静态顶空技术不同，动态顶空不是分析处于平衡状态的顶空气体样品，而是用流动气体将样品中的挥发性成分“吹扫”出来，再用一个捕集器将吹扫出来的有机物吸附，随后经热解吸将样品送入 GC 进行分析。通常，称动态顶控技术为吹扫捕集进样技术。待吹扫的样品可以是固体，也可以是液体样品。吹扫气多采用高纯氦气。捕集器内装有吸附剂，可根据待分析组分的性质选择合适的吸附剂。

(二)土壤中六六六和滴滴涕的测定

土壤中六六六和滴滴涕的测定采用气相色谱法(GB/T 14450—2003):采用石油醚-丙酮(1+1)浸泡土壤样品 12 h,75～95℃水浴,索氏萃取 4 h,分离石油醚和丙酮层,保留石油醚层,用浓硫酸净化法或柱层析净化法净化,GC-ECD测定。

1. 色谱条件 A

色谱柱:玻璃柱 2.0 m×2 mm(i. d),填装涂有 1.5%OV-17+1.95%QF-1 的 Chromosorb WAW-DMCS,80～100 目担体。

玻璃柱 2.0 m×2 mm(i. d),填装涂有 1.5%OV-17+1.95%OV-210 的 Chromosorb WAW-DMCS-HP,80～100 目担体。

检测器:ECD。

温度:柱箱 195～200℃,气化室 220℃,检测器 280～300℃。

载气:高纯 N_2,50～70 mL/min。

2. 色谱条件 B

色谱柱:石英弹性毛细管柱 DB-17,30 m×0.25 mm(i. d)。

柱温程序:150℃ $\xrightarrow{\text{恒温 1 min, 8℃/min}}$ 280℃ $\xrightarrow{\text{恒温 280 min}}$ 280℃,进样口 220℃。

检测器温度:320℃。

载气:高纯 N_2,流速 1.0 mL/min,尾吹 37.25 mL/min。

(三)土壤中有机磷农药残留的测定

水、土中有机磷农药测定采用气相色谱法(GB/T 14452—2003):采用丙酮(1+5)浸泡提取,二氯甲烷萃取,柱层析净化,GC-NPD(或 FPD)测定。

1. 色谱条件 A

色谱柱:玻璃柱 1.0 m×2 mm(i. d),填装涂有 5%OV-17 的 Chrom Q,80～100 目担体。

玻璃柱 1.0 m×2 mm(i. d),填装涂有 5%OV-101 的 Chromosorb W-HP,100～120 目担体。

检测器:NPD。

温度:柱箱 200℃,气化室 230℃,检测器 250℃。

载气:N_2 36～40 mL/min,H_2 4.5～6 mL/min,空气 60～80 mL/min。

2. 色谱条件 B

色谱柱:石英弹性毛细管柱 HP-5,30 m×0.32 mm(i. d)。

柱温程序:130℃ $\xrightarrow{\text{恒温 3 min, 5℃/min}}$ 140℃ $\xrightarrow{\text{恒温 65 min}}$ 140℃,进样口 220℃。

检测器(NPD)温度:300℃。

载气:N_2流速 3.5 mL/min,H_2流速 3 mL/min,空气 60 mL/min,尾吹(N_2)10 mL/min。

3. 色谱条件 C

色谱柱:石英弹性毛细管柱 DB-17,30 m×0.53 mm(i.d)。

柱温程序:150℃ $\xrightarrow{\text{恒温 3 min},8℃/\text{min}}$ 250℃℃ $\xrightarrow{\text{恒温 280 min}}$ 250℃,进样口 220℃。

检测器(FPD)温度:300℃。

载气:N_2流速 9.8 mL/min,H_2流速 75 mL/min,空气 100 mL/min,尾吹(N_2)10 mL/min。

学习情境Ⅳ 土壤理化性状和土壤肥力指标检测

学习指南

1.学习情境Ⅳ为土壤肥力指标检测，主要是任务学习，在本部分学习中，将完成三个工作任务。

2.任务一是土壤理化性状测定，是了解土壤肥力的基础。任务一共由五个项目组成。土壤质地测定如果只考虑在生产实践中使用，可选择手测法，但需要学生反复练习，积累经验，才能正确确定土壤质地名称。土壤容重和孔隙度测定主要是了解土壤松紧状况和土壤通透性的指标，通过正确采集原状土壤样品，测定土壤容重，计算出土壤孔隙度。土壤酸碱性测定和土壤阳离子交换量测定是为了了解土壤供、保肥性能，可作为选择项目。

3.任务二是土壤水分测定，其结果是土壤中其他物质测定计算的基础，包括土壤养分测定和土壤中污染物的测定都需要水分含量进行结果计算，而土壤容重、土壤田间持水量等则是直接采用土壤水分含量测定方法来测定的。此任务完成起来比较简单，但它是不可或缺的。

4.任务三土壤肥力指标测定是本学习情境的主要任务，由五个项目组成，且每一个项目都是土壤肥力的重要指标，是必须确保完成的工作任务。为确保学生能很好地完成任务，建议要确保时间充裕和重复性训练。

5.在学习拓展中主要介绍了土壤肥力其他项目的测定，便于学生继续学习提高和从事土壤肥料相关的工作。

6.学习情境Ⅳ的主要参考资料：《土壤理化分析》、《土壤农业化学常规分析法》、《中国农业标准汇编　土壤肥料卷》和《环境检测方法标准汇编　土壤环境与固体废物》。

Ⅰ.工作任务

任务一　土壤理化性状测定

一、土壤质地测定

采用《土壤理化分析》(中国科学院南京土壤所)方法,参考标准:《森林土壤颗粒组成(机械组成)的测定》(LY/T 1223—1999)。

(一)简易密度计法

通过1 mm筛的土壤样品,用六聚偏磷酸钠(51 g/L,石灰性土壤,50 g土样加60 mL)、氢氧化钠(20 g/L,酸性土壤,50 g土样加40 mL)或草酸钠(33.5 g/L,中性土壤,50 g土样加20 mL)分散土壤颗粒,通过0.25 mm筛转入1 000 mL量筒中,加水至1 000 mL,搅匀后沉降一定时间(根据不同粒径土壤颗粒在不同温度下的沉降时间确定),用甲种密度计测定悬液密度,经校正后计算出各粒级土壤颗粒的百分含量。

(二)吸管法

与简易密度法分散土壤颗粒相同,通过0.25 mm筛转入1 000 mL量筒中,搅匀后沉降一定时间后(根据不同的土粒密度、不同粒径土壤颗粒在不同温度下的沉降时间确定沉降时间和吸液深度),用自动吸管吸取25 mL悬液,放在铝盒中,电热板上蒸干,在105℃烘干6 h。经校正后计算出各粒级土壤颗粒的百分含量。

土壤颗粒分散方法有如下几种。

①煮沸法:土样放在500 mL三角瓶中,加入分散剂,用水补足至250 mL,摇匀后静置2 h,每隔10~20 min摇动一次。在经常摇动下煮沸,保持沸腾1 h。

②振荡法:土样放在500 mL三角瓶中,加入分散剂,用水补足至200~250 mL,往复振荡机上振荡8 h。

③研磨法:土样放在瓷蒸发皿中,加入少量分散剂调成糊状(余下的分散剂在研磨后加入),静置0.5 h,用带橡胶头的玻璃棒、研磨棒或大号胶塞研磨土样,黏质土不少于20 min,其他质地土壤不少于15 min。

(三)手测法

以手指对土壤的感觉为主,结合视觉和听觉来确定土壤质地的名称,方法简便易行,熟练后也较准确,适合于田间质地的鉴别。手测法有干测和湿测两种,可互相补充，一般以湿测为主。

干测法：取玉米大小的干土块，放在拇指与食指间使之破碎，并在手指间摩擦，根据指压时间大小摩擦时感觉来判断。

湿测法：取一小块土，除去石砾和根系，放在手中捏碎，加水少许，以土粒充分浸润为度（水分过多过少均不适宜），根据能否搓成球、条及弯曲时断裂等情况加以判断，判断标准见表 4-1。

表 4-1　手测法土壤质地（卡制）判断标准

土壤质地	在干燥状态手指挤压或摩擦时的感觉	在湿润下揉搓时的表现
沙土	几乎由沙粒组成，沙粒明显可见干土块毫不用力即可压碎，手捻粗糙刺手，沙沙作响	不能成球形，用手捏成团，但松手即散，不能成片
沙壤土	沙粒占优势，混加有少许黏粒，很粗糙，研磨时有响声，干土块用小力即可捏碎	勉强可成厚而极短的片状，能搓成表面不光滑的小球，但搓不成细条
轻壤土	干土块用力稍加挤压可碎，手捻有粗糙感	可成较薄的短片，片长不超过 1 cm，片面较平整，可成直径约 3 mm 的土条，但提起后容易断裂
中壤土	干土块稍加大力量才能压碎，成粗细不一的粉末，沙粒和黏粒含量大致相同，稍感粗糙	可成较长薄片，片面光滑，但无反光，可搓成直径 3 mm 的土条，但弯成 2～3 cm 小圈即断裂
重壤土	干土块用大力挤压可破碎成粗细不一的粉末，粉沙粒和黏粒占多数，略有粗糙感	可成较长薄片，片面光滑，有弱反光，可搓成直径 2 mm 的土条，能弯曲成 2～3 cm 圆形，但压扁时有裂缝
黏土	干土块很硬，用手不能压碎，成细而均一的粉末，有滑腻感	可成较长薄片，片面光滑，有强反光，可搓成直径 2 mm 的细土条，能弯曲成 2～3 cm 圆形，压扁时无裂缝

二、土粒密度、土壤容重与土壤孔隙度测定

（一）土粒密度测定

根据土壤固体部分质量与同体积水（4℃）的质量比，常采用密度瓶法测定，见《土壤理化分析》（中国科学院南京土壤所）。参考标准：《森林土壤密度的测定》（LY/T 1224—1999）。

（二）土壤容重测定

土壤容重采用环刀法测定，见《土壤理化分析》（中国科学院南京土壤所）。

1. 测定原理

用容重取土器在田间采集一定体积(100 cm^3)的原状土壤,通过所取湿土样的质量和测定土壤含水量,得到烘干土质量,再根据土样体积和烘干土质量计算出土壤容重。

2. 仪器、设备

①天平:感量为 0.01 g;②铝盒:小型的直径约 40 mm,高约 20 mm,大型的直径约 55 mm,高约 28 mm;③环刀(100 cm^3),手柄及盖;④小型电热恒温烘箱;⑤干燥器:内盛变色硅胶或无水氯化钙;⑥1 m×1 m×0.5 m 的木框;⑦铁锹、花铲、削土刀、塑料袋等。

3. 测定步骤

在田间选择具有代表性地块,取表层土壤或根据需要按土壤剖面层次取土。取土前,先将表面干土轻轻铲除,表面铲平,尽量不要给下面土壤施加压力,以免下面土壤被压实。

将环刀垂直压入土壤中,如图 4-1 所示,至环刀中全部充满土壤,可通过手柄上的小孔观察。环刀压入过程中不能左右摇摆,也不能倾斜,以免破坏土壤自然状态。

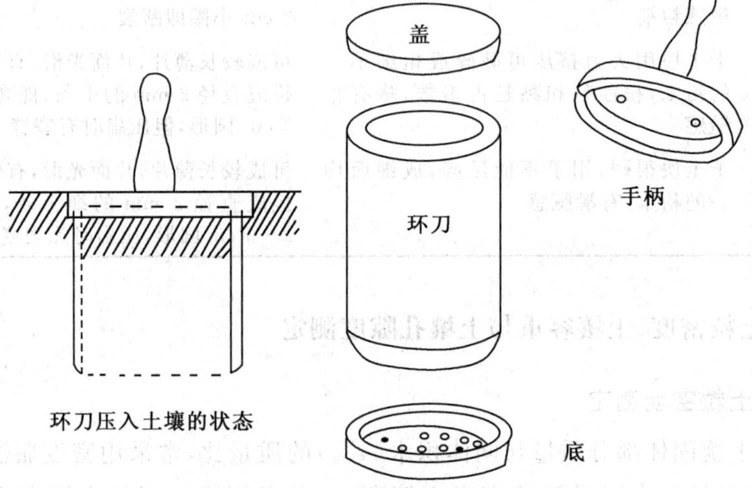

图 4-1　环切示意图

用花铲将环刀周围的土壤铲掉,并保持换到下部有多余的土体,将环刀取出。

用削土刀将环刀上下两面多余的土壤小心削平(与环刀边平齐),并把环刀四周的泥土擦掉,放入已预先称出质量的塑料袋中,将口系好,以避免土壤水分蒸发。

将土样称重,并测定土壤含水量,算出烘干土质量,再计算出土壤容重。

(三)土壤孔隙度测定

根据土粒密度和土壤容重计算。

$$土壤孔隙度=\left(1-\frac{土壤容重}{土粒密度}\right)\times 100\%$$

三、土壤酸碱性与土壤阳离子交换量测定

(一)土壤酸碱性测定

1. 酸度计法

采用《土壤理化分析》(中国科学院南京土壤所)方法。参考标准:森林土壤pH值测定(LY/T 1239—1999)、森林土壤交换性酸度测定(LY/T 1240—1999)、森林土壤水解性总酸度测定(LY/T 1241—1999)。

测定土壤pH值采用水浸提(液土比2.5∶1);测定土壤交换性酸度采用酸性土壤1 mol/L KCl溶液浸提;测定土壤水解性总酸度采用1 mol/L乙酸钠溶液浸提。

(1)测定原理　用水提取出土壤中水溶性的氢离子,应用指示电极和另一参比电极插入土壤悬液中测定其电位差,由于参比电极的电位是固定的,因而该电位差的大小取决于悬液中的氢离子活度。氢离子活度的负对数即为pH。酸度计就是根据测电位差的方法测定的,并将结果换算成pH值直接读出。

(2)仪器、设备

①天平:感量为0.01 g;②酸度计(电位计);③pH玻璃电极;④饱和甘汞电极;⑤50 mL烧杯;⑥磁力搅拌器或者玻璃搅拌棒。

(3)试剂

①pH 4.01标准缓冲溶液:称取在105℃烘干1 h的苯二甲酸氢钾($KHC_8H_4O_4$,GB 1257—1977,分析纯)10.21 g溶于去离子水后稀释至1 L。

②pH 6.87标准缓冲溶液:称取在120℃烘干2 h的磷酸氢二钠(Na_2HPO_4,GB 1263—1977,分析纯)3.53 g和磷酸二氢钾(KH_2PO_4,GB 1274—1977,分析纯)3.39 g溶于去离子水中,稀释至1 L。

③pH 9.18 标准缓冲溶液：称取 3.80 g 硼砂（$Na_2B_4O_7 \cdot 10H_2O$ GB 632—1978，分析纯）溶于无 CO_2 的冷水中，稀释至 1 L。此溶液的 pH 值易于变化，应在使用前配制。

④饱和氯化钾（KCl，GB 646—1977，分析纯）溶液。

(4)测定步骤

①土壤待测液的制备：用天平称取新鲜或风干土样（过 1 mm 筛孔）10.0 g，置于 50 mL 烧杯中，用量筒加新鲜去离子水（或无二氧化碳蒸馏水）25 mL，放在磁力搅拌器上搅动 1 min，放置 30 min（或者用玻璃棒人工间歇搅动 15 min，放置 15 min）后，用酸度计测定。

②测定：应详阅仪器使用说明书，按操作步骤进行测定。通常如下：

A. 接通电源或开启酸度计电源开关，预热 15～30 min 接好电极，把选择开关扭至 pH 挡。

B. 调节零点调节器，使电表指针指在 pH 7.00 的位置。

C. 将温度补偿器调到被测液的温度值。

D. 用“定位”调节器，使指针恰好至缓冲溶液的 pH 数值（酸性土壤用 pH 4.01，中性土壤用 pH 6.87，碱性土壤用 pH 9.18）。重复测定两次，其读数不变为止。

E. 定位结束，移出电极，用去离子水洗净，用滤纸吸干，即可插入待测液中，轻轻转动烧杯 1～2 min，静止后按下测量开关（或读数开关）读取 pH 值。重复 2 次，至两次读数一致时为止。

③结果的表示：两个平行样品的测定用算术平均值表示，小数点后保留两位。

④允许差：两个平行测定值之差<0.1 pH。

2. 混合指示剂法

采用《土壤理化分析》（中国科学院南京土壤所）方法，根据混合酸碱指示剂在不同的酸碱度中呈现出不同的颜色，来判断土壤 pH 值。

（二）土壤阳离子交换量测定

根据《土壤阳离子交换量和交换性盐基的测定》（NY/T 295—1995）：

用 1 mol/L 乙酸铵溶液（pH＝7.0）浸提，用原子吸收分光光度法测定浸提液中交换性 Ca^{2+}、Mg^{2+}，用火焰光度法测定 K^+、Na^+。

被 NH_4^+ 饱和的土壤，用 95％乙醇淋洗后，加入 MgO，用凯氏定氮法进行蒸馏，以硼酸溶液吸收，标准酸滴定，根据 NH_4^+ 的量计算土壤阳离子交换量。

任务二　土壤水分测定

一、土壤水分测定

根据《烘箱干燥法》(NY/T 52—1987)(原 GB 7172—1987)，该标准适用于测定除石膏性土壤和有机土(含有机质 20%以上的土壤)以外的各类土壤的水分含量。

1. 测定原理

土壤样品在(105±2)℃烘箱中烘干至恒重时的失重，即为土壤样品所含水分的质量。

2. 仪器、设备

①土钻；②土壤筛：孔径 1 mm；③铝盒：小型的直径约 40 mm，高约 20 mm，大型的直径约 55 mm，高约 28 mm；④分析天平：感量为 0.001 g 和 0.01 g；⑤小型电热恒温烘箱；⑥干燥器：内盛变色硅胶或无水氯化钙。

3. 试样的选取和制备

①风干土样：选取有代表性的风干土壤样品，压碎，通过 1 mm 筛，混合均匀后备用。

②新鲜土样：在田间用土钻取有代表性的新鲜土样，刮去土钻中的上部浮土，将土钻中部所需深度处的土壤约 20 g，捏碎后迅速装入已知准确质量的大型铝盒内，盖紧，装入木箱或其他容器，带回室内，将铝盒外表擦拭干净，立即称重，尽早测定水分。

4. 测定步骤

①风干土样水分的测定：取小型铝盒在 105℃恒温箱中烘烤约 2 h，移入干燥器内冷却至室温，称重，准确至 0.001 g。用角勺将风干土样拌匀，舀取约 5 g，均匀地平铺在铝盒中，盖好，称重，准确至 0.001 g。将铝盒盖揭开，放在盒底下，置于已预热至(105±2)℃的烘箱中烘烤 6 h。取出，盖好，移入干燥器内冷却至室温(约需 20 min)，立即称重。风干土样水分的测定应做两份平行测定。

②新鲜土样水分的测定：将盛有新鲜土样的大型铝盒在分析天平上称重，准确至 0.01 g。揭开盒盖，放在盒底下，置于已预热至(105±2)℃的烘箱中烘烤 12 h。取出，盖好，在干燥器中冷却至室温(约需 30 min)，立即称重。新鲜土样水分的测定应做三份平行测定。

注：烘烤规定时间后一次称重，即达“恒重”。

5.测定结果的计算

①计算公式：

$$水分(分析基)=\frac{m_1-m_2}{m_1-m_0}\times 100\%$$

$$水分(干基)=\frac{m_1-m_2}{m_2-m_0}\times 100\%$$

式中：m_0 为烘干空铝盒质量，g；m_1 为烘干前铝盒及土样质量，g；m_2 为烘干后铝盒及土样质量，g。

②平行测定的结果用算术平均值表示，保留到小数点后一位。

③平行测定结果的相差，水分小于 5% 的风干土样不得超过 0.2%，水分为 5%～25% 的潮湿土样不得超过 0.3%，水分大于 15% 的大粒（粒径约 10 mm）黏重潮湿土样不得超过 0.7%（相当于相对相差不大于 5%）。

二、土壤田间持水量测定

土壤田间持水量测定有淹灌方框法和威尔科克斯法，见《土壤理化分析》（中国科学院南京土壤所），以淹灌方框法最为常用，且更接近田间实际情况。下面我们介绍土壤田间持水量测定的淹灌方框法。

1.测定原理

田间持水量是指土壤毛管悬着水达到最大量时的土壤含水量，是旱地土壤所能保持水的最大量。通过对土壤灌溉使土壤达到过饱和状态，待自由水全部下降到土层深处，取土样测定土壤含水量，即为田间持水量。

2.仪器、设备

①土钻；②铝盒：小型的直径约 40 mm，高约 20 mm，大型的直径约 55 mm，高约 28 mm；③分析天平：感量为 0.001 g 和 0.01 g；④小型电热恒温烘箱；⑤干燥器：内盛变色硅胶或无水氯化钙；⑥1 m×1 m×0.5 m 的木框；⑦铁锹、水桶、稻草、塑料布等。

3.操作步骤

在田间选择具有代表性地块，将地表面平整，划出面积为 4 m^2（2 m×2 m）作为试验地块，筑高 40 cm、顶宽 30 cm 土埂，在土埂中心插入 1 m×1 m×0.5 m 的木框，木框插深 10 cm 左右，木框内为试验区，木框外为保护区。

先于木框外围保护区灌水，至水面基本不再下降，再向中心区域（试验区）灌水至水面基本不再下降，最后，灌水保持 5 cm 自由水面。灌水时应采取防护措施，避免水流冲刷土面。灌水量可根据土壤含水量和土壤质地粗略计算。

灌水后在试验区和保护区盖 0.5 m 厚稻草，再用塑料布盖住整个试验地块，防止土壤水分蒸发。

24 h 后(重壤土和黏质土 48 h)取样测定土壤含水量，每 24 h 测定一次，至前后两次土壤含水量无显著差异(两次差小于 1%)，即为田间持水量。

计算公式及平行测定结果的相差参照土壤水分测定。

任务三　土壤肥力指标测定

一、土壤有机质含量测定

根据《土壤有机质测定法》(NY/T 85—1988)(原 GB 9834—1988)，该标准适用于测定土壤有机质含量在 15%以下的土壤。

1. 测定原理

用定量的重铬酸钾-硫酸溶液，在电砂浴加热条件下，使土壤中的有机碳氧化，剩余的重铬酸钾用硫酸亚铁标准溶液滴定，并以二氧化硅为添加物做试剂空白标定，根据氧化前后氧化剂质量差值，计算出有机碳量，再乘以系数 1.724 即为土壤有机质含量。

2. 仪器、设备

①分析天平：感量 0.000 1 g；②电砂浴；③磨口三角瓶：150 mL；④磨口简易空气冷凝管：直径 0.9 cm，长 19 cm；⑤定时钟；⑥自动调零滴定管：10.00 mL、25.00 mL；⑦小型日光滴定台；⑧温度计：200～300℃；⑨铜丝筛：孔径 0.25 mm；⑩瓷研钵。

3. 试剂

除特别注明者外，所用试剂皆为分析纯。

①重铬酸钾(GB 642—1977)。②硫酸(GB 625—1977)。③硫酸亚铁(GB 664—1977)。④硫酸银(HG 3—945—1976)：研成粉末。⑤二氧化硅(Q/HG 22—562—1976)：粉末状。⑥邻菲啰啉指示剂：称取邻菲啰啉 1.490 g 溶于含有 0.700 g 硫酸亚铁的 100 mL 水溶液中。此指示剂易变质，应密闭保存于棕色瓶中备用。⑦0.4 mol/L 重铬酸钾-硫酸溶液：称取重铬酸钾 39.23 g，溶于 600～800 mL 蒸馏水中，待完全溶解后加水稀释至 1 L，将溶液移入 3 L 大烧杯中，另取 1 L 密度为 1.84 g/cm^3 的浓硫酸，慢慢地倒入重铬酸钾水溶液内，不断搅动，为避免溶液急剧升温，每加约 100 mL 硫酸后稍停片刻，并把大烧杯放在盛有冷水的盆内冷却，待溶液的温度降到不烫手时再加另一份硫酸，直到全部加完为止。⑧重铬酸钾标准溶液：称取经 130℃烘 15 h 的优级纯重铬酸钾 9.807 g，先用少量

水溶解，然后移入 1 L 容量瓶内，加水定容。此溶液浓度 $c(1/6\ K_2Cr_2O_7)=0.2000$ mol/L。⑨硫酸亚铁标准溶液：称取硫酸亚铁 56 g 溶于 600～800 mL 水中，加浓硫酸20 mL，搅拌均匀，加水定容至 1 L(必要时过滤)，储于棕色瓶中保存。此溶液易受空气氧化，使用时必须每天标定一次准确浓度。

硫酸亚铁标准溶液的标定方法如下：

吸取重铬酸钾标准溶液⑧20 mL，放入 150 mL 三角瓶中，加浓硫酸 3 mL 和邻菲啰啉指示剂 3～5 滴，用硫酸亚铁溶液滴定，根据硫酸亚铁溶液的消耗量，计算硫酸亚铁标准溶液浓度 c_2。

$$c_2=\frac{c_1\times V_1}{V_2}$$

式中：c_2 为硫酸亚铁标准溶液的浓度，mol/L；c_1 为重铬酸钾标准溶液的浓度，mol/L；V_1 为吸取的重铬酸钾标准溶液的体积，mL；V_2 为滴定时消耗硫酸亚铁溶液的体积，mL。

4. 样品的选择和制备

①选取有代表性风干土壤样品，用镊子挑除植物根叶等有机残体，然后用木棍把土块压细，使之通过 1 mm 筛。充分混匀后，从中取出试样 10～20 g 磨细，并全部通过 0.25 mm 筛，装入磨口瓶中备用。

②对新采回的水稻土或长期处于渍水条件下的土壤，必须在土壤晾干压碎后平摊成薄层，每天翻动一次，在空气中暴露一周左右后才能磨样。

5. 测定步骤

①按表 4-2 有机质含量的规定称取制备好的风干试样 0.05～0.5 g，精确到 0.0001 g。置入 150 mL 三角瓶中，加粉末状的硫酸银 0.1 g，然后用自动调零滴定管，准确加入 0.4 mol/L 重铬酸钾-硫酸溶液 10 mL 摇匀。

表 4-2　不同土壤有机质含量称样量

有机质含量/%	<2	2～7	7～10	10～15
试样质量/g	0.4～0.5	0.2～0.3	0.1	0.05

②将盛有试样的三角瓶装一简易空气冷凝管，移置于已预热到 200～230℃的电砂浴上加热(图 4-2)。当简易空气冷凝管下端落下第一滴冷凝液，开始计时，消煮(5±0.5)min。

③消煮完毕后，将三角瓶从电砂浴上取下，冷却片刻，用水冲洗冷凝管内壁及其底端外壁，使洗涤液流入原三角瓶，瓶内溶液的总体积应控制在 60～80 mL 为

宜，加 3～5 滴邻菲啰啉指示剂，用硫酸亚铁标准溶液滴定剩余的重铬酸钾。溶液的变色过程是先由橙黄变为蓝绿，再变为棕红，即达终点。如果试样滴定所用硫酸亚铁标准溶液的毫升数不到空白标定所耗硫酸亚铁标准溶液毫升数的 1/3 时，则应减少土壤称样量，重新测定。

④每批试样测定必须同时做 2～3 个空白标定。取 0.500 g 粉末状二氧化硅代替试样，其他步骤与试样测定相同，取其平均值。

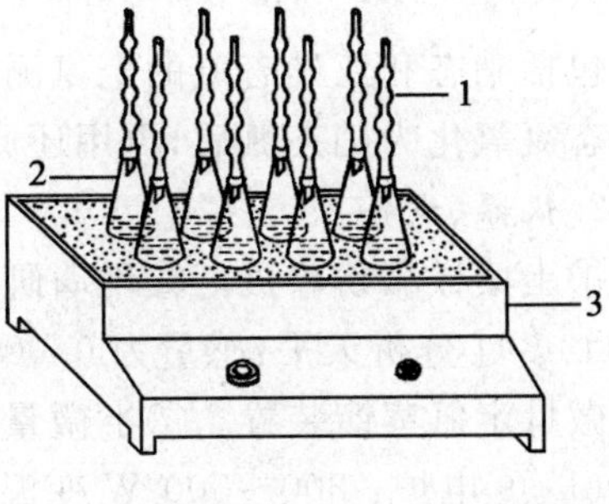

1-空气冷凝管；2-三角瓶；3-电砂浴

图 4-2　土壤有机质测定电砂浴加热装置

6. 结果计算

①土壤有机质含量 X（按烘干土计算），由下式计算：

$$X=\frac{(V_0-V)\times c_2\times 0.003\times 1.724}{m}\times 100\%$$

式中：X 为土壤有机质含量，%；V_0 为空白滴定时消耗硫酸亚铁标准溶液的体积，mL；V 为测定试样时消耗硫酸亚铁标准溶液的体积，mL；c_2 为硫酸亚铁标准溶液的浓度，mol/L；0.003 为 1/4 碳原子的摩尔质量数，g/mol；1.724 为由有机碳换算为有机质的系数；m 为烘干试样质量，g。

平行测定的结果用算术平均值表示，保留三位有效数字。

②允许差：当土壤有机质含量小于 1% 时，平行测定结果的相差不得超过 0.05%；含量为 1%～4% 时，不得超过 0.10%；含量为 4%～7% 时，不得超过 0.30%，含量在 10% 以上时，不得超过 0.50%。

二、土壤全氮量与土壤有效性氮含量测定

（一）土壤全氮量测定

采用《土壤全氮量测定（半微量开氏法）》（NY/T 53—1987）（原 GB 7173—1987）。

1. 测定原理

样品在混合加速剂（K_2SO_4 ∶ $CuSO_4$ ∶ Se 为 100 ∶ 10 ∶ 1）的参与下，用浓硫酸消煮时，各种含氮有机化合物，经过复杂的高温分解反应，转化为铵态氮。碱化后蒸馏出来的氨用硼酸吸收，以酸标准溶液滴定，求出土壤全氮含量（不包括全部硝

态氮）。

包括硝态和亚硝态氮的全氮测定，在样品消煮前，需先用高锰酸钾将样品中的亚硝态氮氧化为硝态氮后，再用还原铁粉使全部硝态氮还原，转化成铵态氮。

2.仪器、设备

①土壤样品粉碎机。②玛瑙研钵。③土壤筛：孔径 1.0 mm（18 目）；0.25 mm（60 目）。④分析天平：感量为 0.000 1 g。⑤硬质开氏烧瓶：容积 50 mL，100 mL。⑥半微量定氮蒸馏装置。⑦半微量滴定管：容积 10 mL，25 mL。⑧锥形瓶：容积 150 mL。⑨电炉：300～500 W 变温电炉。

3.试剂

①硫酸（GB 625—1977）：化学纯。②硫酸（GB 625—1977）或盐酸（GB 622—1977）：分析纯，0.005 mol/L 硫酸或 0.01 mol/L 盐酸标准溶液。③氢氧化钠（GB 629—1981）：工业用或化学纯，10 mol/L 氢氧化钠溶液。④硼酸-指示剂混合液：ⓐ硼酸（GB 628—1978）：分析纯，2%溶液（*W*/*V*）；ⓑ混合指示剂：0.5 g 溴甲酚绿（HG 3—1220—79）和 0.1 g 甲基红（HG 3—958—76）于玛瑙研钵中，加入少量 95%乙醇，研磨至指示剂全部溶解后，加 95%乙醇至 100 mL。使用前，每升硼酸溶液中加 20mL 混合指示剂，并用稀碱调节至红紫色（pH 值约 4.5）。此液放置时间不宜过长，如在使用过程中 pH 值有变化，需随时用稀酸或稀碱调节之。⑤加速剂：100 g 硫酸钾（HG 3—920—76，化学纯），10 g 五水合硫酸铜（GB 665—1978，化学纯），1 g 硒粉（HG 3—926—76）于研钵中研细，必须充分混合均匀。⑥高锰酸钾溶液：25 g 高锰酸钾（GB 643—1977）溶于 500 mL 无离子水，贮于棕色瓶中。⑦1+1 硫酸。⑧还原铁粉：磨细通过孔径 0.15 mm（100 目）筛。⑨辛醇。

4.土壤样品的制备

将通过孔径 1 mm（18 目）筛的土样，在牛皮纸上铺成薄层，划分成多个小方格。用小勺于每个方格中，取等量的土样（总量不得少于 20 g）于玛瑙研钵中研磨，使之全部通过 0.25 mm 筛。混合均匀后备用。

5.测定步骤

（1）测定土样水分含量　称取风干土样（通过 0.25 mm 筛）1.0××× g（含氮约 1 mg），同时测定土样水分含量。

（2）土样消煮

①不包括硝态和亚硝态氮的消煮：将土样送入干燥的开氏瓶底部，加少量无离子水（0.5～1 mL）湿润土样后，加入 2 g 加速剂和 5 mL 浓硫酸，摇匀。将开氏瓶倾斜置于 300 W 变温电炉上，用小火加热，待瓶内反应缓和时（10～15 min），加强火力使消煮的土液保持微沸，加热的部位不超过瓶中的液面，以防瓶壁温度过高而

使铵盐受热分解，导致氮素损失。消煮的温度以硫酸蒸气在瓶颈上部 1/3 处冷凝回流为宜。待消煮液和土粒全部变为灰白稍带绿色后，再继续消煮 1 h。消煮完毕，冷却，待蒸馏。在消煮土样的同时，做两份空白测定，除不加土样外，其他操作皆与测定土样时相同。

②包括硝态和亚硝态氮的消煮：将土样送入干燥的 50 mL 开氏瓶底部，加 1 mL 高锰酸钾溶液，摇动开氏瓶，缓缓加入 2 mL 1∶1 硫酸，不断转动开氏瓶，然后放置 5 min，再加入 1 滴辛醇。通过长颈漏斗将(0.5±0.01) g 还原铁粉送入开氏瓶底部，瓶口盖上小漏斗，转动开氏瓶，使铁粉与酸接触，待剧烈反应停止时(约 5 min)，将开氏瓶置于电炉上缓缓加热 45 min(瓶内土液应保持微沸，以不引起大量水分丢失为宜)。停火，待开氏瓶冷却后，通过长颈漏斗加 2 g 加速剂和 5 mL 浓硫酸，摇匀。按①的步骤，消煮至土液全部变为黄绿色，再继续消煮 1 h。消煮完毕，冷却，待蒸馏。在消煮土样的同时，做两份空白测定。

(3)氨的蒸馏

①蒸馏前先检查蒸馏装置是否漏气，并通过水的馏出液将管道洗净。

②待消煮液冷却后，用少量无离子水将消煮液定量地全部转入蒸馏器内，并用水洗涤开氏瓶 4～5 次(总用水量不超过 30～35 mL)。

于 150 mL 锥形瓶中，加入 5 mL 2%硼酸-指示剂混合液，放在冷凝管末端，管口置于硼酸液面以上 3～4 cm 处。然后向蒸馏室内缓缓加入 20 mL 10 mol/L 氢氧化钠溶液，通入蒸汽蒸馏，待馏出液体积约 50 mL 时，即蒸馏完毕。用少量已调节至 pH4.5 的水洗涤冷凝管的末端。

③用 0.005 mol/L 硫酸(或 0.01 mol/L 盐酸)标准溶液滴定馏出液由蓝绿色至刚变为红紫色。记录所用酸标准溶液的体积(mL)。空白测定所用酸标准溶液的体积，一般不得超过 0.4 mL。

6. 测定结果的计算

①计算公式

$$土壤全氮=\frac{(V-V_0)\times c_H\times 0.014}{m}\times 100\%$$

式中：V 为滴定试液时所用酸标准溶液的体积，mL；V_0 为滴定空白时所用酸标准溶液的体积，mL；c_H 为酸标准溶液的浓度，mol/L；0.014 为氮原子的毫摩质量；m 为烘干土样质量，g。

②平行测定结果表示：用算术平均值表示，保留小数点后三位。

③平行测定结果的相差：土壤含氮量大于 0.1%时，不得超过 0.005%；含氮 0.1%～0.06%时，不得超过 0.004%；含氮小于 0.06%时，不得超过 0.003%。

(二)土壤碱解性氮含量测定

碱解扩散法是《土壤理化分析》(中国科学院南京土壤所)和《土壤农业化学常规分析法》(李酉开)推荐方法。参考标准:《森林土壤水解氮的测定》(LY/T 1229—1999)。

1. 测定原理

在特制的扩散皿中用 1.2 mol/L NaOH 水解土壤样品,使有效态氮碱解转化为氨态氮,并在碱性中以氨气逸出,经硼酸吸收,再用标准盐酸或硫酸溶液滴定,计算出水解性氮的含量。(此方法不包括土壤中硝态氮)加入锌-硫酸亚铁(Zn∶$FeSO_4 \cdot 7H_2O$ 为 10∶50,研磨成粉状,每 2 g 土样加 1 g;也可直接用硫酸亚铁研成粉末替代锌-硫酸亚铁。)可将土壤中硝态氮还原,再用 1.8 mol/L NaOH 水解土壤样品,可测定包括土壤硝态氮的土壤水解性氮含量。

2. 仪器、设备

①扩散皿:外室外径 10 cm,内室外径 4 cm;②半微量酸式滴定管:5 mL;③恒温箱:工作温度(40±1)℃。

3. 试剂

①1.8 mol/L NaOH 溶液:称取氢氧化钠(NaOH,GB 629—1981,化学纯)72 g,用去离子水溶解后,冷却,稀释至 1 L(适用于包括土壤中硝态氮测定)。

②1.2 mol/L NaOH 溶液:称取氢氧化钠 48 g,用去离子水稀释至 1 L(适用于不包括土壤中硝态氮测定)。

③硼酸-指示剂混合液:ⓐ 硼酸(GB628—1978):分析纯,2%溶液(W/V)。ⓑ定氮混合指示剂:0.5 g 溴甲酚绿(HG 3—1220—79)和 0.1 g 甲基红(HG 3—958—76)于玛瑙研钵中,加入少量 95%乙醇,研磨至指示剂全部溶解后,加 95%乙醇至 100 mL。使用前,每升硼酸溶液中加 20 mL 混合指示剂,并用稀碱调节至红紫色(pH 值约 4.5)。此液放置时间不宜过长,如在使用过程中 pH 值有变化,需随时用稀酸或稀碱调节之。

④特制胶水:40 g 粉状阿拉伯胶溶于 50 mL 热至 70～80℃的去离子水中,搅拌促溶,冷却后,加入 20 mL 甘油(GB 687—1977,分析纯)和 20 mL 饱和碳酸钾(GB 1397—1978,分析纯)水溶液,搅匀,放冷,贮于玻璃瓶中备用。

⑤硫酸(GB 625—1977)或盐酸(GB 622—1977):分析纯,0.005 mol/L 硫酸或 0.01 mol/L 盐酸标准溶液。

⑥硫酸亚铁粉:将硫酸亚铁($FeSO_4 \cdot 7H_2O$,GB 664—1977 分析纯)磨细,通

过 0.15 mm 孔径筛，装入密闭瓶中，保存阴凉处。

4. 测定步骤

称取通过 1 mm 筛风干样品 2.00 g 和 1 g 硫酸亚铁粉剂，均匀铺在扩散皿外室内，水平地轻轻旋转扩散皿，使样品铺平（不包括土壤中硝态氮测定样品则不必加入硫酸亚铁）。

在扩散皿内室中加入 2 mL 硼酸-指示剂混合液，然后在皿的外室边缘涂上特制胶水，盖上毛玻璃，并旋转数次，以使毛玻璃与扩散皿边完全黏合，再慢慢转开毛玻璃的一边，使毛玻璃上的缺口对准扩散皿外室，用加液器迅速加入 10 mL 1.8 mol/L NaOH 溶液（10 mL 1.2 mol/L NaOH 溶液）于扩散皿的外室中，立即用毛玻璃盖严。

水平地轻轻旋转扩散皿，使溶液与土壤充分混匀，用橡皮筋绑十字固定，随后放入 40℃的恒温箱中。24 h 后取出，再以 0.005 mol/L 硫酸或 0.01 mol/L 盐酸标准溶液，用半微量滴定管滴定扩散皿内室硼酸吸收液，由蓝绿色滴到紫色微红（红紫色），即为终点。记录所用酸标准溶液的体积（mL）。

在样品测定同时进行空白试验，校正试剂和滴定误差。

5. 结果计算

①计算公式

$$土壤碱解氮=\frac{(V-V_0)\times c_H\times 0.014}{m}\times 100\%$$

式中：V 为滴定试液时所用酸标准溶液的体积，mL；V_0 为滴定空白时所用酸标准溶液的体积，mL；c_H 为酸标准溶液的浓度，mol/L；0.014 为氮原子的毫摩质量；m 为风干土样质量，g。

②平行测定结果：用算术平均值表示，保留整数位。

③两次平行测定结果允许差不超过 5 mg/kg。

6. 测定注意事项

①在扩散皿内室加硼酸-指示剂混合液时，如果溶液变蓝（水的 pH 值高于 4.5），则用吸管将溶液吸去，再次加入硼酸-指示剂混合液，可重复几次至溶液不再变蓝为止。

②特制胶水的碱性很强，在涂胶水和洗涤扩散皿时必须特别细心，慎防污染内室，否则结果偏高。

③滴定时要用带尖头的玻璃棒小心搅动吸收液，边搅边滴定，切不可摇动扩散皿。

(三)土壤中铵态氮和硝态氮的测定

1. 土壤中铵态氮的测定

土壤中铵态氮测定的方法有纳氏试剂分光光度法、靛酚蓝分光光度法、扩散吸收法和直接蒸馏法等。未经风干的新鲜土壤样品用水浸提，提取液中的 NH_4^+ 用靛酚蓝分光光度法或纳氏试剂分光光度法测定；也可以用氧化镁扩散法（蒸馏法）将土壤样品中的 NH_4^+ 转化成 NH_3 释放出来，用硼酸溶液吸收，标准盐酸或硫酸溶液滴定。采用《土壤理化分析》（中国科学院南京土壤所）和《土壤农业化学常规分析法》（李酉开）方法。氧化镁浸提-扩散法参考标准：《森林土壤铵态氮的测定》（LY/T 1231—1999）。

2. 土壤中硝态氮的测定

采用酚二磺酸分光光度法：经风干的新鲜土壤样品，用饱和硫酸该溶液浸提，提取液蒸干，用酚二磺酸试剂处理提取液中的 NO_3^-，碱性条件下显色，在400～425 nm 波长下比色测定。本方法选自《土壤理化分析》（中国科学院南京土壤所）。参考标准：森林土壤铵态氮的测定（LY/T 1230—1999）。

三、土壤有效磷含量测定

采用《石灰性土壤有效磷测定方法》（NY/T 149—1990）（原 GB 12297—1990）。

1. 测定原理

用 0.5 mol/L $NaHCO_3$（pH＝8.5）溶液浸提土壤有效磷。碳酸氢钠可以抑制溶液中 Ca^{2+} 的活度，使某些活性较大的磷酸钙盐被浸提出来；同时也可使活性磷酸铁、铝盐水解而被浸出；浸出液中的磷不致次生沉淀。提取液中的磷可用钼锑抗分光光度法定量。测定值与作物对磷肥的反应相关性较高。

2. 仪器和设备

①土壤筛：1 mm 孔径筛；②分析天平：感量为 0.01 g、0.001 g 两种；③三角瓶：50 和 150 mL，带橡皮塞；④漏斗：7 cm；⑤滤纸：11 cm，不含磷；⑥移液管：5，10，20 mL；⑦量筒：50 mL；⑧容量瓶：50 mL；⑨可见光分光光度计；⑩恒温柱复振荡机，或普通振荡机及（25±1）℃的恒温室。振荡频率约 180 r/min，但在 150～250 r/min 的振荡机都可使用。

3. 试剂

分析中仅能用蒸馏水或相当纯度的水。

①碳酸氢钠（GB 640—1978，化学纯）。

②氢氧化钠（NaOH，GB 629—1981，化学纯）：50％（m/V）溶液。

③活性炭(HG 3—1290—1980,分析纯)。

④盐酸(GB 622—1977,化学纯):1+1溶液。

⑤钼酸铵(GB 657—1979,分析纯)。

⑥硫酸(H_2SO_4 GB 625—1977,分析纯)。

⑦酒石酸氧锑钾[$K(SbO)C_4H_4O_6 \cdot 1/2H_2O$,分析纯]:0.5 g 酒石酸氧锑钾溶于100 mL水中。

⑧抗坏血酸($C_6H_8O_6$,L型,比旋光度+21°~+22°,分析纯)。

⑨磷酸二氢钾(GB 1274—1977,分析纯)。

⑩浸提剂(0.5 mol/L $NaHCO_3$,pH=8.5):42.0 g 碳酸氢钠(GB 640—1978,化学纯)溶于约800 mL水中,稀释至1 L,用50%(*m*/*V*)氢氧化钠(NaOH,GB 629—1981,化学纯)溶液调节至pH=8.5(用pH计测定)。贮存于塑料或玻璃瓶中,用塞塞紧。如果贮存超过20天,使用时必须校准pH值。

⑪无磷活性炭粉:如果所用活性炭(HG 3—1290—1980,分析纯)含磷,应先用1+1盐酸(GB 622—1977,化学纯)浸泡过夜,然后移放在平板漏斗上抽气过滤,用水淋洗多次后,再用浸提剂浸泡过夜,在平板漏斗上抽气过滤,用水洗尽碳酸氢钠并至无磷为止,烘干备用。

⑫钼锑贮备液:20.0 g 钼酸铵(GB 657—1979,分析纯)溶于200 mL约60℃的水中,冷却。另取208.3 mL浓硫酸(GB 625—1977,分析纯)缓缓倒入约400 mL水中,搅匀,冷却。然后将稀硫酸缓缓倒入钼酸铵溶液中,随时搅匀;再加入100 mL 0.5%酒石酸氧锑钾溶液;最后用水稀释至1 L,盛于棕色瓶中。

⑬0.5%酒石酸氧锑钾溶液:称取0.5 g酒石酸氧锑钾,溶于100 mL水中。

⑭显色剂(钼锑抗试剂):1.5 g 抗坏血酸($C_6H_8O_6$,L型,比旋光度+21°~+22°,分析纯)溶于100 mL钼锑贮备液中。此试剂有效期在室温下为24 h,在2~8℃冰箱中可贮存5~7天。

⑮磷标准贮备溶液[*c*(P)=100 mg/L]:称取105℃烘干2 h的磷酸二氢钾(GB 1274—1977,分析纯)0.439 4 g,溶于约200 mL水中,加入5 mL浓硫酸,转入1 L容量瓶中,用水定容。此贮备液可以长期保存。

⑯磷标准工作溶液[*c*(P)=5 mg/L]:吸取5.00 mL磷标准贮备溶液,放入100 mL容量瓶中,加水定容。此标准工作液不宜久存,用时现配。

4.测定步骤

(1)土壤有效磷的浸提　称取通过1 mm孔径筛的风干土样2.50 g置于干燥的150 mL三角瓶中,再加入0.5 g无磷活性炭粉,加入(25±1)℃的浸提剂50.0 mL,用橡皮塞塞紧,在(25±1)℃的液温下,于往复振荡机上L振荡(30±1)min,振荡频率为150～180 r/min，用无磷滤纸过滤于干燥的150 mL三角瓶中。

（2）滤出液中磷的测定　在浸提土样的当天，吸取滤出液10.00 mL（含1～25 μg磷）放入干燥的50 mL容量瓶中，加入显色剂5.00 mL，慢慢摇动，使二氧化碳逸出。再用水定容至刻度，摇匀。在室温高于15℃处放置30 min后，用1 cm光径比色皿在660～720 nm波长处比色，测定吸光度，以空白溶液（除不加土样外，其余测定步骤皆同上处理）为参比液，调节分光光度计的零点。

注：①如果土壤有效磷含量较高，应改吸取较少量的滤出液，并加显色剂补足至10.00 mL。

②比色液中磷的浓度很低时，可与标准系列溶液一起改用2 cm或3 cm比色皿比色。

（3）校准曲线的绘制或线性回归方程的计算　在土样测定的同时，吸取磷标准工作溶液0.00、1.00、2.00、3.00、4.00、5.00 mL，分别放入50 mL容量瓶中，加入10 mL浸提剂，同（2）处理显色。此标准系列溶液中磷的浓度依次为0.00、0.10、0.20、0.30、0.40、0.50 mg/L。测读系列溶液的吸光度。然后以标准系列溶液的磷浓度为横坐标，相应的吸光度为纵坐标绘制标准曲线，或计算两个变量的直线回归方程。

5. 结果表示

（1）计算公式　土壤有效磷含量按下式计算：

$$X = c \times \frac{V}{m} \times f$$

式中：X为土壤有效磷含量，mg/kg；c为从校准曲线上查得或回归方程求得显色液中磷的浓度，mg/ L；m为风干样质量，g；V为浸提液总体积，mL；f为分取倍数。

（2）精密度

①平行测定的结果用算术平均值表示，保留小数点后一位。②平行测定结果的允许相差，土壤有效磷小于10 mg/kg，不得超过0.5 mg/kg；10～20 mg/kg，不得超过1.0 mg/kg；大于20 mg/kg，相对相差不得超过5％。

四、土壤速效钾含量测定

采用1 mol/L乙酸铵（pH＝7.0）浸提—火焰光度计法，选自《土壤理化分析》（中国科学院南京土壤所）。参考标准：《森林土壤速效钾的测定》（LY/T 1236—1999）。

1. 测定原理

土壤有效钾包括交换性钾和水溶性钾。用中性1 mo/L乙酸铵溶液做浸提剂，铵离子与土壤胶体表面的钾离子进行交换，连同水溶性钾离子一起进入溶液。浸出液中的钾可直接用火焰光度计测定。

2.仪器、设备

①土壤筛：1 mm 孔径筛；②分析天平：感量为 0.01 g；③三角瓶：150 mL，带胶塞；④容量瓶：50 mL；⑤漏斗：直径 7 cm；⑥滤纸：直径 11 cm；⑦刻度移液管：1、5、10、20 mL；⑧振荡机：往复式；⑨火焰光度计。

3.试剂

①中性 1 mol/L 乙酸铵溶液：称取乙酸铵（CH_3COONH_4，GB 1292—1977，分析纯）77.09 g，加去离子水溶解，定容至近 1 L，用 1＋1 氢氧化铵（GB 631—1977，分析纯）与稀乙酸（GB 676—1978，分析纯）调节 pH 到 7.0，然后稀释至 1 L。具体方法如下：取出 50 mL 溶液，用溴百里酚蓝作指示剂，以 1＋1 氢氧化铵与稀乙酸调至绿色，即为 pH 7.0（也可在酸度计上调节）。根据 50 mL 所用的氢氧化铵或乙酸的毫升数，算出所配溶液大概需要量，最后调至 pH 7.0。

②0.1%溴百里酚蓝指示剂：称取 0.1 g 溴百里酚蓝（HG 3—1222—1979）溶于 100 mL 无水乙醇中（pH 6.2～7.6，颜色由黄至蓝）。

③钾标准溶液：准确称取在 110℃烘 2 h 的氯化钾（KCl，GB 646—1977，分析纯）0.190 7 g，用 1 mol/L 乙酸铵溶液溶解后定容至 1 L，混匀，贮于塑料瓶中，此液含钾 100 mg/L。

4.测定步骤

①土壤有效钾的浸提：称取通过 1 mm 孔径筛的风干土样 5.00 g 于 150 mL 三角瓶中，加 1 mol/L 中性 乙酸铵溶液 50 mL，用橡皮塞塞紧，在 20～25℃下振荡 30 min，振荡频率为 150～180 r/min，用无钾滤纸立即过滤，滤液用火焰光度计与标准系列溶液一同测定。

②标准曲线绘制：吸取 100 mg/L 钾（K）标准溶液 0.00、2.50、5.000、7.50、10.00、15.00、20.00 mL 分别于 50 mL 容量瓶中，用 1 mol/L 中性乙酸铵溶液稀释至刻度，则各瓶中分别含钾 0.00、2.50、5.00、7.50、10.00、15.00、20.00 mg/L。在火焰光度计上，以含钾 20.00 mg/L 标准溶液调节"满度"（100%），以"0"溶液调节仪器"零点"，然后依次测出各瓶的检流计读数。

以检流计读数为纵坐标，相对应的浓度（mg/L）为横坐标绘制标准曲线。该标准曲线仅适用于火焰光度法测定。

③土壤有效钾的测定：在火焰光度计上钾标准系列溶液测定完后，立即测定浸提液中的有效钾含量（mg/L）。记录检流计读数，在标准曲线上查出相对应的钾浓度（mg/L）。

5. 结果计算

①计算公式

$$土壤有效钾含量(mg/kg) = c \times V/m$$

式中:c 为从标准曲线上查得待测样品溶液中钾的含量,mg/L;V 为浸提液总体积,mL;m 为样品质量,g。

②平行测定结果用算术平均值表示,有效钾的 mg/kg 数保留整数位。

③两次平行测定的允许相差为 5 mg/kg。

五、土壤有效铁、锰、铜、锌、硼、钼含量的测定

(一)土壤有效铁、锰、铜、锌含量测定

采用《土壤理化分析》(中国科学院南京土壤所)方法。参考标准:《森林土壤有效铜的测定》(LY/T 1260—1999)、《森林土壤有效锌的测定》(LY/T 1261—1999)、《森林土壤有效铁的测定》(LY/T 1262—1999)、《森林土壤有效锰的测定》(LY/T 1263—1999)。

1. 测定原理

利用螯合剂 DTPA 与土壤中有效的铜、锌、铁、锰相螯合,模拟根对上述元素的吸收和根际土壤对这些离子的补充能力。螯合剂与铜、锌、铁、锰作用生成可溶性螯合物,在同一浸出液中可利用原子吸收分光光度计分别测定铜、锌、铁、锰含量。

DTPA 浸提剂所浸出的微量元素中以锌的浸出量与作物反应的相关关系为最佳,铁次之,锰和铜又次之。

2. 仪器、设备

①分析天平:感量 0.000 1 g, 0.01 g 两种;②聚乙烯瓶:150 mL;③漏斗:直径 7 cm;④尼龙筛:孔径 1 mm;⑤刻度移波管:1 mL, 5 mL, 10 mL;⑥往复式振荡机:频率 180 r/min;⑦原子吸收分光光度计。

3. 试剂

①DTPA 浸提剂:其成分为 0.005 mol/L DTPA-0.01 mol/L $CaCl_2$-0.1 mol/L TEA,pH=7.30。

1.967 g DTPA(二乙三胺五乙酸,$[(HOCOCH_2)_2NCH_2 \cdot CH_2)]_2NCH_2COOH$,沪 WHG 22—950—69,分析纯)溶于 14.92 g(或 13.3 mL)TEA[三乙醇胺,$(HOCH_2CH_2)_3N$,辽 Q 1326—82,分析纯)和少量水中;再将 1.47 g 氯化钙($CaCl_2 \cdot 2H_2O$,HGB 3208—60,分析纯)溶于水后,一并转入 1 L 量瓶中,加水至约 950 mL:在 pH 计上用(1+1)HCl 调节 pH 至 7.30,每升浸提剂约需加(1+1)

HCl 8.5 mL。最后用水定容，贮于聚乙烯瓶中，几个月内不会变质。

由于三乙醇胺油状液体有黏性，不易准确称重，多按体积加入，三乙醇胺密度为1.120～1.130 g/cm^3，按1.120计算，14.92 g需三乙醇胺13.32 mL。

②(1+1)盐酸：吸取1体积浓盐酸（HCl，GB 622—1977，分析纯）与1体积去离子水混匀。

③铜标准贮备液（500 mg/L）：称取0.500 0 g金属铜（99.9%），溶解于20 mL (1+1)硝酸中，在砂浴上蒸发至近干。然后加入1 mL浓硫酸，小心蒸发至冒白烟，冷却加入去离子水少许，待盐类全部溶解后，冷却，转入1 000 mL容量瓶中，用去离子水稀释至刻度。

④锌标准贮备液（500 mg/L）：称取0.500 0 g金属锌（99.9%），用(1+1)盐酸20 mL加热溶解，用去离子水准确稀释至1 L。

⑤铁标准贮备液（1 000 mg/L）：称取1.000 0 g金属铁（99.9%）溶于20 mL (1+1)盐酸中，加热溶解，用去离子水稀释至1 L。

⑥锰标准贮备液（1 000 mg/L）：称取1.000 0 g金属锰（99.9%），溶于20 mL (1+1)硝酸中，加热溶解后，冷却，用去离子水稀释至1 L。

⑦(1+1)硝酸：取1体积浓硝酸（HNO_3，GB 620—1978，分析纯）与1体积去离子水混匀。

⑧浓硫酸（H_2SO_4，GB 625—1977，分析纯）。

4.测定步骤

①样品的制备：土壤在室温下风干，除去植物根茎，按四分法选取分析样品，用塑料棒在塑料板上压碎，通过1 mm孔径的尼龙筛混合均匀，盛入磨口瓶中备用。

②有效铜、锌、铁、锰的浸提：称取15.0 g通过1 mm孔径筛的风干土，放入150 mL聚乙烯瓶中，加30 mL DTPA浸提剂，在往复振荡机上振荡2 h。振荡频率为180 r/min，浸提室温应保持在25℃左右。振荡后立即将浸提液过滤于聚乙烯瓶中，与标准系列溶液一同在原子吸收分光光度计上测定。

③标准曲线绘制：首先配制铜、锌、铁、锰混合标准工作液。准确吸取500 mg/L铜标准贮备液10.00 mL，500 mg/L锌标准贮备液2.40 mL，1 000 mg/L锰标准贮备液5.00 mL及1 000 mg/L铁标准贮备液8.00 mL于100 mL容量瓶中，加(1+1)盐酸10 mL，用去离子水稀释至刻度，混匀，其浓度分别为：铜（Cu）50.00 mg/L，锌（Zn）12.00 mg/L，锰（Mn）50.00 mg/L，及铁（Fe）80.00 mg/L。

有效铜、锌、铁、锰标准曲线的绘制：取50 mL容量瓶6个，编为1、2、3、4、5、6号。取混合标准工作液0.50 mL液注入1号瓶，1.00 mL于2号瓶中，2.00 mL于3号瓶中，3.00 mL于4号瓶中，4.00 mL于5号瓶中，5.00 mL于6号瓶中。上述

6 瓶用 DTPA 浸提剂稀释至刻度，则各瓶所含铜、锌、铁、锰的浓度如表 4-3 所示。

表 4-3　铜、锌、铁、锰标准溶液的浓度　　mg/L

编号	1	2	3	4	5	6
铜	0.50	1.00	2.00	3.00	4.00	5.00
锌	0.12	0.24	0.48	0.72	0.96	1.20
铁	0.80	1.60	3.20	4.80	6.40	8.00
锰	0.50	1.00	2.00	3.00	4.00	5.00

在原子吸收分光光度计上，以 DTPA 浸提剂为空白溶液，分别用 324.7、213.8、248.3、279.5 nm 波长测出各瓶铜、锌、铁、锰浓度对应的吸光度，绘制出四种元素各自的浓度与吸光度关系曲线。如果仪器具有浓度直读功能，不需绘制标准曲线。

④有效铜、锌、铁、锰的测定：吸取浸提液 2.00 mL，用 DTPA 稀释至 10 mL，混匀，以 DTPA 为空白液校准仪器零点，在原子吸收分光光度计上分别用 248.3、279.5 nm 波长测定有效铁、锰的吸光度，在标准曲线上查出对应的浓度(mg/L)代入公式得出试样的含量(mg/kg)。如果仪器具有浓度直读功能，可直接读取浓度值(mg/L)。

有效铜、锌的测定，浸提液不需稀释，分别用 324.7、213.8 nm 波长直接测定。

5. 结果计算

①计算公式

$$土壤有效铜、锌含量(mg/kg)=c\times 2$$

式中：c 为从标准曲线上查得待测液中有效铜、锌的浓度，mg/L；2 为浸提时的液土比。

$$土壤有效铁、锰含量(mg/kg)=c\times 2\times 5$$

式中：5 为稀释倍数(10/2)。

②平行测定结果用算术平均值表示，有效铜、锌的数值保留到小数点后两位，有效铁、锰的保留到小数点后一位。

③两次平行测定的允许差，土壤有效铜、铁、锰的相对相差小于 5%，土壤有效锌的相对相差小于 10%。

(二)土壤有效硼含量测定

采用《土壤有效硼测定方法》(NY/T 148—1990)(原 GB 12298—1990)中沸水

浸提-姜黄素分光光度法。

1. 测定原理

土壤用热水浸提出的硼，与作物对硼的反应有较高的相关性。浸提液中硼在草酸存在下与姜黄素作用，经脱水生成玫瑰红色的络合物。用乙醇溶解后测定其吸光度。红色络合物溶液在 0.0025～0.05 μg B/mL 范围里，符合朗伯-比尔定律，可在 550 nm 波长处用分光光度计进行比色测定。

2. 主要仪器设备

试验中所用玻璃器皿使用前应用(1+3)盐酸浸泡 2～4 h，然后用水冲洗干净并晾干。

①土样筛(尼龙筛)：2.0 mm 方孔筛。②分析天平：感量 0.000 1 g，0.001 g。③可见光分光光度计。④电热恒温水浴。⑤调温电炉或酒精灯。⑥锥形瓶：250 mL(石英或低硼玻璃)。⑦回流冷凝管(石英或低硼玻璃)。⑧蒸发皿：50 mL(石英或聚乙烯制品)。⑨刻度移液管：1.00 mL、5.00 mL、20.0 mL。⑩聚乙烯瓶：30 mL、60 mL、1 000 mL。⑪中速滤纸：11 cm。

3. 试剂

试验中所有用水均为去离子水或石英蒸馏器重蒸馏水。

①95％乙醇(GB 679，分析纯)。

②硫酸镁溶液：10.00 g $MgSO_4 \cdot 7H_2O$(GB 671，分析纯)溶于 100 mL 水中。

③姜黄素-草酸溶液：称取 0.040 g 姜黄素和 5.00 g 草酸(HG 3—988，优级纯)溶于 100 mL 95％乙醇中，充分搅动使之溶解完全，贮于棕色玻璃瓶中。此液应在使用前一天配制好，密闭好存放在冰箱内可使用 1 周。

④硼标准溶液：称取 0.572 0 g 干燥的硼酸(GB 628，优级纯)溶于水中，定容至 1 L，盛于塑料瓶中。此液为 100 μg/mL 硼贮备溶液。将此硼贮备溶液稀释 10 倍，即为 10 μg/mL 硼标准工作液。

4. 测定步骤

①土壤有效硼的浸提：称取 10.00 g 通过 2.0 mm 筛的风干土样于 250 mL 锥形瓶中，按 1∶2 土水比，加 200 mL 水，连接冷凝管，文火煮沸 5 min，立即移开热源，继续回流冷凝 5 min(准确计时)，取下锥形瓶，加入 2 滴硫酸镁溶液，摇匀后立即过滤，将瓶内悬浮液一次倾入滤纸上，滤液承接于聚乙烯瓶内。

同一试样做两个平行测定。

同时用水按上述提取步骤制备空白溶液。

②显色测定：移取 100 mL 滤液于 50 mL 蒸发皿内，加 400 mL 姜黄素-草酸溶液，在恒温水浴上[(55±3)℃]蒸发至干，自呈现玫瑰红色时开始计时继续烘焙

15 min，取下蒸发皿冷却到室温，加入 200 mL95%乙醇，用橡胶淀帚擦洗皿壁，使内容物完全溶解，用中速滤纸过滤到具塞容器内（此溶液放置时间不要超过 3 h），以 95%乙醇为参比溶液，在分光光度计 550 nm 波长处。用 1 cm 光径比色皿测定吸光度。

注：①若土壤中硝酸根含量超过 20 μg/mL 时，对显色有干扰，须吸取一定量的滤液加饱和氢氧化钙溶液，放在水浴上蒸干后灼烧破坏硝酸根，然后用 0.1 mol/L 盐酸溶解残渣，再进行显色。

②待测液及空白溶液与标准系列溶液的显色条件，（如温度、容器的种类与体积、蒸发的速度）必须严格保持一致。

③工作曲线绘制：用 10 μg/mL 硼工作溶液，按 0.0、0.1、0.2、0.4、0.6、0.8、1.0 μg/mL 硼浓度配成硼标准系列溶液，分别吸取 100 mL 按样品提取滤液显色操作，测定吸光度并绘制工作曲线。

5. 分析结果计算

样品吸光度减去空白吸光度后，由工作曲线查得硼浓度。

土壤有效硼含量以 mg/kg 表示，按下式计算：

$$土壤有效硼含量=2c$$

式中：c 为样品吸光度，由工作曲线查得，μg/mL；2 为水土比。

注：如果土壤有效硼含量较高，待测液中硼超过 1 μg/mL 时，应将滤液稀释后进行显色。计算时乘以稀释倍数。

6. 平行结果的允许差

两平行测定结果用算术平均值表示，保留小数后两位数字。

两平行样测定结果的允许差：土壤有效硼小于 0.2 mg/kg 时，为 0.03 mg/kg；有效硼在 0.2～0.5 mg/kg 时，为 0.05 mg/kg；有效硼大于 0.5 mg/kg 时，相差不超过 0.06 mg/kg。

（三）土壤有效钼含量测定

采用草酸-草酸铵（Tamm 溶液）浸提用硫氰化钾分光光度法，选自《土壤理化分析》（中国科学院南京土壤所）。参考标准：《森林土壤有效钼的测定》（LY/T 1259—1999）：用 Tamm 溶液［24.9 g/L $(NH_4)_2C_2O_4 \cdot H_2O$-12.6 g/L $H_2C_2O_4 \cdot 2H_2O$，pH=3.3］浸提，提取液中的钼在一定酸度和还原剂（$SnCl_2$）存在条件下，与硫氰酸钾形成橙红色配位化合物，用有机溶剂异戊醇-四氯化碳萃取，用分光光度计在 470 nm 波长下测定。

Ⅱ.学习拓展

一、土壤全磷量测定

根据《土壤全磷测定法》(NY/T 88—1988)(原 GB 9837—1988)。

1.测定原理

土壤样品与氢氧化钠熔融,使土壤中含磷矿物及有机磷化合物全部转化为可溶性的正磷酸盐,用水和稀硫酸溶解熔块,在一定酸度条件下样品溶液与钼锑抗显色剂反应,生成磷钼蓝,用分光光度法在波长 600～700 nm 处定量测定。

土壤样品也可用 H_2SO_4-$HClO_4$ 进行湿法消解,钼锑抗分光光度法测定。

2.仪器、设备

①土壤样品粉碎机;②土壤筛:孔径 1 mm 和 0.149 mm;③分析天平:感量为 0.000 1 g;④镍(或银)坩埚:容量＞30 mL;⑤高温电炉:温度可调(0～1 000℃);⑥分光光度计:要求包括 700 nm 波长;⑦容量瓶:50 mL、100 mL、1 000 mL;⑧移液管:5 mL、10 mL、15 mL、20 mL;⑨漏斗:直径 7 cm;⑩烧杯:150 mL、1 000 mL;⑪玛瑙研钵。

3.试剂

所有试剂,除注明者外,皆为分析纯,水均指蒸馏水或去离子水。

①氢氧化钠(GB 629)。

②无水乙醇(GB 678)。

③10%(*m/V*)碳酸钠溶液:10 g 无水碳酸钠(GB 639)溶于水后,稀释至 100 mL,摇匀。

④5%(*m/V*)硫酸溶液:吸取 5 mL 浓硫酸(GB 625,95.0%～98%,ρ=1.84 g/mL)缓缓加入 90 mL 水中,冷却后加水至 100 mL。

⑤3 mol/L 硫酸溶液:量取 168 mL 浓硫酸缓缓加入到盛有 800 mL 左右水的大烧杯中,不断搅拌,冷却后,再加水至 1 000 mL。

⑥二硝基酚指示剂:称取 0.2 g 2,6-二硝基酚(或 2,4-二硝基酚)溶于 100 mL 水中。

⑦0.5%酒石酸锑钾溶液:称取化学纯酒石酸锑钾 0.5 g 溶于 100 mL 水中。

⑧硫酸钼锑贮备液:量取 126 mL 浓硫酸,缓缓加入到 400 mL 水中,不断搅拌,冷却。另称取经磨细的钼酸铵(GB 657)10 g 溶于温度约 60℃ 300 mL 水中,冷却。然后将硫酸溶液缓缓倒入钼酸铵溶液中。再加入 0.5%酒石酸锑钾溶液

100 mL,冷却后,加水稀释至 1 000 mL,摇匀,贮于棕色试剂瓶中,此贮备液含钼酸铵 1%,硫酸 2.25 mol/L。

⑨钼锑抗显色剂:称取 1.5 g 抗坏血酸(L 型,旋光度+21°~+22°)溶于 100 mL 钼锑贮备液中。此溶液有效期不长,必须用时现配。

⑩磷标准贮备液:准确称取经 105℃下烘干 2 h 的磷酸二氢钾(GB 1274,优级纯)0.439 0 g,用水溶解后,加入 5 mL 浓硫酸,然后加水定容至 1 000 mL。该溶液含磷 100 mg/L,放入冰箱可供长期使用。

⑪5 mg/L 磷标准溶液:吸取 5 mL 磷贮备液,放入 100 mL 容量瓶中,加水定容。该溶液用时现配。

⑫无磷定性滤纸。

4.土壤样品制备

取通过 1 mm 孔径筛的风干土样在牛皮纸上铺成薄层,划分成许多小方格。用小勺在每个方格中提取出等量土样(总量不少于 20 g)于玛瑙研钵中进一步研磨,使其全部通过 0.149 mm 孔径筛。混匀后装入磨口瓶中备用。

5.操作步骤

①熔样:准确称取风干样品 0.25 g,精确到 0.000 1 g,小心放入镍(或银)坩埚底部,切勿粘在壁上。加入无水乙醇 3~4 滴,润湿样品,在样品上平铺 2 g 氢氧化钠。将坩埚(处理大批样品时,暂放入大干燥器中以防吸潮)放入高温电炉,升温。当温度升至 400℃左右时,切断电源,暂停 15 min。然后继续升温至 720℃,并保持 15 min 取出冷却。加入约 80℃的水 10 mL,待熔块溶解后,将溶液无损失地转入 10 mL 容量瓶内,同时用 3 mol/L 硫酸溶液 10 mL 和水多次洗坩埚,洗涤液也一并移入该容量瓶。冷却,定容。用无磷定性滤纸过滤或离心澄清。同时做空白试验。

②绘制校准曲线:分别吸取 5 mg/L 磷标准溶液 0、2、4、6、8、10 mL 于 50 mL 容量瓶中,同时加入与显色测定所用的样品溶液等体积的空白溶液及二硝基酚指示剂 2~3 滴。并用 10%碳酸钠溶液或 5%硫酸溶液调节溶液至刚呈微黄色。准确加入钼锑抗显色剂 5 mL,摇匀,加水定容,即得含磷量分别为 0.0、0.2、0.4、0.6、0.8、1.0 mg/L 的标准溶液系列。摇匀,于 15℃以上放置 30 min 后,在波长 700 nm 处,测定其吸光度。在方格坐标纸上以吸光度为纵坐标,磷浓度(mg/L)为横坐标,绘制校准曲线。

③样品溶液中磷的定量:ⓐ显色:吸取待测样品溶液 2~10 mL(含磷 0.04~1.0 μg)于 50 mL 容量瓶中,用水稀释至总体积约 3/5 处。加入二硝基酚指示剂 2~3 滴,并用 10%碳酸钠溶液或 5%硫酸溶液调节溶液至刚呈微黄色。准确加入

5 mL钼锑抗显色剂，摇匀，加水定容。在室温 15℃以上条件下，放置 30 min。ⓑ比色：显色的样品溶液在分光光度计上，在 700 nm 波长下，用 1 cm 光径比色皿，以空白试验为参比液调节仪器零点，进行比色测定，读取吸光度。从校准曲线上查得相应的含磷量。

6. 分析结果的表述

①土壤全磷量的百分数(按烘干土计算)由下式给出：

$$c=\frac{V_1}{m}\times\frac{V_2}{V_3}\times10^{-4}\times\frac{100}{100-H}$$

式中：c 为从标准曲线上查得待测样品溶液中磷的含量，mg/L；m 为称样量，g；V_1 为样品熔融后的定容体积，mL；V_2 为显色时溶液定容的体积，mL；V_3 为从熔样定容后分取的体积，mL；10^{-4} 为将 mg/L 浓度单位换算为百分含量的换算因数；$\frac{100}{100-H}$为将风干土变换为烘干土的转换因数；H 为风干土中水分含量百分数。

②用两平行测定结果的算术平均值表示，保留到小数点后 3 位。

③平行测定结果的绝对相差，不得超过 0.005%。

二、土壤全钾量与土壤缓效钾含量测定

(一)土壤全钾量测定

根据《土壤全钾测定法》(NY/T 87—1988)(原 GB 9836—1988)。

1. 测定原理

土壤中的有机物先用硝酸和高氯酸加热氧化，然后用氢氟酸分解硅酸盐等矿物，硅与氟形成四氟化硅逸去。继续加热至剩余的高氯酸和氢氟酸被赶尽，使矿质元素变成金属氧化物或盐类。用盐酸溶液溶解残渣，使钾转变为钾离子。经适当稀释后用火焰光度法或原子吸收分光光度法测定溶液中的钾离子浓度，再换算为土壤全钾含量。

不具备氢氟酸消解法条件时，可采用氢氧化钠熔融法。土壤中的有机物和各种矿物在高温(720℃)及氢氧化钠熔剂的作用下被氧化和分解。用盐酸溶液溶解熔块，使钾转化为钾离子(见附录 A)。

2. 仪器、设备

①分析天平：感量 0.000 1 g；②铂坩埚或聚四氟乙烯坩埚：容积不小于 30 mL；③电热砂浴或铺有石棉布的电热板：温度可调；④火焰光度计或原子吸收分光光度计：应对仪器进行调试鉴定，性能指标合格；⑤塑料移液管：10 mL；⑥容量瓶：

50 mL、100 mL、1 000 mL；⑦刻度吸管：1 mL、5 mL、10 mL；⑧玛瑙研钵：直径8～12 cm；⑨通风橱；⑩土壤筛：孔径 1 mm、0.149 mm。

3. 试剂

①硝酸(GB 626)：分析纯；②高氯酸(GB 623)：分析纯；③氢氟酸(GB 620)：分析纯；④盐酸溶液(3 mol/L)：一份盐酸(GB 622 分析纯)与三份去离子水混匀；⑤氯化钠溶液(NaCl，10 g/L)：25.4 g 氯化钠(GB 1266，优级纯)溶于去离子水，稀释至 1 L；⑥钾标准溶液(K，1 000 mg/L)：准确称取在 110℃烘 2 h 的氯化钾(GB 646，基准纯)1.907 g，用去离子水溶解后定容至 1 L，混匀，贮于塑料瓶中；⑦2%(*m*/*V*)硼酸溶液：20.0 g 硼酸(GB 628，分析纯)溶于去离子水，稀释至 1 L。

4. 土壤样品制备

将通过 1 mm 孔径筛的风干土样在牛皮纸上铺成薄层，划分成许多小方格，用小勺在每个方格中取出约等量的土样(总量不少于 20 g)，置于玛瑙研钵中，研磨致使全部通过 0.149 mm 孔径筛，混合均匀，盛入磨口瓶中备用。

5. 测定步骤

①样品消解：称取通过 0.149 mm 孔径筛的风干土 0.1 g，精确到 0.000 1 g，盛入铂坩埚或聚四氟乙烯坩埚中，加硝酸 3 mL，高氯酸 0.5 mL。置于电热砂浴或铺有石棉布的电热板上，于通风橱中加热至硝酸被赶尽，部分高氯酸分解出现大量的白烟，样品成糊状时，取下冷却。用塑料移液管加氢氟酸 5 mL，再加高氯酸 0.5 mL，置于 200～225℃砂浴上加热使硅酸盐等矿物分解后，继续加热至剩余的氢氟酸和高氯酸被赶尽。停止冒白烟时，取下冷却。加 3 mol/L 盐酸溶液 10 mL，继续加热至残渣溶解。取下冷却，加 2% 硼酸溶液 2 mL。用去离子水定量转入 100 mL 容量瓶中，定容，混匀。此为土壤消解液。

注：若残渣溶解下完全，应将溶液蒸干，再加氢氟酸 3～5 mL，高氯酸 0.5 mL，继续消解。

同时按上述方法制备试剂空白溶液。

②校准曲线绘制：准确吸取 1 000 mg/L 钾标准溶液 10 mL 于 100 mL 容量瓶中，用去离子水稀释定容，混匀。此为 100 mg/L 钾标准液。根据所用仪器对钾的线性检测范围，将 100 mg/L 钾标准液用去离子水稀释成不少于五种浓度的系列标准液。定容前加入适量的氯化钠溶液和试剂空白溶液，使系列标准液的钠离子浓度为 1 000 mg/L，试剂空白溶液与土壤消解液等量。然后按仪器使用说明书进行测定，用系列标准溶液中钾浓度为零的溶液调节仪器零点。用方格坐标纸绘制校准曲线，或计算直线回归方程。

③钾的定量测定：吸取一定量的土壤消解液，用去离子水稀释至使钾离子浓度相当于钾系列标准溶液的浓度范围，此为土壤待测液。定容前加入适量的氯化钠溶液使钠离子浓度为 1 000 mg/L。然后按仪器使用说明书进行测定，用系列标准溶液中钾浓度为零的溶液调节仪器零点。从校准曲线查出或从直线回归方程计算出待测液中钾的浓度。

④另外称取土样按 GB 7172 测定土壤水分含量。

⑤每份土样作不少于两次的平行测定。

6. 分析结果的表述

①土壤全钾量的百分数（按烘干土计算）由下式给出：

$$c=\frac{V_1}{m}\times\frac{V_2}{V_3}\times10^{-4}\times\frac{100}{100-H}$$

式中：c 为从标准曲线上查得待测样品溶液中钾的含量，mg/L；m 为称样量，g；V_1 为样品消解液的定容体积，mL；V_2 为消解液吸取的体积，mL；V_3 为待测液定容的体积，mL；10^{-4} 为将 mg/L 浓度单位换算为百分含量的换算因数；$\frac{100}{100-H}$为将风干土变换为烘干土的转换因数；H 为风干土中水分含量百分数。

②用平行测定的结果的算术平均值表示，保留小数点后两位。

③两次平行测定允许绝对相差不超过 0.05%。

附录 A　氢氧化钠熔融法（引自 NY/T 87—1988）

A1　适用范围

本法适用于不具备氢氟酸消解法条件时土壤样品全钾含量测定。

A2　测定原理

土壤中的有机物和各种矿物在高温（720℃）及氢氧化钠熔剂的作用下被氧化和分解。用盐酸溶液溶解熔块，使钾转化为钾离子。经适当稀释后用火焰光度法或原子吸收分光光度法测定溶液中的钾离子浓度，再换算为土壤全钾含量。

A3　仪器设备

A3.1　分析天平：感量 0.000 1 g；

A3.2　银坩埚或镍坩埚：容积不少于 30 mL；

A3.3　高温炉：室温至 900℃温度可调；

A3.4　火焰光度计或原子吸收分光光度计：应对仪器进行调试鉴定，性能指标合格；

A3.5　电热板；

A3.6　容量瓶：50、100、1 000 mL；

A3.7 刻度吸管：1、5、10 mL；

A3.8 玛瑙研钵：直径 8～12 cm。

A4 试剂

A4.1 氢氧化钠（GB 629）：优级纯；

A4.2 无水乙醇（GB 678）：分析纯；

A4.3 盐酸溶液（6 mol/L）：一份盐酸（GB 622 分析纯）与一份去离子水混合均匀；

A4.4 钾标准溶液：准确称取在 110℃烘 2 h 的氯化钾（GB 646，基准纯）1.907 g，用去离子水溶解后定容至 1 L，混匀，贮于塑料瓶中。

A5 土壤样品制备

样品制备同湿法消解。

A6 测定步骤

A6.1 样品熔融：称取通过 0.149 mm 孔径筛的风干土 0.2 g，精确到 0.000 1 g，盛入银坩埚（A3.2）中，加 5 滴无水乙醇（A4.2）使土壤润湿。加 2 g 氢氧化钠（A4.1）使之平铺于土壤表面，暂时放入干燥器中，以防吸湿。待一批样品加完氢氧化钠后，将坩埚放入高温炉（A3.3）中，使炉温升至 400℃，关闭电源 15 min 以防坩埚内容物溢出。再继续升温至 720℃，保持 15 min，关闭高温炉，打开炉门，待炉温降至 400℃以下后，取出坩埚，稍冷观察熔块，应成淡蓝色或蓝绿色（若显棕黑色，表示分解不完全，应再熔一次）。加入温度约 80℃的去离子水约 10 mL，放置冷却，使熔块分散。将分散物用去离子水转入 100 mL 容量瓶（A3.6）中，用 6 mol/L 盐酸溶液（A4.3）20 mL 分两次洗涤坩埚。再用去离子水洗涤坩埚数次，洗涤液全部转入容量瓶，冷却，再用去离子水定容，混匀。放置澄清，此为土壤熔融液。

同时按上述方法制备试剂空白溶液。

A6.2 校准曲线绘制：同湿法消解 5.（2），但不加氯化钠溶液。

A6.3 钾的定量测定：同湿法消解 5.（3），但不加氯化钠溶液，用熔融液代替消解液。

A6.4 同湿法消解 5.（4）。

A6.5 同湿法消解 5.（5）。

A7 分析结果的表述

A7.1 同湿法消解 6.（1），用熔融液代替消解液。

A7.2 同湿法消解 6.（2）。

A7.3 同湿法消解 6.（3）。

(二)土壤缓效钾含量测定

1 mol/L 沸热 HNO_3 浸提-火焰光度计法，引自《土壤理化分析》(中国科学院南京土壤所)。参考标准:《森林土壤缓效钾的测定》(LY/T 1235—1999)。

1.测定原理

以 1 mol/L HNO_3 溶液煮沸，分解释放土壤中易分解的矿物钾和被土壤黏土矿物晶格固定的钾，使土壤中缓效性钾连同速效性钾一同进入到浸提液中，浸出液中的钾可直接用火焰光度计测定，扣除土壤速效钾含量，即可得到土壤缓效钾含量。土壤缓效钾含量是土壤钾素供应潜力的指标。

2.仪器、设备

①土壤筛:1 mm 孔径筛;②分析天平:感量为 0.01 g;③三角瓶:150 mL;④容量瓶:50 mL、250 mL;⑤漏斗:直径 4 cm、7 cm;⑥滤纸:直径 11 cm;⑦刻度移液管:20 mL;⑧300～500 W 可调温电炉;⑨火焰光度计。

3.试剂

①1 mol/L 硝酸:62.5 mL 浓硝酸(HNO_3，GB 620—1978，分析纯)溶于 500 mL 蒸馏水中，稀释至 1 L;

②0.1 mol/L 硝酸:1 mol/L 硝酸稀释 10 倍;

③钾标准溶液:准确称取在 110℃烘 2 h 的氯化钾(KCl，GB 646—1977，分析纯)0.1907 g，用蒸馏水溶解后定容至 1 L，混匀，贮于塑料瓶中，此液含钾(K) 100 mg/L。

4.测定步骤

①土壤缓效钾的浸提:称取通过 1 mm 孔径筛的风干土样 5.00 g 于 150 mL 三角瓶中，加 1 mol/L 硝酸溶液 50 mL，瓶口放一个小漏斗，放在可调温电炉上缓慢加热，煮沸 10 min，用无钾滤纸趁热过滤于 250 mL 溶量瓶中，用 0.1 mol/L 硝酸淋洗土壤四次，每次 15 mL，冷却后用蒸馏水定容至刻度。此溶液可直接用火焰光度计与标准系列溶液一同测定，如果含钾量较高，也可经稀释再进行测定。

②标准曲线绘制:吸取 100 mg/L 钾标准溶液 0.00、2.50、5.000、7.50、10.00、15.00、20.00 mL 分别于 50 mL 容量瓶中，加入 1 mol/L 硝酸溶液 10 mL，用蒸馏水稀释至刻度，则各瓶中分别含钾(K)0.00、2.50、5.00、7.50、10.00、15.00、20.00 mg/L。在火焰光度计上，以含钾 20.00 mg/L 标准溶液调节“满度”(100%)，以“0”溶液调节仪器“零点”，然后依次测出各瓶的检流计读数。

以检流计读数为纵坐标，相对应的浓度(mg/L)为横坐标绘制标准曲线。该标准曲线仅适用于火焰光度法测定。

③土壤缓效钾的测定：在火焰光度计上钾标准系列溶液测定完后，立即测定浸提液中的有效钾含量(mg/L)。记录检流计读数，在标准曲线上查出相对应的钾浓度(mg/L)。

5.结果计算

①计算公式

$$土壤缓效钾(K,mg/kg)=c\times V/m$$

式中：c 为从标准曲线上查得待测样品溶液中钾的含量，mg/L；V 为浸提液总体积，mL；m 为样品质量，g。

②平行测定结果用算术平均值表示，缓效钾的 mg/kg 数保留整数位。

③两次平行测定的结果，土壤缓效钾大于 200 mg/kg，允许相差为 10 mg/kg；50～200 mg/kg，允许相差为 2.5～10 mg/kg 小于 50 mg/kg，不超过 2.5 mg/kg。

三、土壤全量钙、镁、钠与土壤碳酸盐含量测定

(一)土壤全量钙、镁、钠测定

根据《土壤全量钙、镁、钠的测定》(NY/T 296—1995)。

土壤样品采用氢氟酸-高氯酸消解法，制备待测液，或用碳酸锂-硼酸、石墨粉坩埚熔融法，使土壤中的有机物和各种矿物在高温及碳酸锂-硼酸或偏硼酸锂熔剂的作用下被氧化和分解，转变成氧化物和盐类，用硝酸溶液溶解熔块，使钙、镁、钠转化为离子态。

用原子吸收分光光度法测定其中的钙(波长 422.7 nm)、镁(波长 285.2 nm)含量；用火焰光度法测定钠(波长 589 nm)含量。测定钙、镁时，需加入释放剂(氯化锶或氯化镧)，以克服磷、铝及高含量钛、硫的干扰。

1.测定原理

土壤试样采用氢氟酸-高氯酸消解法，或碳酸锂-硼酸、石墨粉坩埚熔融法[附录A(补充件)]制备待测液，用原子吸收分光光度法测定其中的钙(波长 422.7 nm)、镁(波长 285.2 nm)含量；用火焰光度法测定钠(波长 589 nm)含量。测定钙、镁时，需加入释放剂(氯化锶或氯化镧)，以克服磷、铝及高含量钛、硫的干扰。

2.仪器、设备

①土壤筛：孔径 1 mm 和 0.149 mm。②玛瑙研钵：直径 8～12 cm。③聚四氟乙烯坩埚：容积不小于 30 mL。④电热砂浴或铺有石棉布的电热板：温度可调。⑤分析天平：感量 0.000 1 g。⑥原子吸收分光光度计。⑦火焰光度计。

3. 试剂

所有试剂除注明者外，皆为分析纯；水均指去离子水。

①硝酸(GB 626，ρ=1.42 g/mL)。

②高氯酸(GB 623，ρ_0=1.67 g/mL)。

③氢氟酸(GB 620，不少于40%)。

④3 mol/L盐酸溶液：1体积盐酸(GB 622，ρ=1.19 g/mL)与3体积水混合。

⑤20 g/L硼酸溶液：20.0 g硼酸(GB 628)溶于水，稀释至1 L。

⑥2 mol/L硝酸溶液：1体积硝酸(GB 626)与7体积水混合。

⑦90 g/L氯化锶溶液：称取90 g氯化锶，加水溶解后，再稀释定容至1 L，摇匀(此液含锶约30 000 mg/L)。

⑧钙标准贮备溶液：1 000 mg/L，准确称取2.497 0 g在110℃干燥4～6 h的碳酸钙(SZ3—046，高纯)，溶于少量盐酸(1∶1)中，待二氧化碳释放完全，用水定容至1 L，贮于塑料瓶中。

⑨镁标准贮备溶液：1 000 mg/L，准确称取金属镁(光谱纯)1.000 0 g，溶于少量盐酸(1∶1)中，用水定容至1 L，贮于塑料瓶中。

⑩钠标准贮备溶液：1 000 mg/L，准确称取2.542 1 g预先在105℃烘过4～6 h的氯化钠(基准试剂)，溶于水中，定容至1 L。贮于塑料瓶中。

4. 样品制备

取通过1 mm筛孔的风干土样(500～1 000 g)，在牛皮纸上铺成薄层，划分成许多小方格，用小勺在每个方格中取出等量土样(总量不少于20 g)，在玛瑙研钵中进一步研磨，使其全部通过0.149 mm孔径筛。混匀后装入磨口瓶中备用。

5. 分析步骤

①样品消解：称取通过0.149 mm孔径筛风干土0.500 0 g，精确到0.000 1 g，小心放入聚四氟乙烯坩埚中，加硝酸15 mL，高氯酸25 mL，置于电热砂浴或铺有石棉布的电热板上，在通风橱中消煮至微沸，待硝酸被赶尽、部分高氯酸分解出大量的白烟、样品成糊状时，取下冷却。用塑料移液管加氢氟酸5 mL，再加高氯酸0.5 mL，置于200～225℃砂浴上加热，待硅酸盐分解后，继续加热至剩余的氢氟酸和高氯酸被赶尽，停止冒白烟时，取下冷却。加3 mol/L盐酸溶液10 mL，继续加热至残渣溶解(如残渣溶解不完全，应将溶液蒸干，再加氢氟酸3～5 mL，高氯酸0.5 mL，继续消解)，取下冷却，加20 g/L硼酸溶液2 mL，用水定量转入250 mL容量瓶中，定容，此为土壤消解液。同时按上述方法制备试剂空白溶液。

②工作曲线绘制：准确吸取1 000 mg/L钙、镁、钠标准贮备溶液各10 mL，分别移入100 mL容量瓶中，用水稀释定容，此为100 mg/L钙、镁、钠标准工作溶液。

根据所用仪器对钙、镁、钠的线性检测范围，将 100 mg/L 钙、镁、钠标准工作液用水分别稀释成下列标准系列液。

分取 100 mg/L 钙标准工作溶液 0.0、2.5、5.0、7.5、10.0 mL 于 5 个 100 mL 容量瓶中，分别加入 2 mol/L 硝酸溶液和 90 g/L 氯化锶溶液各 10 mL，用水定容。此标准系列溶液含钙 0.0、2.5、5.0、7.5、10.0 mg/L。

分取 100 mg/L 镁标准工作溶液 0.00、0.25、0.50、0.75、1.00 mL 于 5 个 100 mL 容量瓶中，分别加入 2 mol/L 硝酸溶液和 90 g/L 氯化锶溶液各 10 mL，用水定容。此标准系列溶液含镁 0.00、0.25、0.50、0.75、1.00 mg/L。

分取 100 mg/L 钠标准工作溶液 0、5、10、20、30 mL 于 5 个 100 mL 容量瓶中，分别加入 2 mol/L 硝酸溶液 10 mL，用水定容。此标准系列溶液含钠 0、5、10、20、30 mg/L。

用原子吸收分光光度法测定钙、镁，用火焰光度法测定钠。根据测定值分别绘制钙、镁、钠工作曲线。

③钙、镁的测定：取一定量的土壤消解液，用水稀释至使钙、镁离子浓度相当于钙、镁标准系列溶液的浓度范围，此为土壤待测液。定容前在钙、镁待测液中加入 2 mol/L 硝酸溶液和 90 g/L 氯化锶溶液各 10 mL，使土壤待测液的酸度达到 0.126%～0.200%，锶浓度为 3 000 mg/mL，然后按仪器说明书进行测定。用标准系列溶液中的钙、镁浓度为零的溶液调仪器零点，分别测定钙、镁待测液及空白试验溶液的吸光度。减去空白试验值后，由工作曲线查出待测液钙、镁的相应浓度。

④钠的测定：取一定量的土壤消解液，用水稀释至钠离子浓度相当于钠标准系列溶液的浓度范围，此为土壤待测液。定容前在钠待测液中加入 2 mol/L 硝酸溶液 10 mL，使土壤待测液的酸度达到 0.126%～0.200%，然后按仪器说明书进行测定。用标准系列溶液中的钠浓度为零的溶液调仪器零点，测定钠待测液及空白试验溶液的火焰光度显示值。减去空白试验值后，由工作曲线查出待测液钠的相应浓度。

⑤另外称取土样按 GB 7121 测定土壤水分含量。

⑥每份土样作不少于两次的平行测定。

6.分析结果的表述

①计算方法和公式：土壤全钙（镁、钠）含量以 g/kg 表示，按烘干土重计算由下式给出：

$$\text{土壤全钙（镁、钠）}=c\times\frac{V_1}{m}\times\frac{V_3}{V_2}\times10^{-3}\times\frac{100}{100-H}$$

式中：c 为由工作曲线查得土壤待测液的钙（镁、钠）浓度，mg/L；V_1 为消解液定容体积，mL；V_2 为消解液吸取量，mL；V_3 为待测液定容体积，mL；m 为称样质量，g；10^{-3} 为由 mg/L 浓度单位换算为 g/kg 的换算因数；$\frac{100}{100-H}$ 为将风干土变换为烘干土的转换因数；H 为风干土中水分含量百分率。

用平行测定结果的算术平均值表示，小数点后保留一位。

②重复性：当测定值大于 30 g/kg 时，相对相差不大于 3%；为 10～30 g/kg 时，相对相差不大于 5%；小于 10 g/kg 时，相对相差不大于 10%。

附录 B　碳酸锂-硼酸、石墨粉坩埚熔融法（引自 NY/T 296—1995）

B1　适用范围

本法适用于不具备氢氟酸-高氯酸消解法条件时土壤试样中全量钙、镁、钠的测定。

B2　原理

土壤中的有机物和各种矿物在高温及碳酸锂-硼酸或偏硼酸锂熔剂的作用下被氧化和分解，转变成氧化物和盐类，用硝酸溶液溶解熔块，使钙、镁、钠转化为离子态。经过适当稀释后用原子吸收分光光度计测定溶液中的钙、镁的离子浓度，用火焰光度法测定钠的离子浓度，再换算为土壤全钙、全镁、全钠的含量。

B3　试剂

所有试剂除注明者外，均为分析纯，水均指去离子水。

B3.1　石墨粉（光谱纯）。

B3.2　碳酸锂-硼酸混合熔剂（1∶2）：称取 50 g 碳酸锂（QB 2280）和 100 g 硼酸（GB 628），置于玛瑙研钵内，研磨成粉状，贮于塑料瓶中备用。

B3.3　4%（V/V）硝酸溶液：吸取 40 mL 硝酸（ρ=1.42 g/mL）于 1 000 mL 容量瓶中，用水定容。

B3.4　50 mg/L 锂溶液：称取 1.395 0 g 偏硼酸锂（Q/HG 10—1373）于 1 000 mL 容量瓶中，用水定容。

B3.5　氯化锶溶液：同湿法消解。

B3.6　钙标准贮备溶液：同湿法消解。

B3.7　镁标准贮备溶液：同湿法消解。

B3.8　钠标准贮备溶液：同湿法消解。

B4　仪器设备

B4.1　土壤筛：同湿法消解。

B4.2　玛瑙研钵：同湿法消解。

B4.3　瓷坩埚：容积大于 30 mL。

B4.4　马福炉：室温至 1200℃可调。

B4.5　磁力加热搅拌器。

B4.6　分析天平：同湿法消解。

B4.7　原子吸收分光光度计。

B4.8　火焰光度计。

B5　样品

样品制备同湿法消解。

B6　分析步骤

B6.1　样品熔融：置石墨粉（B3.1）于瓷坩埚（B4.3）内，装满后移入 900℃高温马福炉（B4.4）内，烧灼 30 min，然后取出冷却，用平头玻棒压一个空穴。

称取通过 0.149 mm 孔径的风干土 0.500 0 g（精确到 0.000 1 g）。置于直径为 9 cm 的定量滤纸上，与 3.75 g 碳酸锂-硼酸混合熔剂（B3.2）或 3.75 g 无水偏硼酸锂充分混匀，捏成小团。放入已烧灼过的瓷坩埚（B4.3）内衬石墨粉的空穴中，移入马福炉（B4）内，逐渐升温至 950℃，保持 20 min 后关闭电源，然后取出坩埚，趁热将熔块投入盛有 100 mL 4%硝酸溶液的烧杯中，在磁力加热搅拌器（B4.5）上搅拌到完全溶解为止。将溶液过滤到 250 mL 容量瓶中，用 4%硝酸溶液（B3.3）分次洗烧杯和滤器，洗液收入容量瓶中，再加 4%硝酸溶液定容，此为土壤熔融液。

同时按上述方法制备试剂空白溶液。

B6.2　工作曲线绘制：准确吸取 1 000 mg/L 钙、镁、钠标准贮备溶液（B3.6、B3.7、B3.8）各 10 mL，分别移入 100 mL 容量瓶中，用水稀释定容，此为 100 mg/L 钙、镁、钠标准工作溶液。根据所用仪器对钙、镁、钠的线性检测范围，将 100 mg/L 钙、镁、钠标准工作溶液用 4%硝酸溶液（B3.3）分别稀释成不少于三种浓度的标准系列液。

分取 100 mg/L 钙标准工作溶液 0.0、2.5、5.0、7.5、10.0 mL 于 5 个 100 mL 容量瓶中，分别加 50 mg/L 锂溶液（B3.4）10 mL，使标准系列溶液含锂 5 mg/L；再加 90 g/L 氯化锶（B3.5）10 mL，用 4%硝酸溶液（B3.3）定容，此标准系列溶液含钙 0.0、2.5、5.0、7.5、10.0 mg/L。

分取 100 mg/L 镁标准工作溶液 0.00、0.25、0.50、0.75、1.00 mL 于 5 个 100 mL 容量瓶中，分别加 50 mg/L 锂溶液（B3.4）10 mL，使标准系列溶液含锂 5 mg/L；再加 90 g/L 氯化锶（B3.5）10 mL，用 4%硝酸溶液（B3.3）定容，此标准系列溶液含镁 0.00、0.25、0.50、0.75、1.00 mg/L。

分取 100 mg/L 钠标准工作溶液 0、5、10、20、30 mL 于 5 个 100 mL 容量瓶中，加 50 mg/L 锂溶液(B3.4)10 mL，使标准系列溶液含锂 5 mg/L，用 4%硝酸溶液(B3.3)定容，此标准系列溶液含钠 0、5、10、20、30 mL。

用原子吸收分光光度法测定钙、镁，用火焰光度法测定钠。根据测定值分别绘制钙、镁、钠工作曲线。

B6.3　钙、镁的测定：取一定量的土壤熔融液，加 90 g/L 氯化锶(B3.5)10 mL，用 4%硝酸溶液(B3.3)稀释并定容至钙、镁离子浓度相当于钙、镁标准系列溶液的浓度范围，此为土壤待测液。然后按仪器说明书进行测定。用标准系列溶液中的钙、镁浓度为零的溶液调节仪器零点，分别测定钙、镁待测液及空白试验溶液的吸光度。减去空白试验值后，由工作曲线查出待测液钙、镁的相应浓度。

B6.4　钠的测定：同湿法消解。

B6.5　另外称取土样，按 GB 7121 测定土壤水分含量。

B6.6　每份土样作不少于两次的平行测定。

B7　分析结果的表述

B7.1　计算方法和公式：同湿法消解，用熔融液代替消解液。

B7.2　重复性：同湿法消解。

(二)土壤碳酸盐含量测定

《土壤碳酸盐的测定法》(NY/T 86—1988)(原 GB 9825—1988)：土壤样品中的碳酸盐与盐酸反应，生成 CO_2 气体，测定 CO_2 的体积，换算成标准状况下的体积，计算出碳酸钙的含量，并以碳酸钙的含量表示土壤碳酸盐的含量。

学习情境Ⅴ　水环境监测

学习指南

1. 学习情境Ⅴ为水环境监测，学习资料主要介绍了水环境及其污染的基本知识以及水环境质量基本知识。学生通过学习资料的学习，可以为完成学习情境中的工作任务打好基础。

2. 学习情境Ⅴ主要安排水样品采集、制备与保存，水的一般理化指标的检测，水中无机污染物的检测，水体富营养化指标的检测和水中有机污染物的检测五个任务。任务一水样品采集、制备与保存，要求学生根据《农用水源环境质量监测技术规范》(NY/T 396—2000)、《产地环境技术条件》(NY/T 391—2000)、《产地环境调查、监测与评价导则》(NY/T 1054—2006)的要求，完成水环境监测方案设计和监测水样的采集、制备工作；任务二水的一般理化指标的检测和任务三水中无机污染物的检测中，多数项目和其他课程有重叠，可作为学习内容和选做项目；任务四水体富营养化指标的检测也可作为选做项目；任务五水中有机污染物的检测中有机污染综合指标应作为学生进行学习、独立完成的任务，而水中有害有机物检测与其他环境因素监测中项目重叠，可视其他环境因素监测中项目安排而定。

3. 在学习拓展中，安排了和水环境为一体的底质监测内容，同时还安排了水环境生物监测和自动监测的内容，作为学生学习扩展和提高的项目。

4. 学习情境Ⅴ主要参考资料：《环境监测》、《环境监测实验》和《环境检测方法标准汇编　水环境》，以及《农用水源环境质量监测技术规范》(NY/T 396—2000)、《绿色食品　产地环境技术条件》(NY/T 391—2000)和《绿色食品产地环境调查、监测与评价导则》(NY/T 1054—2006)。

Ⅰ.学习资料

一、水体与水环境

水是地球上分布最广的物质，它以气、固、液态遍布于大气、海洋、河流、山川、南北极及动植物体内。水体是指海洋、河流、湖泊、沼泽、水库、地下水、冰川等地表与地下贮水体的总称。水体不仅包括水，而且包括水中的悬浮物质、溶解物质、底泥及水生生物等完整的水生生态系统。

地球上的水的总量约14亿m^3，海洋中的水占总量的97.3%，覆盖地球表面的70%以上。其他水体的水仅占3%以下，而其中的3/4存在于冰川和冰盖中，大多数的大冰块又集中在南北极，目前还极少被利用。能被人类利用的淡水贮量约400万km^3，仅占地球总水量的0.3%，而且这部分淡水在大陆上的分布也很不均匀。水环境则是指地球上分布的各种水体以及与其密切相连的诸多环境要素的总和。水环境主要由地表水环境和地下水环境两部分组成。水环境是构成自然环境的基本要素之一。

我国地表水年径流量为27 210亿m^3，居世界第6位，人年均只占1/4，排第84位。因此，我国的水资源并不丰富。不仅如此，我国的水资源还存在严重的时空分布的不均衡性。在空间上，总的来说，是东南多西北少，南方长江流域和珠江流域水量丰富，而北方则少雨多旱。以北京为例，按人口平均拥有淡水量只与世界著名的缺水国以色列相当，在时间分布上，总的来说，是冬春少雨，夏秋多雨，有时还连续出现枯水年和丰水年的现象，更给水资源的利用增加了困难。

所以，根据我国水资源的分布情况，合理节约用水，控制水体污染，保护水资源已是迫在眉睫的问题。

二、水体污染

水是人类维系生命的基本物质，是工农业生产和城市发展不可缺少的重要资源，是人类环境的重要组成部分。从自然地理的角度看，水体是指地表被水覆盖的自然综合体，包括水相、固相和生物相。

自然界的水并非静止，它始终处于不断的循环之中。同时人类社会为了满足生活和生产的需求，从各种天然水中取用大量的水，经使用后排入天然水体，在人类社会中构成了一个局部的循环。社会循环水量尽管只占总水量的极少部分，但无论在水质还是水量上都存在着突出的矛盾。而环保工作者的任务就是要调和这些矛盾,使水的社会循环得以顺利进行。

由于水是一种良好的溶剂,它的流动性又很大,因此,在自然循环和社会循环中,每一个环节都会有各种杂质混入和溶入,使自然界几乎不存在纯粹的水。水中的杂质成分极其复杂,既有无机物,又有有机物,还有颗粒物、悬浮物、微生物等。水体靠自身的自净能力在一定程度上能降低污染程度。当进入水体的污染物含量超过了水体的自净能力,其浓度超过了相应的水质标准时,导致水体的原有功能受到破坏,这种现象称为水体污染。造成水体污染的物质叫水体污染物。

水体污染的来源有两个:一个是自然污染;一个是人为污染。自然污染主要是自然因素造成的,如特殊的地质使某些化学物质大量富集,天然植物在腐烂的过程中产生某些有害物质等。人为污染即水的社会循环中造成的污染,随着人口的增多和工业化进程的加快,人们的生活污水数量骤增,特别是工业废水不经处理直接排放的现象极为严重,目前这是水体污染的主要来源。

某些重金属如铅、汞等离子进入水体会很快水解,形成沉淀而转入底质中,监测时水溶液中的浓度并不高,从底质重金属的含量变化可以了解水体污染的历史过程和污染程度,近代底质比古代底质重金属和有机碳的含量明显增加了。

按照《中华人民共和国水污染防治法》,水污染是指水体因某种物质的介入,而导致其化学、物理、生物或者放射性等方面特性的改变,从而影响水的有效利用,危害人体健康或者破坏生态环境,造成水质恶化的现象。按水体污染物的性质,水污染可分为化学性污染、物理性污染和生物性污染。

由于各种条件的限制,不可能也没必要对各监测项目一一监测,应根据实际情况,选择那些排放量大、危害严重、影响范围广、有可靠的分析方法保证获得准确的数据,并能对数据作出解释和判断的项目。根据该原则,我国环境监测总站提出了68种水环境优先监测污染物“黑名单”。

引起水体污染的物质有很多种,主要有以下5种污染物。

1.需氧污染物

生活污水和某些工业废水中所含的碳水化合物、蛋白质、脂肪和木质素、纤维素等有机化合物可在微生物作用下最终分解为简单的无机物质,这些有机物在分解过程中需要消耗大量的氧气,故被称为需氧污染物。需氧有机物是水体中最常见和普遍存在的一种污染物。

2.植物营养物

所谓植物营养物主要是指氮、磷、钾、硫及其化合物。从农作物生长的角度看,植物营养物是宝贵的物质,但过多的营养物质进入天然水体。将使水体质量恶化,影响渔业的发展,危害人体健康。

3.重金属

在环境污染方面所说的重金属主要指汞、镉、铅、铬以及各类金属砷等生物毒性显著的金属元素，也包括具有毒性的重金属锌、铜、钴、镍、锡等。重金属元素以汞毒性最大，镉次之，铅、铬、砷也有相当毒害，被称为“五毒”。采矿和冶炼是向环境中释放重金属的最主要污染途径，此外不少工业部门也通过“三废”向环境中排放重金属元素。

重金属元素污染物最主要的特性是：在水体中不能被微生物降解，只能发生各种形态之间的相互转化以及分散和富集，这些过程统称为重金属迁移。

通过食物链的生物放大作用，重金属可以在较高级生物体内成千上万倍地富集，然后通过食物进入人体，在人体某些器官中积累造成慢性中毒。

4.放射性物质

大多数水体在自然状态下都有极微量的放射性。第二次世界大战后，由于原子能工业特别是核电站的发展，水体的放射性日益增高。放射性物质来源主要有三个途径：

①核电站，会带来放射性污染问题。

②放射性废水经浓缩后，有的用混凝土固化，装入容器内（如钢筋混凝土的大盒子或金属缸）投入到海中。如果容器破损，放射性污染物质漏出可造成对水体的污染。

③放射性同位素在化学、冶金、医学、农业等部门的广泛应用，均会不同程度地随污水进入水体，造成水体放射性污染。

5.病原微生物和致癌物

（1）病原微生物　水体中病原微生物主要来自生活污水和医院废水、制革、屠宰、洗毛等工业废水以及牧畜饲养产生的污水。其传染病的发病率和死亡率均很高。病原微生物有三类：

①病菌：可以引起疾病的细菌。如大肠杆菌、痢疾杆菌、绿脓杆菌等。

②病毒：一般没有细胞结构，但有遗传、变异、共生、干扰等生命现象的微生物。多数用电子显微镜才能观察到。如麻疹、流行性感冒、传染性肝炎病毒等。

③寄生虫：动物寄生物的总称。如疟原虫、血吸虫、蛔虫等（其中许多不是微生物）。

（2）致癌物　癌症是当前人们谈之色变的问题，特别是环境污染带来的致癌物已引起广泛的重视。前面讲的污染物质中大部分都含有致癌物质，如炼焦废水中的焦油含有多种致癌芳香烃；印染废水中的染料含有多种芳香胺类致癌物，如联苯胺、2-萘胺（可致膀胱癌）；植物营养物中的亚硝基化合物（由各种胺类、亚硝酸盐转化)有强烈的致癌性,能致肝癌;农药中有机氯化合物,如滴滴涕、六六六等在小鼠动物试验中证明能致肝癌,艾氏剂能使大白鼠患细胞癌、胆管癌,重金属中铬、镍均致癌,其中后者可致肺癌;水体中的某些藻类和嫌气细菌能合成有毒物质,其中有致癌物质。海底嫌气细菌可合成3,4-苯并芘致癌物质。

我国《环境监测技术规范》分别规定的监测项目如下:

生活污水:化学需氧量、生化需氧量、悬浮物、氨氮、总氮、总磷、阴离子洗涤剂、细菌总数、大肠菌群等。

医院污水:pH、色度、浊度、悬浮物、余氯、化学需氧量、生化需氧量、致病菌、细菌总数、大肠菌群等。

(一)水体的化学污染

水体化学污染主要包括各种工矿企业排出的废水。污染物有无机酸、碱、盐;无机有毒物质:Hg、Pb、Cd、Cr、氟化物、氰化物、砷化物;有机有毒物质:有机农药、多环芳烃、酚类等,耗氧物质(蛋白、脂肪、木质素等),氮磷营养物质、油类等。

1.水体的无机污染

水体的无机污染指随天然过程或人类活动使进入水体的无机物造成的污染。无机污染物主要有各种元素的氧化物、硫化物、卤化物、酸、碱、盐等。其中对水环境造成严重危害的是各类酸碱物质、重金属元素和营养物质。由各类酸碱物质引起酸碱污染将导致水体pH改变,抑制微生物生长和生物的自净作用,影响渔业生产和生态平衡,腐蚀船舶和水下建筑物,影响水域功能的发挥。水体中重金属的毒害作用,将对生态环境和人类健康构成严重威胁。进入水体的营养物质,主要是氮、磷等,会导致藻类的大量繁殖,这种现象被称为水体的富营养化。工业废水和生活污水是水体无机污染的主要来源。

2.水体的有机污染

水体的有机污染是指天然或人工合成有机物进入水体后造成的水体污染。这些有机污染物分为两类,一类是有机有毒物质,如黄曲霉毒素、黄樟毒、萜烯类、氨基甲酸乙酯等由生物体的代谢活动及其他生物化学过程产生的天然有机污染物;另一类是人工合成的有机有毒物质,包括塑料、石油、合成纤维、合成橡胶、洗涤剂、染料、溶剂、涂料、农药、食品添加剂、药品等工业的有机废弃物。这些有机的有毒物质将危害鱼类和水生生物的生长发育,其中有些污染物能进入水生生物体内并沿食物链富集,危害人类。另一类是耗氧性有机污染物,又称需氧性有机污染物,包括碳水化合物、脂肪、蛋白质和酚类和醇类物质等。这类物质进入水体后会引起微生物大量繁殖和溶解氧的消耗。当水体中溶解氧降低至4 mg/L时,鱼类和水生生物将不能在水中生存。水中的溶解氧耗尽时,有机物质的嫌气分解会产生大量还原性物质如硫化氢、氨、硫醇等，使水质变黑发臭，造成水环境严重恶化。

(二)水体的物理污染

水体物理性污染包括悬浮物污染（影响水质外观、妨碍植物光合作用等）、热污染（提高水温、降低溶解氧）和放射性污染等。水中的悬浮物将增加水体的浊度，影响水生植物的光合作用和其他水生生物的生长。此外，这些悬浮物还具有较强的吸附能力，能够富集重金属和其他有毒物质。向水体排入温度过高的温水引起的水体热污染，会导致水温升高，溶解氧含量下降，微生物活性加强和某些有毒物质毒性的增加，进而影响水生生物生长。此外含放射性物质的废水进入水体后，会造成水体的放射性污染。

(三)水体的生物污染

水体的生物性污染是指病原菌和病毒等的污染，主要是由生活污水，特别是医院污水、工业废水带入的一些病原微生物，如伤寒、霍乱、细菌性痢疾、各种病毒、寄生虫。

从我国总体情况看，废水排放量增长速度极快。中国现在是世界上污水排放量最大的国家，也是污水排放量增长速度最快的一个国家。国家建设部统计，截止到2007年的数据，中国661个城市用水量现在达到501.9亿吨/年，按照城市的户籍人口来算，人均的综合耗水量大概就是在390 L/d左右，平均每人每天消费400 L水，增长较快。保守估计中国城市废水总量现在是在400亿吨/年。由于废水处理量低（估计仅为20%～30%），大部分废水未经处理直接或间接排入水体，严重污染了水资源。我国七大水系中近一半河段污染严重，86%的城市河段水质普遍超标。全国被污染水系，比较严重的是淮河、海河、松花江、辽河、长江中下游以及珠江三角洲等工业比较发达地区。河流的城市段污染明显，小河重于大河，北方重于南方。据调查，全国有7亿人的饮用水大肠杆菌超标，1.64亿人的饮用水有机污染超标，3 500万人的饮用水硝酸盐超标。

三、水环境质量

一般而言，地球上贮存的水资源是极其丰富的，拥有的天然水总量大约为13.6亿 km^3。但天然水中97.3%以上是难以被直接利用的海水，余下的淡水资源分布于高山冰冠、极地冰川、江河、湖泊和地下水中，目前人类直接利用的淡水资源大部分取自河流、淡水湖泊和浅层地下水，其总量仅占全球天然水总储量的1%左右。

水质对农产品产量起着至关重要的作用，随着工农业生产的发展和城市人口的增加，工业废水和生活污水的排放量日益增加，大量污染物进入河流、湖泊、海洋和地下水等水体，使水和水体底泥的理化性质或生物群落发生变化，直接或间接影响农作物的生长发育，造成作物减产，同时也给食品的安全性带来严重的影响。

水体污染引起的食品安全性问题，主要是污水中的有害物质在动植物体内累积而造成的。污染物质随污水进入水体以后，经植物根系吸收向地上部分以及果实中转移，使有害物质在作物中累积，同时也能进入生活在水中的水生动物体内，并蓄积。有些污染物(如汞、镉)，在其含量远低于引起农作物或水体动物生长发育危害的量时，就已在体内累积，使其可食用部分的有害物质的累积量超过食用标准，对人体健康产生危害。日本富山县的镉污染事件就是一例，富山县神通川流域，受矿山含镉废水污染，污水灌溉农田后，使镉在稻米中积累。当地人由于长期食用含镉稻米而产生镉中毒。另一种情况是，污水中的有害物质在植物体内积累达到对人、畜产生危害时，而对作物本身的产量和外观性状仍无明显影响，往往容易被忽视。如含酚污水灌溉农作物，在含酚浓度为 50 mg/L 时，对作物生长并无明显影响，但当污水含酚浓度为 5 mg/L 时，就可使酚在黄瓜中积累，使黄瓜带有异味。

因此，作物、果蔬类的生产用水需符合国家标准农业灌溉的用水要求，才能保证农产品的安全性，也能保证其作为食品原料的安全性。而对一些特殊的食品原料基地如茶叶、特产瓜果基地，为了保证优良品质，对水质有更高的要求。

(一)水质指标

为了反映水体被污染的程度，要用污水的各种水质指标来表示其污染程度和主要污染物类型，以便我们对其利用并采取有效的控制措施。反映污水水质的指标主要有下列几项：

1.悬浮物

或称悬游物，是污水中呈固体状的不溶解物质，是水体污染基本指标之一。

2.废水中有机物浓度

也是反映污水水质的一个重要指标。由于有机物的组成比较复杂，分别测定各种有机物的含量比较困难，一般采用下面几个指标来表示有机物的浓度：

①生物化学需氧量：简称生化需氧量，用 BOD 表示(biochemical oxygen demand)，BOD 表示水中的有机污染物经微生物分解所需的氧量(单位体积的污水所消耗的氧量，mg/L)。生化需氧量越高，表示水中需氧有机物质越多。

②化学需氧量(chemical oxygen demand，COD)：用化学氧化剂氧化水中有机污染物时所需的氧量。COD 越高，表示有机物质越多。目前常用的氧化剂主要是重铬酸钾或高锰酸钾。以高锰酸钾作氧化剂时，测得的值也呈耗氧量。

③总有机碳(total organic carbon，TOC)：碳是有机物的基本元素，利用有机

物的分解产生 CO_2 的原理就可以得到有机物的绝对量，通常通过采用 TOC 分析仪的红外线分析装置来测定有机碳在燃烧时产生的 CO_2 量来计算的。

④颗粒状有机碳（particulate organic carbon，POC）：是富营养化湖泊中藻类现存量的测量指标，通过测定藻类细胞的方法，可以大概知道水体富营养化的程度，POC 与藻类干重之比为 0.5～0.6。

⑤总需氧量（total oxygen demand，TOD）：指有机物经热分解所需要的总氧量。

由于目前应用 BOD 测试时间长，不能及时反映水体被需氧有机物质污染的程度。一般常用 COD、TOC、TOD 指标来评价水体污染。

3. pH

污水的 pH 对污水处理及综合利用，对水中生物的生长繁殖，对排水管道等都有很大影响，所以被列为检验污水水质的重要指标之一。一般内陆水的 pH 接近 7，而海水的 pH 稍高，通常为 8 左右。生活污水 pH 为 7.2～7.6。工业污水的 pH 就较复杂，变化较大，没有一个定值。

4. 污水的细菌污染指标

1 mL 污水中的细菌总数要以千万计。其中大部分是寄生在已丧失生活机能的机体上，这些细菌是无害的；另一部分细菌，如霍乱菌、伤寒菌、痢疾菌等则寄生在有生活机能的活的有机体上，它们对人、畜禽是有害的。对污水进行细菌分析是一项很复杂的工作，在水处理工程中，用两种指标表示水体被细菌污染的程度：1 mL 水中细菌（杂菌）的总数与水中大肠菌群的数量。大肠菌群是流行病学上评价潜在危险性的重要因素。我国地面水环境的水质标准划分为 1、2、3 类三个等级，并规定其大肠菌群数（MPN）在 1 L 水中分别为 500、10 000、50 000 个。而我国饮用水标准规定，每 100 mL 水样中不得检出大肠菌群。

5. 污水中有毒物质指标

除了以上指标，污水中还可能存在各种有机和无机的微量有毒成分，如各种重金属、氰化物等无机物及多氯联苯、多环芳烃、有机农药等，我国已制定出地表水中有毒物质的最高容许浓度的标准（GB 3838—2002），列出了 40 种有毒物质。

以上五个指标是表示水体污染情况的重要指标，此外还有温度、颜色、放射性物质浓度等，也是反映水体污染情况的技术指标。

综合地看，一般性状指标包括色度、温度、嗅度、透明度、浊度、悬浮物、电导、pH 值、硬度（Ca^{2+}、Mg^{2+}）、Na^+、K^+、NH_4^+ 等。有机物主要包括：①溶解氧（DO），②生化需氧量（BOD），③化学需氧量（COD），④总有机碳（TOC）和⑤总需氧量（TOD）。无机毒物污染指标主要包括氰化物、氟化物、硫化物、石棉等。有机毒物污染指标主要有酚、石油、多环芳香烃、多氯联苯、芳香胺、有机农药、环境激素等。

富营养化污染指标主要有含氮、磷的盐类。其他还有放射性污染指标和病原微生物和致癌物。

(二)水质量与功能分类

地表水：Ⅰ类，主要适用于源头水、国家自然保护区；Ⅱ类，主要适用于集中式生活饮用水水源地一级保护区、珍贵鱼类保护区、鱼虾产卵场等；Ⅲ类，主要适用于集中式生活饮用水水源地二级保护区、一般鱼类保护区及游泳区；Ⅳ类，主要适用于一般工业用水区及人体非直接接触的娱乐用水区；Ⅴ类，主要适用于农业用水区及一般景观要求水域。同一水域兼有多类功能类别的，依最高类别功能划分。

地下水：Ⅰ类，主要反映地下水化学组分的天然低背景含量。适用于各种用途。Ⅱ类，主要反映地下水化学组分的天然背景含量。适用于各种用途。Ⅲ类，以人体健康基准值为依据。主要适用于集中式生活饮用水水源及工、农业用水。Ⅳ类，以农业和工业用水要求为依据，除适用于农业和部分工业用水外，适当处理后可作生活饮用水。Ⅴ类，不宜饮用，其他用水可根据使用目的选用。

(三)水质标准

1. 生活饮用水卫生标准

表 5-1 生活饮用水水质常规指标及限值(GB 5749—2006)

指标	限值
1. 微生物指标①	
总大肠菌群(MPN/100 mL 或 CFU/100 mL)	不得检出
耐热大肠菌群(MPN/100 mL 或 CFU/100 mL)	不得检出
大肠埃希氏菌(MPN/100 mL 或 CFU/100 mL)	不得检出
菌落总数(CFU/mL)	100
2. 毒理指标	
砷(mg/L)	0.01
镉(mg/L)	0.005
铬(六价，mg/L)	0.05
铅(mg/L)	0.01
汞(mg/L)	0.001
硒(mg/L)	0.01
氰化物(mg/L)	0.05
氟化物(mg/L)	1.0

续表 5-1

指　　标	限　　值
硝酸盐(以 N 计,mg/L)	10,地下水源限制时为 20
三氯甲烷(mg/L)	0.06
四氯化碳(mg/L)	0.002
溴酸盐(使用臭氧时,mg/L)	0.01
甲醛(使用臭氧时,mg/L)	0.9
亚氯酸盐(使用二氧化氯消毒时,mg/L)	0.7
氯酸盐(使用复合二氧化氯消毒时,mg/L)	0.7
3.感官性状和一般化学指标	
色度(铂钴色度单位)	15
浑浊度(NTU,色散浊度单位)	1,水源与净水技术条件限制时为 3
臭和味	无异臭、异味
肉眼可见物	无
pH (pH 单位)	不小于 6.5 且不大于 8.5
铝(mg/L)	0.2
铁(mg/L)	0.3
锰(mg/L)	0.1
铜(mg/L)	1.0
锌(mg/L)	1.0
氯化物(mg/L)	250
硫酸盐(mg/L)	250
溶解性总固体(mg/L)	1 000
总硬度(以 $CaCO_3$ 计,mg/L)	450
耗氧量(COD_{Mn}法,以 O_2 计,mg/L)	3,水源限制,原水耗氧量 > 6 mg/L 时为 5
挥发酚类(以苯酚计,mg/L)	0.002
阴离子合成洗涤剂(mg/L)	0.3
4.放射性指标②	
总 α 放射性(Bq/L)	0.5
总 β 放射性(Bq/L)	1

①MPN 表示最可能数;CFU 表示菌落形成单位。当水样检出总大肠菌群时,应进一步检验大肠埃希氏菌或耐热大肠菌群;水样未检出总大肠菌群,不必检验大肠埃希氏菌或耐热大肠菌群。

②放射性指标超过指导值,应进行核素分析和评价,判断能否饮用。

2. 地面水环境质量标准

表 5-2　地面水环境质量标准基本项目标准限值(GB 3838—2002)　　mg/L

序号	项目	分类				
1	水温/℃	人为造成的环境水温变化应限制在： 周平均最大温升≤1 周平均最大温降≤2				
2	pH(无量纲)	6～9				
3	溶解氧	饱和率 90%(或 7.5)	≥6	≥5	≥3	≥2
4	高锰酸盐指数	≥2	≥4	≥6	≥10	≥15
5	化学需氧量(COD)	≥15	≥15	≥20	≥30	≥40
6	五日生化需氧量(BOD_5)	≥3	≥3	≥4	≥6	≥10
7	氨氮(NH_3—N)	≥0.15	≥0.5	≥1.0	≥1.5	≥2.0
8	总磷(以 P 计)	≥0.02(湖、库 0.01)	≥0.1(湖、库 0.025)	≥0.2(湖、库 0.05)	≥0.3(湖、库 0.1)	≥0.4(湖、库 0.2)
9	总氮(湖、库以 N 计)	≤0.2	≤0.5	≤1.0	≤1.5	≤2.0
10	铜	≤0.01	≤1.0	≤1.0	≤1.0	≤1.0
11	锌	≤0.05	≤1.0	≤1.0	≤2.0	≤2.0
12	氟化物(以 F^- 计)	≤0.1	≤1.0	≤1.0	≤1.5	≤1.5
13	硒	≤0.01	≤0.01	≤0.01	≤0.02	≤0.02
14	砷	≤0.05	≤0.05	≤0.05	≤0.1	≤0.1
15	汞	≤0.000 05	≤0.000 05	≤0.000 1	≤0.001	≤0.001
16	镉	≤0.001	≤0.005	≤0.005	≤0.005	≤0.01
17	铬(六价)	≤0.01	≤0.05	≤0.05	≤0.05	≤0.1
18	铅	≤0.01	≤0.01	≤0.05	≤0.05	≤0.1
19	氰化物	≤0.005	≤0.05	≤0.2	≤0.2	≤0.2
20	挥发酚	≤0.002	≤0.002	≤0.005	≤0.01	≤0.1
21	石油类	≤0.05	≤0.05	≤0.05	≤0.5	≤1.0
22	阴离子表面活性剂	≤0.2	≤0.2	≤0.2	≤0.3	≤0.3
23	硫化物	≤0.05	≤0.1	≤0.2	≤0.5	≤1.0
24	粪大肠菌群/(个/L)	≤200	≤2 000	≤10 000	≤20 000	≤40 000

3.地下水环境质量标准

参阅《地下水环境质量标准》(GB/T 14848—93)。

Ⅱ.工作任务

水质原来是水质量的略语，但水质现在已成为一条具有特定科技内容的用语。通过水质监测，可了解水的性质、污染程度，为水的利用及水污染治理提供依据。水质监测可分为环境水体监测和水污染源监测。

水质监测的目的：

①对地表水体的污染物质及渗透到地下水中的污染物质进行经常性的监测，以掌握水质现状及其发展规律。

②对排放的各类废水进行监视性监测，为污染源管理和排污收费提供依据。

③对水环境污染事故进行应急监测，为分析判断事故原因、危害及采取对策提供依据。

④为国家政府部门制定环境保护法规、标准和规划，全面开展环境保护管理工作提供有关数据和资料。

⑤为开展水环境质量评价、预测预报及进行环境科学研究提供基础数据和手段。

环境水体监测包括地表水(江，河，湖，库，海水)和地下水；水污染源包括生活污水、医院污水及各种废水。水的监测指标由以下几部分组成：ⓐ一般指标：水温，电导，氧化还原电位，溶解氧，浊度，悬浮物等。ⓑ水质的污染度指标：BOD，COD，TOC，TOD，UV 吸收等。ⓒ水质的污染成分：金属离子，氰化物，酚，农药等。ⓓ水质的生物指标：大肠杆菌，细菌总数等。

选择分析方法应遵循的原则：灵敏度能满足定量要求；方法成熟、准确；操作简单，易于普及；抗干扰能力好。根据上述原则，为使监测数据具有可比性，各国在大量实践的基础上，对各类水体中的不同污染物质都编制了相应的分析方法。

任务一 水样的采集、制备和预处理

对环境监测工作来说，正确采取水样其意义并不低于进行分析时所要注意的其他因素，因为分析所用的水样必须具有代表性，忽略了试样的代表性，无论分析工作如何认真、准确，其结果也是无用的，这样的分析结果只代表被测水样的组成，并不能反映监测对象的全部。要获得代表性的水样，必须正确布设采样点、选择合理的采样方法、采样频率和采样时间。

一、地表水水质监测方案的制订

依据:《地表水和污水监测技术规范》(HJ/T 91—2002),《农田水源环境质量监测技术规范》(NY/T 396—2000)《绿色食品产地环境调查、监测与评价导则》(NY/T 1054—2006)。制定地表水水质监测方案。

(一)水污染调查

1.基础资料的收集

①收集相关的环境保护方面的法律、法规、标准和规范。

②目标水体的水文、气候、地质和地貌等自然背景资料,如水位、水量、流速及其流向的变化、支流污染情况等;全年的平均降雨量、水蒸发量及其历史上的水情;河流的宽度、深度、河床结构及其地质状况;湖泊沉积物的特性、间温层分布、等深线等。

③水体沿岸城市分布、人口分布、工业分布、污染源及其排污情况等。

④水体沿岸的资源情况和水资源的用途,饮用水源分布和重点水源保护区,水体流域土地功能及近期使用计划等。

⑤历史水资源资料等,如目标水体的丰水期,枯水期、平水期的时间范围情况变化等。

⑥地面径流污水、雨污水分流情况,以及农田灌溉排水、农药和化肥等使用情况等。

2.现场调查

布设采样点,首先要调查研究,包括取水口位置、取水量、排污口位置、排放量及河流的水文、地质、河床、支流及沿岸工农业、城镇情况、历年水质资料等。然后才根据水域的分布、污染源的特性以及检测的目的等确定。

(二)监测断面的布设原则

1.监测断面

采样断面的布设要具有代表性,要能真实全面反映流域的水质情况及空间分布规律。在流经大、中城市或工业区集中等严重污染的河段应设置以下三个断面:

①对照断面:为了解河流入境前水体水质情况而设置的采样断面。一般设在进入城市工业废水排放口的上游,基本不受本地区的污染源影响。大多只设一个。

②控制断面:用以反映本地区污染源对河段水质影响大的断面。通常设在排放源的下游污染物与河水充分混合处,一般在距排污口的500～1 000 m处。据污染情况,可设一个或多个。

③消减断面:反映河流对污染物的稀释净化情况。污水汇入河流后,经一段距离与河水充分混合后,水中污染物因稀释和自净作用而逐渐降低,整个断面上浓度差异较小。通常设在最后一个排污口下游 1 500 m 处。另外,在被检测的河流的较大支流汇入前的河口处及湖泊、水库的出入河口及重要河流的入海口均应设采样断面。

在考察一个水系或一条较长的河流时,还应布设一个背景断面。所谓背景断面是指少受或未受人类活动影响的区域环境天然水体内的物质组成与基本含量。多在源头。设置监测断面后,应根据水面的宽度确定断面上的采样垂线,再根据采样垂线的深度确定采样点位置和数目。

2. 河流监测断面的布设原则

监测断面和采样点的位置确定后,其所在位置应该有固定而明显的岸边天然标志。如果没有天然标志物,则应设置人工标志物,如竖石柱、打木桩等。每次采样要严格以标志物为准,使采集的样品取自同一位置上,以保证样品的代表性和可比性。监测断面布设见图 5-1。

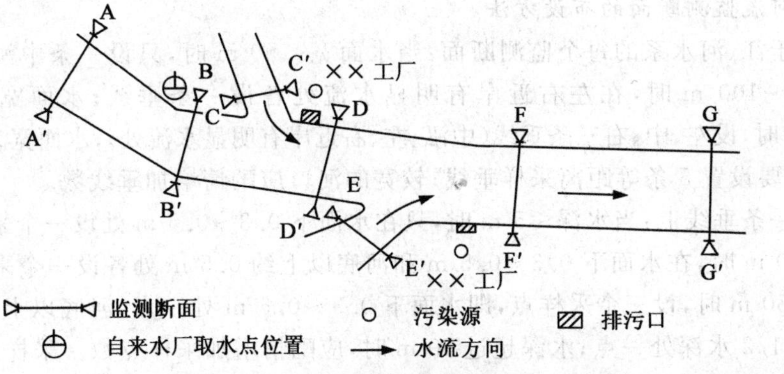

AA′-对照断面　GG′-消减断面　其余-监测断面

图 5-1　河段采样断面设置示意图

(何增耀. 环境监测. 1994)

①对流域或水系应布设背景断面、控制断面(若干)和入海口断面。对行政区域可设背景断面(对水系源头)或入境断面(对国境河流)或对照断面、控制断面(若干)和入海口断面或出境断面。在各控制断面下游,如果河流有足够长度,还应设消减断面。

②根据水域功能区布设控制监测断面,同一水体功能区至少要设 1 个监测断面。断面位置应选择顺直河段、河床稳定、水流平稳,水面宽阔及无浅滩处,尽量避

开死水区，回水区或排污口处。

③饮用水源区、水资源集中的区域、主要风景游览区及重大水利设施所在地等功能区要布设监测断面。

④较大支流汇合口上游和汇合后与干流充分混合处；受潮汐影响的河段和严重水土流失区。

⑤监测断面力求与水文测流断面一致，以便利用其水文参数，实现水质监测与水量监测的结合。

⑥流域同步监测中，根据流域规划和污染源限期达标目标确定监测断面。

⑦监测断面的设置数量，应根据掌握水环境质量状况的实际需要，考虑对污染物时空分布和变化规律的了解、优化的基础上，以最少的断面获取有代表性的监测数据。

⑧进行应急监测时，对江河污染的跟踪监测要根据污染物质的性质、数量及河流的水文要素等，沿河段布设数个采样断面，并在采样点设立明显标志。采样频次根据事故程度确定。

3. 河流监测断面的布设方法

对于江、河水系的每个监测断面：当水面宽＜50 m时，只设一条中泓垂线；水面宽50～100 m时，在左右近岸有明显水流处各设一条垂线；水面宽为100～1 000 m时，设左、中、右三条垂线（中泓、左、右近岸有明显水流处）；水面宽＞1 500 m时，至少要设置5条等距离采样垂线；较宽的河口应酌情增加垂线数。

在一条垂线上：当水深≤5 m时，只在水面下0.3～0.5 m处设一个采样点；水深5～10 m时，在水面下0.3～0.5 m和河底以上约0.5 m处各设一个采样点；水深10～50 m时，设三个采样点，即水面下0.3～0.5 m处一点，河底以上约0.5 m处一点，1/2水深处一点；水深超过50 m时，应酌情增加采样点数。采样度垂直线和采样点布设见图5-2。

4. 湖泊、水库监测断面的布设

对不同类型的湖泊、水库应区别对待。为此，首先判断湖、库是单一水体还是复杂水体，考虑汇入湖、库的河流数量，水体的径流量、季节变化及动态变化，沿岸污染源分布及污染物扩散与自净规律、生态环境特点等。然后按照前面讲的设置原则确定监测断面的位置：在进出湖泊、水库的河流汇合处分别设置监测断面；以各功能区（如城市和工厂的排污口、饮用水源、风景游览区、排灌站等）为中心，在其辐射线上弧形设置监测断面；在湖库中心，深、浅水区，滞流区，不同鱼类的回游产卵区，水生生物经济区等设置监测断面。监测断面布设见图5-3。

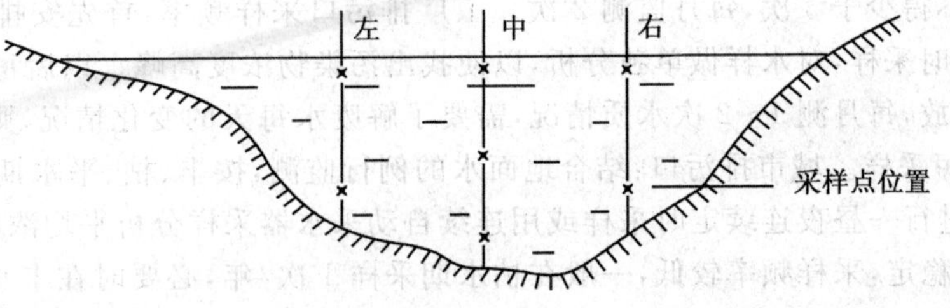

图 5-2 采样垂直线和采样点示意图

（崔树军. 环境监测. 2008）

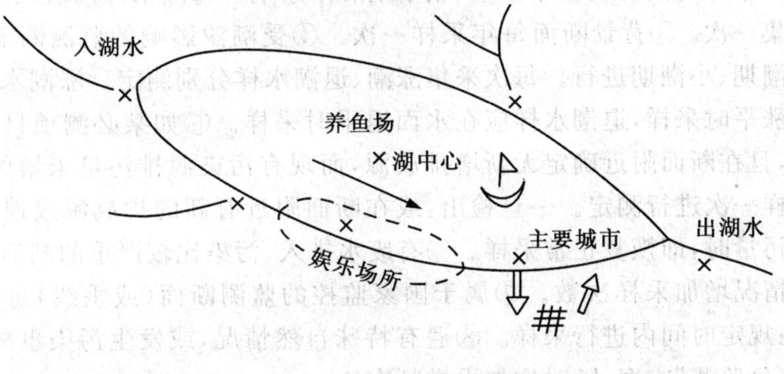

图 5-3 湖泊、水库监测断面设置示意图

（何增耀. 环境监测. 1994）

①湖（库）区的不同水域，如进水区、出水区、深水区、浅水区、湖心区、岸边区等，按水体类别设置监测断面。

②受污染影响较大的重要湖泊、水库，应在污染物扩散途径上设置监测断面。

③渔业作业区、水生生物经济区等布设监测断面。

④以湖（库）的各功能区为中心，如饮用水源、排污口、风景游览区等，在其辐射线上布设弧形监测断面。

5. 采样时间和采样频次的确定

地面水常规监测：最好每月采一次，在丰、枯、平水期每期采两次（背景断面每年采样一次）。工业废水监测：根据生产周期的变化相应采样。车间排污口采样频率：对连续稳定生产车间的排污口，应该在一个生产周期采集平均水样，每月监测 2 次。对于不稳定的生产车间的排污口，可以采集比例组合水样。也可以定时采集水样，但是每周不得少于 2 次。对于间断排污车间的排污口，应该在生产时采样，每周不得少于 5 次，每月监测 2 次。工厂排污口采样频率：首先安排一个周期的连续定时采样，对水样做单独分析，以便找出污染物浓度高峰。以后每季度测一次废水排放，每月测 1～2 次水质情况，需要了解废水每天的变化情况，则每隔 1～2 h 或更短采样。城市排污口：结合地面水的例行监测，按丰、枯、平水期每年测三次，每次进行一昼夜连续定时采样或用连续自动采水器采样分析平均浓度。底质：地质比较稳定，采样频率较低，一般在枯水期采样 1 次/年，必要时在丰水期增加 1 次，一般取 1～2 kg。

①饮用水源地、各行政区交接断面中需要重点控制的监测断面每月至少采样一次，全年不少于 12 次。②较大河流、湖泊、水库上的监测断面，逢单月采样一次，全年六次。采样时间可设在丰水期、枯水期和平水期。每潮采样两次；底泥每年在枯水期采集一次。③背景断面每年采样一次。④受潮汐影响的监测断面的采样，分别在大潮期、小潮期进行。每次采集涨潮、退潮水样分别测定。涨潮水样应在断面处水面涨平时采样，退潮水样应在水面退平时采样。⑤如某必测项目连续三年均未检出，且在断面附近确定无新增排放源，而现有污染源排污量未增的情况下，每年可采样一次进行测定。一旦检出，或在断面附近有新的排放源或现有污染源有新增排污量时，即恢复正常采样。⑥有废水排入、污染比较严重的湖泊、水库，应根据实际情况增加采样次数。⑦属于国家监控的监测断面（或垂线）每月采样一次，一般在规定时间内进行采样。⑧遇有特殊自然情况，或发生污染事故时，要及时实施“应急监测”方案，随时增加采样频次。

二、地下水水质监测方案的制订

由于地质结构复杂，使地下水采样点的设置也变得复杂。自监测井采集的水样只代表含水层平行和垂直的小部分，所以，必须合理地选择采样点。目前，地下水监测以浅层地下水（又称潜水）为主，应尽可能利用各水文地质单元中原有的水井（包括机井）。还可对深层地下水（也称承压水）的各层水质进行监测。

（一）调查和资料收集

收集、汇总区域内有关水文、地质方面的资料和以往的监测资料，包括地质图、剖面图、测绘图、水井资料、水质参数等以及基本气象资料（温度、湿度、降水量与蒸发量、主导风向、风速及其他气象特征资料）。收集作为地下水补给水源的江、河，湖、海的地理分布及其水文特征（水位、水深、流速、流量等）以及地下水径流和排泄方向、地下水质类型等。了解水污染源类型及其分布情况，水质现状和地下水的开发利用情况。含水层和地质阶梯可用开孔钻探和调查的方法进行了解。调查区域内城市近期、中长期的发展规划、人口密度。工业分布、地下水资源开发和土地利用等情况；了解化肥和农药的施用面积与施用量；查清污水灌溉、排污、纳污及地表水的污染现状。对地下水位和水深进行实际测量。明确水位和水深即可决定采水器和采水泵的类型以及所需费用与采样程序。

(二)监测井位的布设

背景值监测点的设置：背景值采样点应设在污染区的外围不受或少受污染的地方。对于新开发区，应在引入污染源之前设立背景值监测点。

监测井(点)的布设：对于工业区和重点污染源所在地的监测井(点)布设，主要根据污染物在地下水中的扩散形式确定。例如，渗坑、渗井和堆渣区的污染物在含水层渗透性较大的地区易造成条带状污染；污灌区、污养区及缺乏卫生设施的居民的污水渗透到地下易造成块状污染，此时监测井(点)应设在地下水流向的平行和垂直方向上，以监测污染物在两个方向上的扩散程度。渗坑、渗井和堆渣区的污染物在含水层渗透小的地区易造成点状污染，其监测井(点)应设在距污染源最近的地方。沿河、渠排放的工业废水和生活污水因渗漏可能造成带状污染，此时宜用网状布点法设置监测井。一般监测井在液面下0.3～0.5 m处采样。若有间温层或多含水层分布，可按具体情况分层采样。

地下水监测井优化布点的目的在于以最少的监测站位，最小的人力、物力代价，获取最大的地下水环境信息量，反映地下水的水质动态及其总体环境质量，从而取得对污染源进行有效控制的最佳方法。背景值采样点或监测井应设在污染区的外围不受或少受污染的地方。对于工业污染区和重点污染源所在地的监测井布设，主要根据污染物在地下水中的扩散形式来确定。

监测点的密度一般按每平方千米0.2～1个监测井，为确定某一重要污染源的范围或在石油或化工类型的工业区域内，可适当加密监测点。对已有研究程度较高、监测资料较齐全的地区，其监测点数可酌情减少。一般监测井在水液面下0.3～0.5 m处采集水样。若存在间温层或多含水层分布情况，应该视具体情况实施分层采样。

(三)采样时间和采样频次的确定

每年应在丰水期和枯水期分别采样监测，每期至少一次；也可按季度采样监测。已建立长期监测站点的地方应按月采样监测。一般每一次采样期至少采集监测一次；对饮用水源监测点，要求在每一采样期采样监测两次，其前后时间间隔至少10天。对有异常情况的井点，应适当增加采样监测频次。

三、水样的采集

采样器一般是比较简单的，只要将容器(如水桶、瓶子等)沉入要取样的河水或废水中，取出后将水样倒进合适的盛水器（贮样容器）中即可。盛水器（水样瓶）一般由聚四氟乙烯、聚乙烯、石英玻璃和硼硅玻璃等材质制成。采样量应满足分析的需要，并应该考虑重复测试所需的水样量和用作备份测试的水样用量。一般情况下，如供单项分析，一般为 250～500 mL。如果被测物的浓度很低而需要预先浓缩时，采样量就应增加。

1. 采样仪器

①水桶水瓶：适于采集表层水。采样前用水冲洗 2～3 次，注意不能混入漂浮于水面的物质。

②简单采样瓶：见图 5-4，可自制。

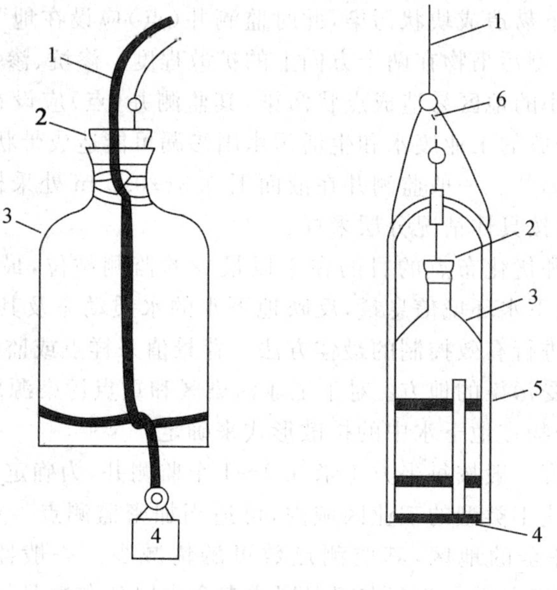

1-绳子；2-带有软绳的橡胶管；3-采样瓶；4-铅锤；5-铁框；6-挂钩

图 5-4 简单采样器

（崔树军. 环境监测. 2008）

③急流采水器：在采集采样地段流量大，水层深时应用急流采水器。它将一根长管固定在铁框上，钢管是空心的，管内装橡皮管，管的上部橡皮管用铁夹夹紧，下部的橡皮管与瓶塞上的短玻璃管相接，橡皮塞上另有一长玻璃管直通至采样瓶底。采水样前，需要将采样瓶的橡皮塞塞紧，然后沿船深方向垂直伸入特定的水深处打开钢管上部的橡皮管夹，水样即沿长玻璃管流入样瓶内。此种采水器是隔绝空气采样，可测 DO。

④溶解气体采样器：采集湖水、井水、蓄水池等水样(图 5-5)。要测水中的 DO 和其他气体时可以使用双瓶溶解气体采水器。

目前，我国已经生产出各种不同类型的水质监测采样器，这些采样器在采样之前都要洗涤干净，洗涤方法就不介绍了。要注意的是监测的项目不同，所采用的采样容器也不同。如油和有机物的测定要用玻璃瓶，微量金属离子要用塑料瓶，SiO_2 测定要用塑料瓶。

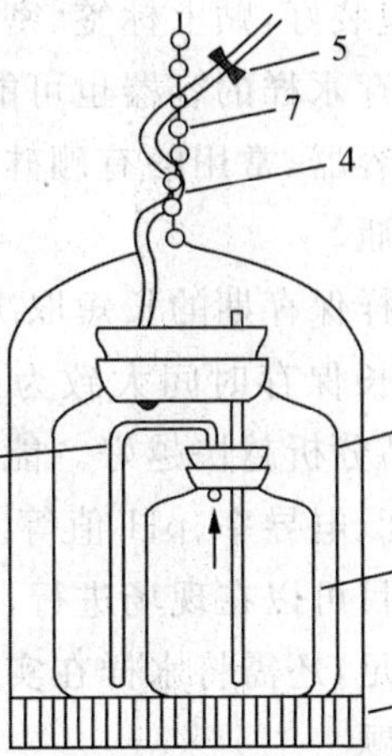

1-带重锤的铁矿；2-小瓶；3-大瓶；4-橡胶管；5-夹子；6-塑料管；7-绳子

图 5-5 溶解氧采样器

(崔树军. 环境监测. 2008)

自来水采样时要先放几分钟，排出管内杂质及陈旧水；河、湖、水库水采样时，表层水直接在 0.3～0.5 m 处取，深层水用抽吸泵采集，并利用船等乘具行驶至特定采样点，选择用上述采样仪器采样；地下水采样时用抽水泵采集，先放几分钟；工业废水和生活废水采样时，废水组分和浓度变化大，一般采用连续性样品采集，每间隔短时间采集样品一次，作平均混合水样。

2. 水样采集方法

①瞬时采样：在某一时间和地点，以水中随机采样的分散样品，其代表较差，只适用于生产工艺连续恒定、废水组成和浓度变化很小的水样采集。

②平均混合水样：在一段时间内(一天或一个生产周期内)每隔相同的时间(如 2 h)采样一次，每次采样量相等。然后将各次采样混合均匀，组成平均水样。不适合测 pH 值。

③比例组合水样：当废水流量变化大，不恒定时，则在流量大时多取，流量小少取，最后组成混合样品。

四、水样的保存

水样采集后，原则上要尽快分析。因为水样离开水源后，原来的平衡可能遭到破坏，在各种物理、化学和微生物作用下使样品的成分发生变化。如：金属离子可能被玻璃容器壁吸附；硫化物、亚硫酸盐、亚铁盐和氰化物等可能被逐渐氧化；有些聚合物可能会分解如缩聚无机磷和聚合硅酸等；pH、电导率、二氧化碳、硬度和碱度等可能从空气中吸收二氧化碳而被改变。水样在运输过程中不应有损失和丢失，要包装好，贴上标签、密封好。

储存水样的容器也可能吸附、玷污水样，因此，要选择性能稳定、杂质含量低的材料作容器，常用的有硼硅玻璃、石英、聚乙烯、聚四氟乙烯，最常用的是硼硅玻璃、聚乙烯瓶。

水样保存期的长短取决于水样的性质、测定要求和保存条件，未经任何处理的水样最长保存时间大致为：清洁水 72 h，轻度污染水 48 h，严重污染水 12 h。因此，样品分析越快越好。能在现场做的监测项目要求在现场测定，如水中的溶解氧、温度、电导率、pH 值等。但由于各种条件的限制（如仪器、场地等），往往只有少数项目可以在现场进行，大多数项目仍需送往实验室内分析测定，有时因人力、时间不足，还需将水样在实验室放置一段时间后才能测定。所以水样有运输和保存的问题。

样品保存的目的是尽量减少存放期间水质的变化，但至今还没有一种理想的方法能完全阻止水样的物理、化学性质变化，对保存的方法只是希望做到：①减缓水样的生物化学作用；②减缓化合物或络合物的氧化-还原作用；③减少被测组分的挥发损失；④避免沉淀、吸附或结晶物析出所引起的组分变化。

因此保存时可采取与此相应的保存方法：

①冷藏冷冻法：温度为 2～5℃，有的需要深度冷藏。可抑制细菌繁殖、减缓化学反应速度。

②加化学试剂：可以在采样后立即加入化学试剂，也可以事先加到容器中，可用化学试剂包括生物抑制剂或氧化或还原剂。如 COD 水样加入升汞，可抑制生物的氧化还原作用，测酚的水样要 $pH<4$，并加硫酸钙抑制苯酚的分解。对保存试剂的要求是：有效、方便、经济且对测定无干扰和不良影响。

③控制 pH：最常用的是加酸，它能大大抑制和防止微生物的絮凝和沉淀，减少容器表面的吸附。多使 $pH<2$。

④过滤和离心分离等。

加入试剂后，为避免保存剂对分析结果的影响，一般采取下列措施：做空白试验；扣除保存剂的空白值；选用高纯度试剂。

五、水样的预处理

由于样品的成分复杂，组分之间常会相互结合，以复杂形式存在，会对分析带来干扰。因此，在样品分析测定之前，需要将样品进行适当的预处理。样品的预处理的目的是：将待测成分转化成便于测定的形式；排除样品中对测定产生干扰的成分;将浓度较低的待测成分进行浓缩富集或将含量较高的待测成分进行稀释,以便进行测定;将待测成分进行提纯。

预处理工作主要包括:悬浮物的去除;样品的消解:硝酸消解法、硝酸-硫酸消解法、硝酸-高氯酸消解法、硝酸-氢氟酸消解法、多元消解法(HNO_3-HCl-HF-$HClO_4$ 体系)、碱分解法、干灰化法、微波消解法;样品的分离与富集:挥发和蒸发浓缩法、蒸馏浓缩法、萃取法(液-液萃取法、微波萃取法、固-液萃取法、超临界萃取法等)、沉淀分离法(沉淀法、共沉淀法)、吸附分离法、冷冻浓缩法、色层分离法等。

任务二　水的一般理化指标的检测

一、温度

水温对水的许多物理性质,如密度、黏度,蒸气压等有直接的影响。同时,水温对水的 pH 值、盐度及碳酸钙饱和度等化学性质也存在着明显影响。

水温影响水中物质的溶解度。以氧为例,随着水温的升高,氧在水中的溶解度逐渐降低。在 1 个标准大气压(1.01×10^5 Pa)下,氧在淡水中的溶解度:10℃时为 11.33 mg/L,20℃时为 9.17 mg/L,30℃时为 7.63 mg/L。

水温对水中进行的化学和生物化学反应速度有显著影响。水温影响水中生物和微生物的活动,水温的测定对水体自净、水中的碳酸盐平衡、各种碱度的计算和对水处理过程的运转控制都有重要的意义。

温度为必须在现场测定的项目之一,采用温度计法测量(GB 13195—91)常用的温度计有汞温度计或半导体热敏电阻温度计,测量较深水温时可用深水温度计。

水温可用温度计来测定,最普遍的温度计有水银温度计,在一些特殊的场合如深层水的温度测定也可以选用颠倒温度计,颠倒温度计一般装在采水器上,由主温表和副温表组成,主温表观测水温,副温表观测气温,已校正因环境温度改变而引起的主温表读数的变化,测试时随采水器伸入预定深度,放置 5～7 min,提出、读数。

1. 水温计法

水温计是安装于金属半圆槽内的水银温度表,下端连接一金属贮水杯,温度表水银球部悬于杯中,其顶端的槽壳带一圆环,系上一根的线绳。测量范围通常为零下 6～41℃,最小分度为 0.2℃。测量时,将其插入一定深度的水中,5 min 后迅速提出水面并读数。

2. 颠倒温度计法

颠倒温度计用于测量深层水温度，一般装在采水器上使用。它由主温表和辅温表构成。主温表是双端式水银温度计，用于观测水温；辅温表为普通水银温度计，用于观测读取水温时的气温，以校正因环境改变而引起的主温表读数的变化。测量时将其沉入预定深度水层，感温 7 min，提出水面后立即读数，并根据主、辅温度表的读数，用海洋常数进行校正。

3. 热敏电阻温度计法

测量水温一般用感温元件如铂电阻，热敏电阻做传感器。将感温元件浸入被测水中并接入平衡电桥的一个臂上，当水温变化时，感温电阻随之变化，则电桥平衡状态被破坏，有电压信号输出，根据感温元件电阻变化值与电桥输出电压值的定量关系实现对水温的测量。

二、臭与味

臭与味是人的嗅觉和味觉细胞受到某种化学刺激所产生的感受。纯净的水是无臭无味的。臭味来源于生活污水和工业废水中的污染物、天然物质的分解或微生物的活动。可追踪污染源和判断水处理效果。天然水中产生臭与味的化学物质，主要来自于溶解的矿物盐类、水中动植物和微生物的繁殖、死亡和腐败，生活污水或工业废水的污染等。另外，生产饮用水时加氯消毒也会产生不愉快的臭与味。

臭与味是检验饮用水、地表水等水质的基本项目之一，无臭无味的水虽然不能保证不含污染物，但有利于使用者对水质的信任，也是人类对水的美学评价的感官指标。还可应用于评价饮用水处理的效果、控制其处理过程中的加药量和追查污染源。

臭与味的测定有定性的文字描述法和近似定量的阈值法。用无臭无味的水稀释水样，刚好检出臭或味时的稀释倍数，称为臭阈值或味阈值。通常是将水温加热至(60±1)℃或(40±1)℃测其臭或味的阈值。

1. 定性描述法

臭检验方法：取 100 mL 水样于 250 mL 锥形瓶中，检验人员依靠自己的嗅觉，分别在 20℃和煮沸稍冷后闻其气味，用适当的词语描述臭特征，如芳香、氯气、硫化氢、泥土、霉烂等气味或没有任何气味，并按表 5-3 划分的等级报告臭强度。只有清洁的水或已确认经口接触对人体健康无害的水样才能进行口味的检验，其检验方法是分别取少量 20℃和煮沸冷却后(40℃)的水样放入口中，尝其味道，并用适当词语(正常、酸、甜、咸、苦、涩、金属味等)描述，可参照给定的强度等级记录味的强度。

表 5-3 臭强度等级

等级	强度	说明
0	无	无任何气味
1	微弱	一般人难以察觉,嗅灵敏者可以察觉
2	弱	一般人刚能察觉
3	明显	已能明显察觉
4	强	有显著的臭味
5	很强	有强烈的恶臭或异味

出处:刘绮,潘伟斌.环境监测教程.2008.

2.阈值法

用无臭水稀释水样,当稀释到刚能闻出臭味时的稀释倍数称为"臭阈值"。

检验操作要点:用水样和无臭水在具塞锥瓶中配制系列稀释水样,在水浴上加热至(60±1)℃;取下锥瓶,振荡2～3次,去塞,闻其气味,与无臭水比较,确定刚好闻出臭味的稀释水样,计算臭阈值。如水样含余氯,应在脱氯前后各检验一次。

由于不同检验人员嗅的敏感程度有差异,检验结果会不一致,因此,一般选择嗅觉灵敏的检验人员同时检验,取其检验结果的几何平均值作为代表值。此外,要求检臭人员在检臭前避免外来气味的刺激。

无臭水:一般用自来水通过颗粒状活性炭吸附制取,自来水中含余氯时,用硫酸钠溶液滴定脱除。也可将蒸馏水煮沸除臭后做无臭水。

三、色度

水的色度往往是由于水中溶入的各种腐殖质、各种有机物及无机杂质所引起的,另外,工业废水也可引起水的色度。

水的颜色有真色和表色两种。真色是去除了水中悬浮物质以后的颜色,是由水中胶体物质和溶解性物质所造成的。表色是指没有去除悬浮物质的水所具有的颜色。简单说表色是可以去除的,是由于水中悬浮物质引起的,真色则是溶解性物质引起的,水样的色度是指真色,即去除了悬浮物质后水显的颜色。所以水质分析中水的色度是指真色。无论是饮用水还是工业用水都不希望有颜色,因此,色度是衡量水质好坏的重要指标。

在测定水的色度之前,要先将水样静置澄清或离心取其上清液,也可用孔径为0.45 μm的滤膜过滤去除悬浮物,但不可以用滤纸过滤,因滤纸可能会吸附部分真色。

1.铂钴标准比色法(GB 11903—89)

铂钴标准比色法是将一定量的氯铂酸钾和氯化钴溶于水中配成标准色列,并将1 L水中含1 mg铂和0.5 mg钴所具有的颜色定为1度。将待测水样与标准色列进行目视比色,以确定其色度。若水样混浊,可放置澄清或离心澄清后目视比色,但不能用滤纸过滤。该法适用于较清洁地面水及地下水(带黄色调),不适用于污染严重的工业废水。

2.稀释倍数法(GB 11903—89)

稀释倍数法主要用于生活污水和工业废水颜色的测定。将经预处理去除悬浮物后的水样用无色水逐级稀释,当稀释到接近无色时,记录其稀释倍数,以此作为水样的色度,单位是"倍"。同时用文字描述废水颜色的种类,如棕黄色、深绿色、浅蓝色等。

这种方法适用于受污染的地面水和工业废水颜色测定。取一定量的废水样品置于100 mL或50 mL比色管中,用蒸馏水反复稀释到刚好看不到颜色为止(和蒸馏水一样颜色),稀释水的倍数为水样的色度,单位为倍。

测定步骤:

①取100~150 mL澄清水样置烧杯中,以白色瓷板为背景,观察并描述其颜色种类。

②分取澄清的水样,用水稀释成不同倍数,分取50 mL分别置于50 mL比色管中,管底部衬一白瓷板,由上向下观察稀释后水样的颜色,并与蒸馏水相比较,直至刚好看不出颜色,记录此时的稀释倍数。

③注意事项:如测定水样的真色,应放置澄清取上清液,或用离心法去除悬浮物后测定;如测定水样的表色,待水样中的大颗粒悬浮物沉降后,取上清液测定。

3.语言描述法

语言描述法是在当水样污染严重,颜色与铂钴标准系列不同时,应用语言描述:将水样置于比色管中或无色烧杯中,在白色背景下与同体积蒸馏水比较进行定性描述,如红色、棕色、黄色、无色等。

四、浊度与透明度

所谓浊度是指水的混浊程度。水的浊度是由于水中含有泥沙、黏土、有机物、浮游生物、微生物等悬浮物质引起的。水中所含的杂质中,除呈溶解状态的分子、离子和其他粒子外,其他全部物质都是使水呈混浊的原因,混浊度是水样对光线散射和吸收所产生的一种光学现象。水中悬浮物对光线透过时所发生的阻碍程度称为浊度，浊度则是由各种不溶于水的物质引起。1 L 蒸馏水中含 1 mg SiO_2 所形成的混浊度定义为浊度 1°。

浊度的大小不仅与悬浮物质的数量、浓度有关，还与它们的颗粒大小、形状和折射指数等性状有关。混浊的水会影响水的感官，也是水可能受到污染的标志之一。饮用水的浊度不仅影响水的外观，更重要的是产生混浊的物质中容易隐藏病原微生物，因此，饮用水的水质对浊度有严格要求（≤3°，特殊情况≤5°）。某些工业用水也不能太混浊，如冷却水浊度太高易堵塞冷凝器和管道。地面水浊度太高，有些是由于泥沙造成的，如黄河水浊度可达几十克/升，通常称之为高浊度水。但有的也可能是由工业污染造成的。因此，在选择给水水源时必须测浊度。

透明度是指水样的澄清程度。洁净的水是透明的。透明度与浊度相反，水中悬浮物和胶体颗粒物越多，其透明度就越低。

（一）测定浊度的方法

测定浊度的方法主要有目视比浊法（GB 13200—91）、分光光度法（GB 13200—91）和浊度仪法。

1. 目视比浊法（GB 13200—91）

用硅藻土（或白陶土）经过处理后，配制成标准浊度原液。将标准浊度原液逐级稀释为一系列浊度标准液（其浊度范围的确定参照水样的浊度），置于比色管中，取相应体积的待测水样置于比色管中，与标准浊度液进行目视比较。与水样产生视觉效果相近的标准液的浊度，即为水样的浊度。若水样浊度超过 100°，需先稀释再测定，最终结果要乘上其稀释倍数。用该法所测得的水样浊度单位为 JTU。

(1)配制浊度标准液

①称取 10 g 通过 0.1 mm 筛孔（150 目）的硅藻土，于研钵中加入少许蒸馏水调成糊状并研细，移至 1 000 mL 量筒中，加水至刻度。充分搅拌，静置 24 h，用虹吸法仔细将上层 800 mL 悬浮液移至第二个 1 000 mL 量筒中。向第二个量筒内加水至 1 000 mL，充分搅拌后再静置 24 h。

虹吸出上层含较细颗粒的 800 mL 悬浮液，弃去。下部沉积物加水稀释至 1 000 mL。充分搅拌后贮于具塞玻璃瓶中，作为混浊度原液。其中含硅藻土颗粒直径大约为 400 μm。

取上述悬浊液 50 mL 置于已恒重的蒸发皿中，在水浴上蒸干。于 105℃烘箱内烘 2 h，置干燥器中冷却 30 min，称重。重复以上操作，即烘 1 h，冷却，称重，直至恒重。求出每毫升悬浊液中含硅藻土的质量(mg)。

②吸取含 250 mg 硅藻土的悬浊液，置于 1 000 mL 容量瓶中，加水至刻度，摇匀。此溶液浊度为 250°。

③吸取浊度为250°的标准液100 mL置于250 mL容量瓶中，用水稀释至标线，此溶液浊度为100°的标准液。

可以在上述原液和各标准液中加入1 g氯化汞，以防菌类生长。

(2)测定步骤

①浊度低于10°的水样：分别吸取浊度为100°的标准液0、1.0、2.0、3.0、4.0、5.0、6.0、7.0、8.0、9.0及10.0 mL于100 mL比色管中，加水稀释至标线，混匀。其浊度依次为0°、1.0°、2.0°、3.0°、4.0°、5.0°、6.0°、7.0°、8.0°、9.0°、10.0°的标准液。取100 mL摇匀水样置于100 mL比色管中，与浊度标准液进行比较。可在黑色底板上，由上往下垂直观察。

②浊度为10°以上的水样：分别吸取浊度为250°的标准液0、10、20、30、40、50、60、70、80、90及100 mL置于250 mL的容量瓶中，加水稀释至标线，混匀。即得浊度为0°、10°、20°、30°、40°、50°、60°、70°、80°、90°和100°的标准液，移入成套的250 mL具塞玻璃瓶中，每瓶加入1 g氯化汞，以防菌类生长，密塞保存。

取250 mL摇匀水样，置于成套的250 mL具塞玻璃瓶中，瓶后放一有黑线的白纸作为判别标志，从瓶前向后观察，根据目标清晰程度，选出与水样产生视觉效果相近的标准液，记下其浊度值。

水样浊度超过100°时，用水稀释后测定。

2.分光光度法(GB 13200—91)

将硫酸肼与六次甲基四胺聚合物形成白色的高分子聚合物，以此作为参比浊度液，用3 cm比色皿在660 nm处测吸光度，配成标准系列并与水样进行比较。

在适当温度下，一定量的硫酸肼与六次甲基四胺反应，生成白色高分子聚合物，以此作为浊度标准储备液、将此浊度储备液逐级稀释成系列浊度标准液，在波长680 nm条件下测定吸光度，并绘制标准曲线。吸取适量水样测定吸光度，在标准曲线上查得水样浊度。若水样经过稀释，则要乘上其稀释倍数方为原水样的浊度。稀释水样所用的无浊度水是将蒸馏水通过0.2 μm滤膜过滤制得。该法适用于测定天然水、饮用水的浊度，所测得的浊度单位为NTU。两种浊度单位之间的关系是40 NTU≈40 JTU。

3.浊度仪法

浊度仪是通过测量水样对一定波长光的透射或散射强度而实现浊度测定的专用仪器，有透射光式浊度仪、散射光式浊度仪和透射光—散射光式浊度仪。

透射光式浊度仪测定原理同分光光度法，其连续自动测量式采用双光束(测连光束与参比光束)，以消除光源强度等条件变化带来的影响。

散射光式浊度仪测定原理基于当光射入水样时，构成浊度的颗粒物对光发生散射，散射光强度与水样的浊度成正比。

透射光—散射光式浊度仪基于同时测量透射光和散射光强度，可根据其比值测定浊度。用这种仪器测定浊度，受水样色度影响小。

(二)测定透明度的方法

测定透明度的方法有铅字法(适用于天然水或处理后的水)和塞氏盘法(现场测定水体透明度的方法)。

1. 铅字法

将振荡均匀的水样快速倒入透明度计筒内，检验人员从透明度计的筒口垂直向下观察，缓慢放出水样，至刚好能清楚辨认其底部铅字的水样高度为该水的透明度。大于 30 cm 为透明水。该法主观影响较大，测时应取平均值。适用于天然水或处理后的水。

2. 塞氏盘法

塞氏盘为直径 200 mm，黑白各半的圆盘，将其背光平放入水，逐渐下沉，以刚好看不到它时的水深表示透明度，以 cm 为单位。

五、水中的固体物质

水中的固体是指在一定的温度下将水样蒸发至干时所残余的那部分物质，因此也曾被称为"蒸发残渣"。水中固体应当包括除溶解气体以外的其他一切杂质。将水样置于容器中蒸发至近干，再放在烘箱中在一定温度下烘干至恒重，如此所得的固体称为"总固体"。根据溶解性的不同可分为"溶解固体"和"悬浮固体"。溶解固体是指水经过过滤之后，那些仍然溶于水中的各种无机盐类、有机物等。悬浮固体是指那些不溶于水中的泥沙、黏土、有机物、微生物等悬浮物质。根据挥发性的不同，水中固体又可分为"挥发性固体"和"固定性固体"。挥发性固体是指在一定温度下(通常为 550℃)，将水样中固体灼烧一段时间后所损失的那部分物质的质量，又称"灼烧减重"；灼烧后所留存的那部分物质的质量，则称作"固定性固体"。

水中的残渣分为总残渣、可滤残渣和不可滤残渣三种。它们是表征水中溶解性物质和不溶性物质含量的指标。总残渣是水或污水样在一定的温度下蒸发、烘干后剩余的物质，包括不可滤残渣和可滤滤残渣。其测定方法是取适量振荡均匀的水样于称至恒重的蒸发皿中，在蒸汽浴或水浴上蒸干，移入 103～105℃烘箱内烘至恒重，增加的重量为总残渣。可滤残渣量是指将过滤后的水样放在称至恒重的蒸发皿内蒸干，再在一定温度下恒重所增加的重量。一般测定 103～105℃烘干的可滤残渣，但有时要求 180℃。所得结果与化学分析结果所计算的总矿物质含量较接近。不可滤残渣(悬浮物)指经过过滤后留在滤纸上的物质，在 103～105℃烘箱内烘至恒重。

水中固体物质的测定常常采用重量法(GB 11901—89),结果以浓度(mg/L)表示。

(1)103～105℃烘干的总固体　将混合均匀的水样,在称至恒重的蒸发皿中于蒸汽浴或水浴上蒸干,并置于103～105℃烘箱内烘至恒重。蒸发皿两次恒重后,称量所增加的质量即为总固体(mg/L)。

(2)180℃烘干的溶解性总固体　将一定体积经过滤后的水样放在称至恒重的蒸发皿内蒸干,然后在(180±2)℃烘至恒重。蒸发皿两次恒重后,称量所增加的质量即为180℃烘干的溶解性总固体。可作为水样的矿化度。

(3)103～105℃烘干的总悬浮固体　水样经过滤后,留在过滤器材上的固体物质。在103～105℃烘至恒重所称得的质量减去过滤器材自身的质量,即为总悬浮固体。

(4)550℃灼烧所测得的挥发性和固定性固体　将蒸发皿先在升温至550℃的马弗炉中灼烧1 h,干燥冷却后称其质量并用来测定水样的总固体,方法与103～105℃烘干的总固体测定方法基本相同。然后,将含有总固体物质的蒸发皿再放入冷的马弗炉中,加热到550℃,灼烧1 h,取出后在干燥器中冷却,如此反复称至恒重,所损失的质量即为挥发性固体的含量(mg/L),所留存的质量即为固定性固体的量(mg/L)。

(5)可沉固体　将混合均匀的水样(不少于1 L)倒入一直径不小于9 cm的玻璃容器中,使水深不小于20 cm,静置沉淀1 h,在上清液的中间部位用虹吸法吸出250 mL上清液,测其悬浮固体的含量,作为水样不可沉固体的含量,另外单独测定原水样总悬浮固体的含量,二者之差即为水样中可沉固体的含量。

(6)悬浮固体

①将滤膜放在称量瓶中,打开瓶盖,在103～105℃烘干2 h,取出冷却后盖好瓶盖称重,直至恒重(两次称量相差不超过0.000 5 g)。

②去除漂浮物后振荡水样,量取均匀适量水样(使悬浮物大于2.5 mg),通过上面称至恒重的滤膜过滤;用蒸馏水洗残渣3～5次。如样品中含油脂,用10 mL石油醚分两次淋洗残渣。

③小心取下滤膜,放入原称量瓶内,在103～105℃烘箱中,打开瓶盖烘2 h,冷却后盖好盖称重,直至恒重为止。

④计算

$$悬浮固体(mg/L)=\frac{(A-B)\times 1\ 000\times 1\ 000}{V}$$

式中：A 悬浮固体＋滤膜及称量瓶重，g；B 为滤膜及称量瓶重，g；V 为水样体积，mL。

六、硬度

水总硬度是指水中 Ca^{2+}、Mg^{2+} 的总量，它包括暂时硬度和永久硬度。水中 Ca^{2+}、Mg^{2+} 以酸式碳酸盐形式的部分，因其遇热即形成碳酸盐沉淀而被除去，故称为暂时硬度；而以硫酸盐、硝酸盐和氯化物等形式存在的部分，因其性质比较稳定，故称为永久硬度。

硬度又分为钙硬和镁硬，钙硬是由 Ca^{2+} 引起的，镁硬是由 Mg^{2+} 引起的。水硬度是表示水质的一个重要指标，对工业用水关系很大。水硬度是形成锅垢和影响产品质量的主要因素。因此，水的总硬度即水中钙、镁总量的测定，为确定用水质量和进行水的处理提供依据。

水的硬度分为碳酸盐硬度和非碳酸盐硬度两种。

碳酸盐硬度：主要是由钙、镁的碳酸氢盐[$Ca(HCO_3)_2$、$Mg(HCO_3)_2$]所形成的硬度，还有少量的碳酸盐硬度。碳酸氢盐硬度经加热之后分解成沉淀物从水中除去，故亦称为暂时硬度。

非碳酸盐硬度：主要是由钙镁的硫酸盐、氯化物和硝酸盐等盐类所形成的硬度。这类硬度不能用加热分解的方法除去，故也称为永久硬度，如 $CaSO_4$、$MgSO_4$、$CaCl_2$、$MgCl_2$、$Ca(NO_3)_2$、$Mg(NO_3)_2$ 等。

碳酸盐硬度和非碳酸盐硬度之和称为总硬度。水中 Ca^{2+} 的含量称为钙硬度。水中 Mg^{2+} 的含量称为镁硬度。当水的总硬度小于总碱度时它们之差称为负硬度。

硬度的测定方法主要有计算法和 EDTA 滴定法（GB 7477—87）。

（1）计算法 用原子吸收光谱法分别测定水中的 Ca 和 Mg 的含量，然后用公式计算总硬度（mg/L，以 $CaCO_3$ 计）。计算公式如下：

$$\text{总硬度} = 2.497[Ca] + 4.118[Mg]$$

（2）EDTA 滴定法 在 pH 值为 10 的条件下，用乙二胺四乙酸（EDTA）或其钠盐作为滴定剂，以铬黑 T（EBT）作为指示剂与水样进行反应，根据所消耗的 EDTA 的量，可求得水样的总硬度。

七、电导率

电导率表示溶液传导电流的能力。所谓水的电导率是指电流通过横截面积各为 1 cm^2，相距 1 cm 的两电极之间水样的电导。电导率常用于间接推测水中离子成分的总浓度。水溶液的电导率大小取决于溶液中离子的性质、浓度、迁移性和价态，也与测定时溶液的温度和黏度等有关。温度每升高 1℃，电导率增加约 2%，通常规定 25℃为测定电导率的标准温度。因水溶液中绝大部分无机化合物都有良好的导电性，而有机化合物分子难以离解，基本不具备导电性，因此，电导率又可以间接表示水中溶解性总固体的含量和含盐量。

一般采用电导率仪来测定水的电导率。电导率的单位是西门子/米(S/m)或毫西门子/米(mS/m)、微西门子/厘米(μS/cm)。根据测量电导的原理不同，电导仪可分为平衡式电导仪、电阻分压式电导仪、电流测量式电导仪、电磁诱导式电导仪等。

超纯水的电导率小于 0.01 mS/m；新鲜蒸馏水的电导率为 0.05～0.2 mS/m，放置一段时间后，由于吸收了空气中的 CO_2 上升至 0.2～0.4 mS/m，饮用水在 5～150 mS/m，天然水的电导率多为 5～50 mS/m，矿化水可达 50～100 mS/m，含酸、碱、盐的工业废水电导率往往超过 1 000 mS/m，海水大约为 3 000 mS/m。

八、pH 值

pH 值是最常用的水质指标之一。它表示水的酸碱性的强弱，是最常用和最重要的水质指标之一。一般饮用水的 pH 值需控制在 6.5～8.5；地表水 pH 值也需在 6.5～8.5 范围内才适合各种生物的生长；工业用水对 pH 值有较严格的限制，如锅炉用水的 pH 值必须在 7.0～8.5，以防金属管道被腐蚀。水的物化处理过程中，pH 值是重要的控制参数，废水的生化处理中，也必须将 pH 值控制在微生物生长所适宜的范围内。另外，pH 值对水中有毒物质的毒性有着很大影响，必须加以控制。

水的 pH 值的测定主要有比色法和玻璃电极法(GB 6920—86)两种。

1. 比色法

比色法是基于各种酸碱指示剂在不同 pH 的水溶液中显示不同的颜色，而每种指示剂都有一定的变色范围。将系列已知 pH 值的缓冲溶液加入适当的指示剂制成标准色液并封装在小安瓿瓶内，测定时取与缓冲溶液同量的水样，加入与标准系列相同的指示剂，然后进行比较，以确定水样的 pH 值。该方法不适用于有色、混浊或含较高游离氯，氧化剂，还原剂的水样。

2. 玻璃电极法(酸度计法)

玻璃电极法测定 pH 值是以 pH 玻璃电极为指示电极，饱和甘汞电极为参比电极，并将二者与被测溶液组成原电池，pH 玻璃电极电位，随被测溶液中氢离子活度的变化而变化。目前市场上有多种类型的 pH 计。pH 计设计简单、操作方便，适于现场使用，已广泛使用复合 pH 电极，制成多种袖珍和笔式 pH 计。玻璃电极测定法准确、快速，受水色度、浊度、胶体物质、氧化剂、还原剂及盐度等因素的干扰程度小。

任务三 水中无机污染物的检测

一、水中氯化物和余氯检测

氯化物几乎存在于所有的水和废水中。天然淡水中氯离子含量较低，约为几毫克/升，其来源主要为水源流经含氯化物的地层时所带入，而在海水、盐湖及某些地下水中，氯离子可高达数十克/升，因为食盐是人们日常饮食所必需，且经过消化系统后不发生任何变化，因此生活污水中含有相当数量的氯离子，不少工业废水也含有大量氯离子。

常用的氯消毒剂有液氯、漂白粉[$Ca(ClO)_2$]和二氧化氯(ClO_2)等。在水处理中，氯除了作为消毒剂、还可用作强氧化剂来处理含氰、含硫废水和对废水进行脱色、脱臭等。这些以水的消毒或处理为目的的加氯工艺统称为水的氯化处理。

水中氯离子的测定可采用容量法，包括硝酸银滴定法(GB 11896—89)、硝酸汞滴定法和电位滴定法、离子色谱法。

碘量法测总余氯：在酸性条件下，余氯与碘化钾作用释放出游离单质碘，使水样呈棕黄色，用标准硫代硫酸钠溶液滴定至变成淡黄色，加入淀粉指示剂，遇碘变为蓝色，继续滴定至蓝色消失，根据所消耗硫代硫酸钠的量计算总余氯的含量。该法适合测定总余氯(以 Cl_2 计，mg/L)含量大于 1 mg/L 的水样。

二、水中含硫化合物检测

硫酸根是天然水体中主要离子之一，在淡水中的含量仅次于碳酸根，在海水中含量仅次于氯离子的阴离子。地表水和地下水中的硫酸根主要来源于岩石、土壤中矿物组分的风化和溶淋。火山爆发释放出 SO_2，化石燃料的燃烧也排放出 SO_2，在空气中被催化氧化形成硫酸或硫酸盐，随着降水而进入水体。化工、制药、造纸、农药、化肥等行业废水中也含有较多的硫酸根。

地下水、特别是温泉水中常含有硫化物，水中的硫化物主要来自在厌氧条件下硫酸盐和含硫有机物的微生物还原和分解。生活污水中有机硫化物含量较高，某些工业废水，如石油炼制、人造纤维、印染、制革、焦化、煤气造纸等中也会含有硫化物。

地下水及生活污水含有硫化物，一些工业废水中也含有硫化物。水中硫化物包括溶解性的硫化氢（H_2S）、硫氢根离子（HS^-）和硫离子（S^{2-}），酸溶性的金属硫化物以及不溶性的硫化物。通常所测定的硫化物是指溶解性的及酸溶性的硫化物。硫化氢毒性很大，可危害细胞色素、氧化酶、造成细胞组织缺氧甚至危及生命，还腐蚀管道和设备，并可被微生物氧化成硫酸加剧腐蚀性。因此是水体污染的主要指标。

硫酸盐的测试方法有硫酸钡重量法（GB 11899—89）、铬酸钡光度法、铬酸钡间接原子吸收法（GB 13196—91）、EDTA 容量法和离子色谱法等。

水中硫化物的测定方法有亚甲基蓝分光光度法（GB/T 16489—1996）、碘量滴定法、直接显色分光光度法（GB/T 17133—1997）和硫离子选择电极法等。

（1）铬酸钡光度法（硫酸根测定）　在酸性溶液中，铬酸钡与硫酸根离子生成硫酸钡沉淀和铬酸根离子。对溶液中和后，多余的铬酸钡及生成的硫酸钡仍是沉淀状态，过滤除去。将溶液用氨水调至碱性，此时铬酸根离子呈黄色。可在 420 nm 波长处比色定量。

（2）碘量滴定法（硫化物测定）　水样中的硫化物可与乙酸锌反应生成硫化锌白色沉淀，将其用酸溶解后，加入过量的碘溶液，使碘与硫化锌反应析出硫，然后用硫代硫酸钠标准溶液滴定剩余的碘，根据硫代硫酸钠标准溶液消耗的体积，可间接计算硫化物的含量。

三、水中氰化物检测

氰化物包括简单氰化物、络合氰化物和有机氰化物。简单氰化物易溶于水、毒性大；络合氰化物在水体中受 pH 值、水温和光照影响离解为毒性强的简单氰化物。氰化物进入人体后，主要与高铁细胞色素氧化酶结合，生成氰化高铁细胞色素氧化酶而失去传递氧的作用，引起组织缺氧窒息。

天然水中一般不含氰化物，水中氰化物的主要来源为电镀、焦化、选矿、造气、洗印、石油化工、有机玻璃制造、农药等工业废水的排放。此外，当碱性废水中同时存在铵离子、甲醛类、次氯酸盐时，亦可生成氰离子。

测定水体中氰化物的方法有容量滴定法、分光光度法和离子选择电极法。测定之前，通常先将水样在酸性介质中进行蒸馏，把能形成氰化氢的氰化物（全部为简单氰化物和部分络合氰化物）蒸出，使之与干扰组分分离。常用的蒸馏方法有以下两种：①酒石酸-硝酸锌预蒸馏法：$pH=4$，蒸出的 HCN 用氢氧化钠溶液吸收。取此蒸馏液测得的氰化物为易释放的氰化物。②磷酸-EDTA 预蒸馏法：$pH<2$，可将全部简单氰化物和除钴氰络合物外的绝大部分络合氰化物以氰化氢的形式蒸

馏出来,用氢氧化钠溶液吸收。取该蒸馏液测得的结果为总氰化物。

氰化物的测定水样经预蒸馏后,若氰化物含量(以 CN^- 计)在 1 mg/L 以上,可采用硝酸银滴定法(GB 7484—87)测定;若含量在 1 mg/L 以下,可采用异烟酸-吡唑啉酮光度法或吡啶-巴比妥酸光度法(GB 7484—87)进行测定。

(1)样品预处理　在水样中加入酒石酸和硝酸锌,在 pH 值为 4 的条件下加热蒸馏,将所有简单氰化物和部分络合氰化物(如锌氰络合物)转变为 HCN 蒸出,用 NaOH 溶液吸收待测。

向水样中加入磷酸和 EDTA,在 pH 值小于 2 的条件下加热蒸馏。利用 EDTA 与金属离子络合能力比 CN^- 与金属离子络合能力强的特点,使络合物中的 CN^- 离解出来,并在磷酸酸化的情况下以 HCN 形式蒸馏出来,用 NaOH 溶液吸收待测。

(2)异烟酸-吡唑啉酮光度法　取一定量预蒸馏溶液,调节 pH 至中性,加入氯胺 T 溶液,则氰离子被氯胺 T 氧化生成氯化氰(CNCl),再加入异烟酸-吡唑啉酮溶液,氯化氰与异烟酸作用,经水解生成戊烯二醛,与吡唑啉酮进行缩合反应,生成蓝色染料,其色度与氰化物的含量成正比。在 638 nm 波长下,进行吸光度测定,用标准曲线法定量。

此法适用于饮用水、地面水、生活污水和工业废水,其最低检测浓度为 0.004 mg/L,测定上限为 0.25 mg/L。

(3)吡啶-巴比妥酸光度法　在中性条件下,预蒸馏收集液中的氰离子与氯胺 T 反应生成氯化氰,氯化氰与吡啶反应生成戊烯二醛,戊烯二醛再与两个巴比妥酸分子缩合生成红紫色染料,在波长 580 nm 处进行吸光度测定。

本方法最低检测浓度为 0.002 mg/L,检测上限为 0.45 mg/L。

四、水中氟化物检测

氟是人体必需的微量元素之一,氟化物广泛存在于天然水体中。人体缺氟易患龋齿病,饮用水中含氟的适宜浓度为 0.5～1.0 mg/L。当长期饮用含氟量高于 1.5 mg/L 的水时,则易患斑齿病,如果水中含氟量高于 4 mg/L 时,则可导致氟骨病。有色冶金、钢铁和铝加工、焦炭、玻璃、陶瓷、电子、电镀、化肥、农药厂的废水及含氟矿物的废水中常常存在氟化物。测定氟化物的方法有:氟离子选择电极法、氟试剂分光光度法、茜素—磺酸锆目视比色法、离子色谱法和硝酸钍滴定法,前两种应用较为广泛。对于污染严重的生活污水和工业废水,以及含氟硼酸盐的水均要进行预蒸馏。清洁的地面水、地下水可直接取样测定。

水中氟化物的测定方法主要有氟试剂分光光度法(GB 7484—87)、氟离子选择电极法(GB 7484—87)、茜素-磺酸锆目视比色法(HJ 487—2009)和离子色谱法等。

(1)水样预处理　测定水中氟化物时,无论用哪种方法都会受到共存离子的干扰,如 Al^{3+}、Fe^{3+}、Pb^{2+}、Zn^{2+}、Ca^{2+}、Mg^{2+}、Ni^{2+}、Co^{2+} 等金属离子以及草酸盐、酒石酸盐、柠檬酸盐和大量氯化物、硫酸盐、过氯酸盐等。因此,在测定之前,尤其是工业废水,要先进行预处理以排除上述干扰。方法是在水样中加入适量高氯酸或硫酸,使氟化物与硅酸钠反应生成易挥发的氟硅酸或氟化硅。在 120～180℃溶液中直接蒸出或通入水蒸气于 135～140℃蒸馏蒸出。蒸出的氟硅酸在用水吸收时,又水解成氟化氢。

(2)氟试剂分光光度法　氟试剂即茜素络合剂(ALC)在 pH4.1 的醋酸缓冲介质中,与氟离子(3-甲基胺-茜素-二乙酸)和硝酸镧反应生成蓝色络合物,颜色的深度与氟离子浓度成正比,在 620 nm 波长处比色测定吸光度,此法适用于地面水、地下水和工业废水中氟化物的测定。最低检测浓度 0.05 mg/L,测定上限 1.80 mg/L。

(3)氟离子选择电极法　配制一系列不同浓度的标准溶液,插入电极,测其电位值,绘制电位值与氟离子浓度对数标准曲线。测得未知水样的电位值后,由标准曲线方程即可求得水样中氟离子的浓度。通常加入总离子强度调节剂(TISAB)以保持溶液的总离子强度,并络合干扰离子。本法测定简便、快速、灵敏,灵敏度好,可测定浑浊、有色水样。测定范围是 0.05～11 900 mg/L,不受水样颜色、混浊的干扰,适合于各种水样的测定。

五、水中重金属检测

水体中的金属元素有些是人体健康必需的常量元素和微量元素,有些是有害于人体健康的,如汞、镉、铬、铅、铜、锌、镍、钡、钒、砷等。受"三废"污染的地面水和工业废水中有害金属化合物的含量往往明显增加。

有害金属侵入人的肌体后,将会使某些酶失去活性而出现不同程度的中毒症状。其毒性大小与金属种类、理化性质、浓度及存在的价态和形态有关。例如,汞、铅、镉、铬及其化合物是对人体健康产生长远影响的有害金属,汞、铅、砷、锡等金属的有机化合物比相应的无机化合物毒性要强得多,可溶性金属要比颗粒态金属毒性大。

金属以不同形式存在时,其毒性大小不同,所以可以分别测定可过滤金属、不可过滤金属和金属总量。可过滤态金属指能通过孔径 0.45 μm 滤膜的部分,不可过滤态系指不能通过 0.45 μm 微孔滤膜的部分,金属总量是不经过滤的水样经消解后测得的金属含量，应是可过滤金属与不可过滤金属之和。金属化合物的测定方法很多，最常用的原子吸收法、分光光度法、极谱分析法、离子色谱法等。

(一)汞的测定

汞及其化合物属于剧毒物质，可在体内蓄积，水体中的无机汞可转变为有机汞，有机汞的毒性更大。有机汞通过食物链进入人体，引起全身中毒。天然水中含汞极少，一般不超过0.1 μg/L，我国饮用水标准限值为0.001 mg/L。仪表厂、食盐电解、贵金属冶炼、军工等工业废水中的汞是水体中汞污染的主要来源。

国家标准规定，总汞的测定采用冷原子吸收分光光度法和高锰酸钾-过硫酸钾消解双硫腙分光光度法。总汞，是指未过滤的水样，经剧烈消解后测得的汞浓度，它包括无机的和有机结合的，可溶的和悬浮的全部汞。

汞的测定主要有双硫腙比色法(GB 7469—87)，测定范围为2～40 μg/L，适合于生活污水、工业废水和受汞污染的地表水的测定，以及冷原子吸收分光光度法(GB 7468—87)和冷原子荧光法。

1.冷原子吸收法

本方法适用于各种水体，最低检测浓度为0.1～0.5 μg/L。

(1)方法原理　汞原子蒸气对波长为253.7 nm的紫外光有选择性吸收，在一定浓度范围内，吸光度与汞浓度成正比。水样经消解后，将各种形态的汞转变成二价汞，再用氯化亚锡将二价汞还原为元素汞，用载气(N_2或干燥清洁的空气)将产生的汞蒸汽带入测汞仪的吸收池测定吸光度，与汞标准溶液吸光度进行比较定量。

(2)测定过程　水样预处理：硫酸-硝酸介质中，加入高锰酸钾和过硫酸钾消解水样，使水中汞全部转化为二价汞，过剩氧化剂用盐酸羟胺溶液还原。

绘制标准曲线：配制系列汞标准溶液，吸取适量汞标准液于还原瓶内，加入氯化亚锡溶液，迅速通入载气，测定吸光度，绘制标准曲线。

水样的测定：取适量处理好的水样于还原瓶内，按照标准溶液测定方法测其吸光度，经空白校正后，从标准曲线上查得汞浓度，再乘以样品的稀释倍数，即得水样中汞浓度。

2.双硫腙分光光度法

本方法适用于工业废水和受汞污染的地表水，最低检测浓度为0.001 mg/L，测定上限为0.004 mg/L。

(1)方法原理　水样在酸性介质中用高锰酸钾和过硫酸钾消解，转变为二价汞。用盐酸羟胺还原过剩的氧化剂，加入双硫腙与汞离子生成橙色螯合物，用三氯甲烷或四氯化碳萃取，再用碱液洗去过量的双硫腙，于485 nm波长处测定吸光度。

(2)测定条件控制及消除干扰　该方法对测定条件控制要求较严格,例如,要求加盐酸羟胺不能过量,有色络合物对光敏感,要求避光操作等。对干扰物铜离子,可在双硫腙洗脱液中加1%EDTA二钠盐进行掩蔽。对双硫腙的三氯甲烷萃取液,应采取相应措施进行回收处理。

(二)镉的测定

镉的毒性很强,可在人体的肝、肾、骨骼等组织中蓄积,造成各内脏器官组织的损害,尤以对肾脏的损害最大。还可以导致骨质疏松和软化。如日本富山事件(骨痛病事件)。绝大多数淡水的含镉量低于1 μg/L,海水中镉的平均浓度为0.15 μg/L。镉的主要污染源是电镀、采矿、染料、电池和化学工业等排放的废水。

测定镉的方法主要用原子吸收分光光度法(GB 7475—87),此方法可测定Cu、Pb、Zn、Cd等元素,测定快速,干扰少,应用范围广,可在同一试样中分别测定多种元素。测定受污染的天然水和废水中的镉可以用双硫腙分光光度法(GB/T 7471—87),测定范围为0.001～0.06 mg/L。

原子吸收分光光度法:测定时可采用直接吸入、萃取或离子交换富集后再吸入或石墨炉原子化等方法。

1.测定原理

将含待测元素的溶液通过原子化系统喷成细雾,随载气进入火焰,并在火焰中解离成基态原子,当空心阴极灯辐射出待测元素特征波长光通过火焰时,被其吸收,在一定条件下,特征波长光强的变化与火焰中待测元素基态原子的浓度有定量关系,从而与试样中待测元素的浓度 c 有定量关系。即:

$$A=K\times c$$

式中:A 为吸光度;K 为吸光系数;c 为待测元素的浓度。

2.方法应用

(1)标准曲线法　配制相同基体的含有不同浓度待测元素的系列标准溶液,分别测其吸光度,绘制标准曲线,在同样操作条件下,测定试样溶液的吸光度,从标准曲线上查得浓度。

(2)标准加入法　取若干(不少于4份)体积相同的试样溶液,从第二份开始依次加入不同等份量的待测元素的标准溶液(如10、20、40 μg),然后用蒸馏水稀释至相同体积后摇匀。在相同的实验条件下依次测得各溶液的吸光度。以吸光度 A 为纵坐标,以加入标准溶液的量(浓度、体积、绝对含量)为横坐标,作出 A-C 曲线(不过原点),外延曲线与横坐标相交于一点,此点与原点的距离,即为所测试样溶液中待测元素的含量。

具体方式的选择：ⓐ清洁的水样及废水样中含量较高时，可用直接吸入火焰原子吸收法测定；ⓑ微量 Cd(Cu、Pb)，可经萃取或离子交换处理后用火焰原子吸收法测定；ⓒ痕量 Cd(Cu、Pb)，可用石墨炉原子吸收法测定。

(三)铅的测定

铅是可在人体和动植物组织中蓄积的有毒金属，其主要毒性效应是导致贫血、神经机能失调和肾损伤等。铅对水生生物的安全浓度为 0.16 mg/L。水体中铅的浓度大于 0.1 mg/L 时，即可抑制水体的自净作用。铅的主要污染源是蓄电池、冶炼、五金、机械、涂料和电镀工业部门的排放废水。

铅的测定方法有双硫腙分光光度法(GB 7470—87)(测定范围为 0.01～0.3 mg/L，适用于地表水和废水中铅的测定)和原子吸收分光光度法(GB 7475—87)(该法又分为直接法和萃取法两种)。也可以用阳极溶出伏安法和示波极谱法。

双硫腙分光光度法：基于在 pH 8.5～9.5 的氨性柠檬酸盐-氰化物的还原介质中，铅与双硫腙反应生成红色螯合物，用三氯甲烷(或四氯化碳)萃取后于 510 nm 波长处比色测定。

测时要特别注意器皿、试剂及去离子水是否含痕量铅，对某些金属离子如 Bi^{3+}、Sn^{2+}、Fe^{3+} 的干扰，应事先予以处理。

该法适用于地面水和废水中痕量铅的测定，检测限为 0.01～0.3 mg/L。

(四)砷的测定

砷不是生物所必需的元素。元素砷毒性极低，而砷的化合物均有剧毒，三价砷化合物比其他砷化物毒性更强，如 As_2O_3(砒霜)毒性最大，工业生产中大部分是三价砷的化合物。砷化物容易在人体内积累，造成急性或慢性中毒。砷污染主要来源于采矿、冶金、化工、化学制药、农药生产、玻璃、制革等工业废水。砷化物能随粉尘、烟尘和污水等形式进入水体中。

砷的测定方法主要有二乙基二硫代氨基甲酸银分光光度法(GB 7485—87)、硼氢化钾-硝酸银盐分光光度法(GB 1900—89)、氢化物发生原子吸收法和原子荧光法等。

1. 新银盐分光光度法(硼氢化钾-硝酸银分光光度法)

①原理：硼氢化钾在酸性溶液中产生新生态氢，将水样中无机砷还原为砷化氢气体，以 HNO_3-$AgNO_3$-聚乙烯醇-乙醇溶液吸收，则砷化氢将吸收液中的银离子还原为单质胶态银，使溶液显黄色，其颜色强度与生成氢化物的量成正比，于 400 nm 处测其吸光度。

②特点：灵敏度高，操作严格，应用范围广，适用于地面水和地下水中痕量砷的

测定，最低检测浓度可达0.16 μg/L，并可进行不同形态砷分析。检测限为：0.4～12 μg/L。

2. 总砷的测定（二乙基二硫代氨基甲酸银分光光度法）

在碘化钾、酸性氯化亚锡作用下，五价砷被还原为三价砷，并与新生态氢（由锌与酸作用产生）反应，生成气态砷化氢（胂），被吸收于二乙基二硫代氨基甲酸银（AgDDC）-三乙醇胺的三氯甲烷溶液中，生成红色的胶体银，在510 nm波长处，以三氯甲烷为参比测其经空白校正后的吸光度，用标准曲线法定量。

该法最低检测浓度为0.007 mg/L，测定上限为0.50 mg/L。

（五）铁的测定

铁元素在人体中具有造血功能，参与血蛋白、细胞色素及各种酶的合成，促进生长，铁还在血液中起运输氧和营养物质的作用，人的颜面泛出红润之美，离不开铁元素。人体缺铁会发生小细胞性贫血、免疫功能下降和新陈代谢紊乱，导致缺铁性贫血，使人的脸色萎黄，皮肤也失去光泽。

水中的总铁可以用原子吸收分光光度法（GB 11911—89）测定，亚铁用邻菲啰啉分光光度法测定，总铁也可以还原为亚铁后用该法测定，该法的检测限为0.03～5.00 mg/L。

（六）锰的测定

锰广泛分布在生物圈中，但在人体及动物体内含量甚少。成人体内锰总量为10～20 mg，分布于一切组织中，以骨骼、肾、肝、胰内含量较多。锰的生理作用与能量代谢有关，即维持与呼吸有关的酶的活性。

测定水中的总锰常用的方法有原子吸收分光光度法（GB 11911—89）和高碘酸钾分光光度法（GB 11906—89），适用于环境水和废水样中锰的测定，最低检出浓度为0.05 mg/L。甲醛肟光度法适用于饮用水及未受严重污染的地面水总锰的测定，检测限为0.01～4.0 mg/L。

（七）铜的测定

铜是人体所必需的微量元素，缺铜会发生贫血、腹泻等病症，但过量摄入铜亦会产生危害。金属铜毒性较小，易溶性铜化合物对水生生物的危害较大。铜对排水管网和净化工程也有影响，主要是腐蚀和使沉淀池运转效率降低。世界范围内，淡水平均含铜3 μg/L，海水平均含铜0.25 μg/L。铜的主要污染源是电镀、冶炼、五金加工、矿山开采、石油化工和化学工业等部门排放的废水。

可采用原子吸收分光光度法（直接法或萃取法，GB 7475—87）和二乙基二硫代氨基甲酸钠分光光度法（GB 7474—87），该法的测定范围为0.02～0.60 mg/L，适用于地面水、各种工业废水中铜的测定。地表水、生活污水和工业废水中铜的测定可以用2,9-二甲基-1,10-菲啰啉分光光度法(GB 7473—87),该法的测定范围是0.06～3 mg/L。

1.二乙基二硫代氨基甲酸钠(DDTC)萃取分光光度法

原理:pH 9～10氨性溶液中,铜离子与DDTC作用,生成黄棕色胶体络合物,用四氯化碳萃取,于440 nm处测吸光度。

此法最低检测浓度为0.01 mg/L,测定上限可达2.0 mg/L。已用于地面水和工业废水中铜的测定。

2.新亚铜灵萃取分光光度法

用新亚铜灵测定铜具有灵敏度高、选择性好等优点。适用于地面水、生活污水和工业废水的测定。

原理:将水样中的二价铜离子用盐酸羟胺还原为亚铜离子,在中性或微酸性介质中,亚铜离子与新亚铜灵反应,生成黄色络合物,用三氯甲烷-甲醛混合溶剂萃取,于457 nm处测吸光度。如用10 mm比色皿,该方法最低检出浓度为0.06 mg/L,测定上限为3 mg/L。测定时注意对干扰物(Be^{2+}、Cr^{6+}、Sn^{4+}、氰化物、硫化物、有机物)进行掩蔽。

(八)锌的测定

锌在生物体中是一种必不可少的有益元素,成人每天约需摄入80 mg/kg(体重)的锌,儿童每日必须摄入0.3 mg/kg(体重)锌,摄入不足会造成发育不良。但锌对鱼类和其他水生生物影响较大,锌对鱼类的安全浓度约为0.1 mg/L。此外,锌对水体的自净过程有一定抑制作用。锌的主要污染源是电镀、冶金、颜料及化工等部门的排放废水。

锌可以用火焰原子吸收分光光度法(GB 7475—87)、双硫腙分光光度法(GB 7472—87)、阳极溶出伏安法和示波极谱法测定,示波极谱法的最低检出浓度为0.005 mg/L,适用于测定天然水和轻度污染的地表水中的锌。

(1)火焰原子吸收分光光度法　该法测定锌,简便快速,灵敏度较高,干扰少,适用于各种水体。

(2)双硫腙分光光度法　pH 4.0～5.5的乙酸缓冲介质中,锌离子与双硫腙反应生成红色螯合物,用四氯化碳或三氯甲烷萃取后,于535 nm处测吸光度,用标准曲线法定量。测定中,应确保样品不被污染,可采用无锌水及无锌玻璃器皿。适用于天然水和轻度污染的地面水中锌的测定。

(九)铬的测定

铬常见价态有三价和六价。在水体中,六价铬一般以CrO_4^{2-}、$HCr_2O_7^-$、

$Cr_2O_7^{2-}$ 三种阴离子形式存在,受水体 pH 值、温度、氧化还原物质、有机物等因素影响,三价铬和六价铬化合物可以互相转化。

铬是生物体所必需的微量元素之一。铬的毒性与其存在价态有关,三价铬能参与正常的糖代谢过程,六价铬则具有强毒性,为致癌物质,并易被人体吸收而在体内蓄积。通常认为六价铬的毒性比三价铬大100倍。但是,对鱼类来说,三价铬化合物的毒性比六价铬大。水中不同价态的铬的在一定条件下可以互相转换,所以在排放标准中,既要求测定六价铬,也要求测定总铬。铬的工业污染源主要来自铬矿石的加工、金属表面处理、皮革加工、印染、照相材料、皮革鞣制等行业。铬是水质污染控制的一项重要指标。饮用水标准限值为≤0.05 mg/L。陆地天然水中一般不含铬,海水中铬的平均浓度为 0.05 μg/L,饮用水中更低。

铬的工业污染源主要来自铬矿石加工、金属表面处理、皮革鞣制、印染等行业的废水。

总铬测定可以用原子吸收分光光度法、高锰酸钾氧化-二苯碳酰二肼分光光度法(GB 7466—87),六价铬可以用二苯碳酰二肼分光光度法(GB 7467—87)测定,该法的测定范围为 0.004～1 mg/L,适用于地面水和工业废水六价铬的测定。

1.二苯碳酰二肼分光光度法(适用于铬含量较少时)

(1)六价铬的测定　在酸性介质中,六价铬与二苯碳酰二肼(DPC)反应,生成紫红色络合物,于 540 nm 波长处进行比色测定。本方法最低检出浓度为 0.004 mg/L,使用 10 mm 比色皿,测定上限为 1 mg/L。

对于清洁水样可直接测定;对于色度不大的水样,可用以丙酮代替显色剂的空白水样作参比测定;对浑浊、色度较深的水样,以氢氧化锌做共沉淀剂,调节溶液 pH 至 8～9,此时 Cr^{3+}、Fe^{3+}、Cu^{2+} 均形成氢氧化物沉淀,可被过滤除去,与水样中 Cr^{6+} 分离;存在亚硫酸盐、二价铁等还原性物质和次氯酸盐等氧化物质时,也应采取相应消除干扰措施。

配制系列铬标准溶液,按照水样测定步骤操作。将测得的吸光度经空白校正后,绘制吸光度对六价铬含量的标准曲线。

取适量清洁水样或经过预处理的水样,加酸、显色、定容,以水作参比,测其吸光度并作空白校正,从标准曲线上查得并计算水样中六价铬含量。

①试剂:丙酮,(1+1)硫酸,(1+1)磷酸,0.2%(m/V)氢氧化钠溶液。

氢氧化锌共沉淀剂:称取硫酸锌($ZnSO_4 \cdot 7H_2O$)8 g,溶于 100 mL 水中;称取氢氧化钠 2.4 g,溶于 120 mL 水中。将以上两溶液混合。

铬标准贮备液:称取于 120℃干燥 2 h 的重铬酸钾(优级纯)0.282 9 g,用水溶解,移入 1 000 mL 容量瓶中,用水稀释至标线,摇匀。每毫升贮备液含 0.100 μg

六价铬。

铬标准使用液：吸取5.00 mL铬标准贮备液于500 mL容量瓶中，用水稀释至标线，摇匀。每毫升标准使用液含1.00 μg六价铬。使用当天配制。

20%(*m/V*)尿素溶液。

2%(*m/V*)亚硝酸钠溶液。

二苯碳酰二肼溶液：称取二苯碳酰二肼(简称DPC，$C_{13}H_{14}N_4O$)0.2 g，溶于50 mL丙酮中，加水稀释至100 mL，摇匀，贮于棕色瓶内，置于冰箱中保存。颜色变深后不能再用。

②测定步骤：

A. 水样预处理：

ⓐ对不含悬浮物、低色度的清洁地面水，可直接进行测定。

ⓑ如果水样有色但不深，可进行色度校正。即另取一份试样，加入除显色剂以外的各种试剂，以2 mL丙酮代替显色剂，用此溶液为测定试样溶液吸光度的参比溶液。

ⓒ对浑浊、色度较深的水样，应加入氢氧化锌共沉淀剂并进行过滤处理。

ⓓ水样中存在次氯酸盐等氧化性物质时干扰测定，可加入尿素和亚硝酸钠消除。

ⓔ水样中存在低价铁、亚硫酸盐、硫化物等还原性物质时，可将Cr^{6+}还原为Cr^{3+}，此时，调节水样pH值至8，加入显色剂溶液，放置5 min后再酸化显色，并以同法作标准曲线。

B. 标准曲线的绘制：取9支50 mL比色管，依次加入0、0.20、0.50、1.00、2.00、4.00、6.00、8.00和10.00 mL铬标准使用液，用水稀释至标线，加入(1+1)硫酸0.5 mL和(1+1)磷酸0.5 mL，摇匀。加入2 mL显色剂溶液，摇匀。5～10 min后，于540 nm波长处，用1 cm或3 cm比色皿，以水为参比，测定吸光度并作空白校正。以吸光度为纵坐标，相应六价铬含量为横坐标绘出标准曲线。

C. 水样的测定：取适量(含Cr^{6+}少于50 μg)无色透明或经预处理的水样于50 mL比色管中，用水稀释至标线，测定方法同标准溶液。进行空白校正后根据所测吸光度从标准曲线上查得Cr^{6+}含量。

③计算：

$$Cr^{6+}含量(mg/L)=\frac{m}{V}$$

式中：*m*为从标准曲线上查得的Cr^{6+}量，μg；*V*为水样的体积，mL。

(2)总铬的测定　在酸性溶液中，首先，将水样中的三价铬用高锰酸钾氧化成六价铬，过量的高锰酸钾用亚硝酸钠分解，过量的亚硝酸钠用尿素分解；然后，加入二苯碳酰肼显色，于540 nm处进行分光光度测定。其最低检出浓度同六价铬。

清洁地面水可直接用高锰酸钾氧化后测定；水样中含大量有机物时，用硝酸-硫酸消解。此外还可以用火焰原子吸收法测总铬。

2.硫酸亚铁铵滴定法

本法适用于总铬浓度大于1 mg/L的废水。其原理为在酸性介质中，以银盐作催化剂，用过硫酸铵将三价铬氧化成六价铬。加少量氯化钠并煮沸，除去过量的过硫酸铵和反应中产生的氯气。以苯基代邻氨基苯甲酸作指示剂，用硫酸亚铁铵标准溶液滴定，至溶液呈亮绿色。根据硫酸亚铁铵溶液的浓度和进行试剂空白校正后的用量，可以计算出水样中总铬的含量。其滴定反应式如下：

$$6Fe(NH_4)_2(SO_4)_2+K_2Cr_2O_7+7H_2SO_4=3Fe_2(SO_4)_3+Cr_2(SO_4)_3+K_2SO_4+6(NH_4)_2SO_4+7H_2O$$

任务四　水体富营养化指标的检测

一、水中含氮化合物检测

含氮化合物包括氨氮、亚硝酸盐氮、硝酸盐氮、有机氮和总氮。

(一)氨氮的测定

水中的氨氮是指以游离氨(也称非离子氨)和离子氨形式存在的氮。对地表水，常要求测定非离子氨。水中氨氮主要来源于生活污水中含氮有机物受微生物作用的分解产物，焦化、合成氨等工业废水，以及农田排水等。氨氮含量较高时，对鱼类呈现毒害作用，对人体也有不同程度的危害。

氨氮的测定方法有纳氏试剂比色法(GB 7479—87)、水杨酸分光光度法(GB 7478—87)、蒸馏-滴定法(GB 7481—87)和电极法等。测试结果均以氮的浓度(mg/L)计。水样有色或混浊及含其他干扰物质影响测定，需进行预处理。对较清洁的水，可采用絮凝沉淀法消除干扰；对污染严重的水或废水应采用蒸馏法。

1.纳氏试剂分光光度法

纳氏试剂比色法具有操作简便、灵敏等特点，但钙、镁、铁、硫化物、醛、酮类以及水中色度和混浊等干扰测定，需要相应的预处理。在水样中加入碘化汞和碘化钾的强碱溶液(纳氏试剂)，则与氨反应生成黄棕色胶态化合物，此颜色在较宽的波长范围内具有强烈吸收，通常使用410～425 nm范围波长光比色定量。

本法最低检出浓度0.025 mg/L，测定上限为2 mg/L。

(1)试剂　配制试剂用水均应为无氨水。无氨水可选用下列方法之一进行制备：

①蒸馏法：每升蒸馏水中加0.1 mL硫酸，在全玻璃蒸馏器中重蒸馏，弃去50 mL初馏液，接取其余馏出液于具塞磨口的玻璃瓶中，密塞保存。②离子交换法：使蒸馏水通过强酸性阳离子交换树脂柱。

1 mol/L盐酸溶液，1 mol/L氢氧化钠溶液，0.05%溴百里酚蓝指示液(pH 6.0～7.6)，防沫剂(如石蜡碎片)。

轻质氧化镁(MgO)：将氧化镁在500℃下加热，以除去碳酸盐。

吸收液，硼酸溶液：称取20 g硼酸溶于水，稀释至1 L。0.01 mol/L硫酸溶液。

纳氏试剂，可选择下列方法之一制备：

方法一：称取20 g碘化钾溶于约25 mL水中，边搅拌边分次少量加入二氯化汞($HgCl_2$)结晶粉末(约10 g)，至出现朱红色沉淀不易溶解时，改为滴加饱和二氯化汞溶液，并充分搅拌，当出现微量朱红色沉淀不再溶解时，停止滴加氯化汞溶液。另称取60 g氢氧化钾溶于水，并稀释至250 mL，冷却至室温后，将上述溶液徐徐注入氢氧化钾溶液中，用水稀释至400 mL，混匀。静置过夜，将上清液移入聚乙烯瓶中，密塞保存。

方法二：称取16 g氢氧化钠，溶于50 mL水中，充分冷却至室温。另称取7 g碘化钾和碘化汞(HgI_2)溶于水，然后将此溶液在搅拌下徐徐注入氢氧化钠溶液中。用水稀释至100 mL，贮于聚乙烯瓶中，密塞保存。

酒石酸钾钠溶液：称取50 g酒石酸钾钠($KNaC_4H_4O_6 \cdot 4H_2O$)溶于100 mL水中，加热煮沸以除去氨，放冷，定容至100 mL。

铵标准贮备溶液：称取3.819 g经100℃干燥过的氯化铵(NH_4Cl)溶于水中，移入1 000 mL容量瓶中，稀释至标线。此溶液每毫升含1.00 mg氨氮。

铵标准使用溶液：移取5.00 mL铵标准贮备液于500 mL容量瓶中，用水稀释至标线。此溶液每毫升含0.010 mg氨氮。

(2)测定步骤

①水样预处理：取250 mL水样(如氨氮含量较高，可取适量并加水至250 mL，使氨氮含量不超过2.5 mg)，移入凯氏烧瓶中，加数滴溴百里酚蓝指示液，用氢氧化钠溶液或盐酸溶液调节至pH 7左右。加入0.25 g轻质氧化镁和数粒玻璃珠，立即连接氮球和冷凝管，导管下端插入吸收液液面下。加热蒸馏，至馏出液达200 mL时，停止蒸馏。定容至250 mL。

采用酸滴定法或纳氏比色法时，以 50 mL 硼酸溶液为吸收液；采用水杨酸-次氯酸盐比色法时，改用 50 mL0.01 mol/L 硫酸溶液为吸收液。

②标准曲线的绘制：吸取 0、0.50、1.00、3.00、5.00、7.00 和 10.0 mL 铵标准使用液于 50 mL 比色管中，加水至标线，加 1.0 mL 酒石酸钾钠溶液，混匀。加 1.5 mL 纳氏试剂，混匀。放置 10 min 后，在波长 420 nm 处，用 20 mm 比色皿，以水为参比，测定吸光度。

由测得的吸光度，减去零浓度空白管的吸光度后得到校正吸光度，绘制以氨氮含量(mg)对校正吸光度的标准曲线。

③水样的测定：分取适量经絮凝沉淀预处理后的水样(使氨氮含量不超过 0.1 mg)，加入 50 mL 比色管中，稀释至标线，加 0.1 mL 酒石酸钾钠溶液。

分取适量经蒸馏预处理后的馏出液，加入 50 mL 比色管中，加一定量 1 mol/L 氢氧化钠溶液以中和硼酸，稀释至标线。加 1.5 mL 纳氏试剂，混匀。放置 10 min 后，同标准曲线步骤测量吸光度。由水样测得的吸光度减去空白试验的吸光度后，从标准曲线上查得氨氮含量。

④空白试验：以无氨水代替水样，作全程序空白测定。

(3)计算

$$氨氮(N,mg/L)=\frac{m}{V}\times 1\ 000$$

式中：m 为由校准曲线查得的氨氮量，mg；V 为水样体积，mL。

(4)注意事项　纳氏试剂中碘化汞与碘化钾的比例，对显色反应的灵敏度有较大影响。静置后生成的沉淀应除去。滤纸中常含痕量铵盐，使用时注意用无氨水洗涤。所用玻璃器皿应避免实验室空气中氨的沾污。

2.电极法

采用氨气敏复合电极用 pH 计测水的电动势，从而推出水样中氨氮的浓度。

(二)亚硝酸盐的测定方法

亚硝酸盐的测定方法主要有 N-(1-萘基)-乙二胺比色法(GB 13580.7—92)、α-萘胺比色法(GB 13580.5—92)和分光光度法(GB 7493—87)等。

N-(1-萘基)-乙二胺分光光度法又叫重氮偶合比色法，其原理为：在 pH 为 8±0.3 的酸性介质中，亚硝酸盐与对氨基苯磺酰胺生成重氮盐，再与 N-(1-萘基)-乙二胺偶联生成红色染料，于 540 nm 处进行比色测定。

方法最低检出浓度：0.003 mg/L，测定上限：0.20 mg/L。

(三)硝酸盐氮的测定

硝酸盐是在有氧环境中最稳定的含氮化合物,也是含氮有机化合物经无机化作用最终阶段的分解产物。清洁的地面水中硝酸盐氮含量较低,受污染水体和一些深层地下水中硝酸盐氮含量较高。

硝酸盐氮的测定方法主要有酚二磺酸光度法(GB 7480—87)、镉柱还原法、戴氏合金法、紫外分光光度法、离子色谱法和电极流动法等。

(1)酚二磺酸分光光度法　硝酸盐在无水存在情况下与酚二磺酸反应,生成硝基二磺酸酚,于碱性溶液中又生成黄色的化合物,在 410 nm 处测其吸光度。此法测量范围广,显色稳定,适用于测定饮用水、地下水、清洁地面水中的硝酸盐氮。最低检出浓度为 0.02 mg/L,测定上限为 2.0 mg/L。

(2)镉柱还原法　在一定条件下,将水样通过镉还原柱,使硝酸盐还原为亚硝酸盐,然后用 N-(1-萘基)-乙二胺分光光度法测定。由测得的总亚硝酸盐氮减去不经还原水样所含亚硝酸盐氮即为硝酸盐氮含量。此法适用于测定硝酸盐氮含量较低的饮用水、清洁地面水和地下水。测定范围为 0.01～0.4 mg/L。

(3)戴氏合金法　水样在热碱性介质中,硝酸盐被戴氏合金还原为氨,经蒸馏,馏出液以硼酸溶液吸收后,用纳氏试剂分光光度法测定,含量较高时,用酸碱滴定法测定。本法操作较繁琐,适用于测定硝酸盐氮大于 2 mg/L 的水样。其最大优点是可以测定带深色的严重污染的水及含大量有机物或无机盐的废水中的硝酸盐氮。

(4)紫外分光光度法　硝酸根离子对 220 nm 波长光有特征吸收,与其标准溶液对该波长光的吸收程度比较定量。本法适用于清洁地表水和未受明显污染的地下水中硝酸盐氮的测定,其最低检出浓度为 0.08 mg/L,测定上限为 4 mg/L。方法简便快速,但对含有机物、表面活性剂、亚硝酸盐、六价铬、溴化物、碳酸氢盐和碳酸盐的水样,需进行预处理。

(四)凯氏氮

凯氏氮是指以基耶达(Kjeldahl)法测得的含氮量。它包括氨氮和在此条件下能转化为铵盐而被测定的有机氮化合物。如蛋白质、氨基酸、肽、核酸、尿素等。

凯氏氮的测定要点是取适量水样于凯氏烧瓶中,加入浓硫酸和催化剂(硫酸钾)加热消解,将有机氮转变为氨氮,然后在碱性介质中蒸馏出氨,用硼酸溶液吸收,以分光光度法或滴定法测定氨氮含量。

(1)水样消解　水样中加入硫酸,以硫酸钾和硫酸汞为催化剂,加热消解,使水样中的有机氮、氨氮都转变为硫酸氢铵。消解时可加入适量的硫酸钾以提高消解速度;并可加入硫酸铜以缩短消解时间。

(2)氨(铵)的定量测定　消解后的溶液在碱性条件下可蒸馏出氨,用硼酸溶液吸收,可根据水样的具体情况,选用纳氏试剂光度法或滴定法测定其含量。该法所测得的有机氮化合物为蛋白质、氨基酸、核酸、尿素等,不包括叠氮、联氮、偶氮、硝基氮等物质。

(五)总氮

总氮包括有机氮和无机氮化合物(氨氮、亚硝酸盐氮和硝酸盐氮)。水体总氮含量是衡量水质的重要指标之一。

总氮的测定方法有过硫酸钾氧化-紫外分光光度法(GB 11894—89)和加和法(凯氏氮、硝态氮)两种。

(1)加和法　分别测定有机氮、氨氮、亚硝酸盐氮和硝酸盐氮的量,然后加和。

(2)过硫酸钾氧化-紫外分光光度法　在水样中加入碱性过硫酸钾溶液,于过热水蒸气中将大部分有机氮化合物及氨氮、亚硝酸盐氮氧化成硝酸盐,再用紫外分光光度法测定硝酸盐氮含量,即为总氮含量。

在120～124℃的碱性介质条件下,用过硫酸钾做氧化剂,不但可以将水中的氨氮和亚硝酸盐氮氧化为硝酸盐,同时可以将大部分有机氮化合物氧化为硝酸盐。然后用紫外分光光度法测定。该法主要适用于湖泊、水库、江河水中总氮的测定。其中总氮及各种形式氮的含量均以氮的浓度(mg/L)计。

(3)仪器测定法(燃烧法)　在专门的总氮测定仪中进行,快速方便。

二、水中含磷化合物检测

磷在自然界中以正磷酸盐、缩合磷酸盐和有机结合的磷酸盐等形式存在于天然水和废水中。化肥、冶炼、合成洗涤剂等行业的工业废水及生活污水中常含有较大量的磷。

(一)水样预处理

水中的正磷酸盐可以单独测得,而缩合磷酸盐和有机磷必需先经消解,将各种形态的磷转变成溶解性的正磷酸盐方可实现总磷或溶解性总磷的测定。

水样的消解可采用过硫酸钾消解法、硝酸-硫酸消解法或硝酸-高氯酸消解法等。

(二)含磷化合物的光度法测定(GB 11893—89)

在酸性条件下,正磷酸盐与钼酸铵、酒石酸锑氧钾反应,生成磷钼杂多酸,被抗坏血酸还原,生成磷钼蓝,于700 nm波长处进行比色分析。可适用于测定地表水、生活污水及某些工业废水的正磷酸盐分析。检出限为0.01～0.6 mg/L。

实际测定的是经预处理后样品试液中的正磷酸盐，而不同的水样预处理手段又赋予光度法测试结果不同的意义。可根据所加显色剂的不同分为钼酸铵分光光度法、氯化亚锡还原光度法等，但最初所发生的化学反应是一样的，即在酸性条件下，水中的正磷酸盐与加入的钼酸铵反应生成淡黄色的磷钼杂多酸，加入还原剂等试剂后显色，比色测定。

①加入偏钒酸铵，使试液生成黄色的钒磷钼酸，然后在波长400～496 nm处比色测定。

②加入抗坏血酸，试液中的磷钼杂多酸被还原，生成蓝色络合物(常称磷钼蓝)，可在波长700 nm处比色定量测定。

③加入氯化亚锡，试液中的磷钼杂多酸被还原成一种深蓝色的络合物(钼蓝)，可在波长690 nm处进行比色测定。

任务五 水中有机污染物的检测

一、水中有机污染综合指标检测

(一)溶解氧(DO)

溶解在水中的分子态氧称为溶解氧(DO)。它是水生生物主要的生存条件之一。水中溶解氧的含量与大气压力、水温及含盐量等因素有关。天然水中的溶解氧主要来自于大气中氧，也有水中藻类等水生生物通过光合作用产生的氧。清洁地面水中溶解氧一般接近饱和，由于藻类的生长，有时会过饱和。污染水体的有机、无机还原性物质在氧化过程中会消耗溶解氧。水中的溶解氧虽然并不是污染物质，但通过溶解氧的测定，可以大体估计水中的有机物为主的还原性物质的含量，是衡量水质优劣的重要指标。溶解氧还影响水生生物的生存。

溶解氧的测定主要有碘量法(又称温克勒法，GB 7489—87)、叠氮化钠修正碘量法和膜电极法(GB 11913—89)。其中，碘量法是基于溶解氧的氧化性质采用容量滴定进行定量测定的；而膜电极法是基于分子态氧通过膜的扩散速率所产生的电流来进行定量，适合于现场测定。

1. 碘量法

水样中加入硫酸锰和碱性碘化钾，水中溶解氧将二价锰氧化成四价锰，生成棕色氢氧化物沉淀。加酸后，棕色沉淀溶解，并与碘离子反应释放出与溶解氧量相当的游离碘，以淀粉为指示剂，用标准硫代硫酸钠溶液滴定释放出的碘，通过计算得出溶解氧的含量。

(1)试剂

①浓硫酸:ρ=1.84 g/mL。

②硫酸锰溶液:称取480 g硫酸锰溶于水中,稀释至1 000 mL。此溶液加至酸化过的碘化钾溶液中,遇淀粉不得产生蓝色。

③碱性碘化钾溶液:称取500 g氢氧化钠溶于300~400 mL去离子水中,另称取150 g碘化钾(或135 g碘化钠)溶于200 mL去离子水中,待氢氧化钠溶液冷却后,将两溶液合并混匀,用水稀释至1 000 mL。如有沉淀静置24 h,倒出上层澄清液,贮于棕色瓶中。用橡皮塞塞紧,避光保存。此溶液酸化后,遇淀粉不得产生蓝色。

④1%淀粉溶液:称取1 g可溶性淀粉,用少量水调成糊状,用刚煮沸的水冲稀至100 mL。冷却后,加入0.1 g水杨酸或0.4 g氯化锌防腐。

⑤重铬酸钾标准溶液[$c(1/6\ K_2Cr_2O_7)$=0.025 00 mol/L]:称取预先于120℃烘干2 h并冷却的重铬酸钾12.258 g,溶于水中,转移至1 000 mL容量瓶中,用水稀释至刻线,摇匀。

⑥硫代硫酸钠溶液:称取6.2 g硫代硫酸钠,溶于1 000 mL煮沸放凉的水中,加入0.2 g碳酸钠,贮于棕色瓶中。在暗处放置7~14天后标定。

标定:于250 mL碘量瓶中,加入100 mL水和1 g碘化钾,用移液管吸取10.00 mL的0.025 00 mol/L重铬酸钾标准溶液5 mL,(1+5)硫酸溶液密塞,摇匀。置于暗处5 min,取出后用待标定的硫代硫酸钠溶液滴定至由棕色变为淡黄色时,加入1 mL淀粉溶液,继续滴定至蓝色刚好退去为止,记录用量。计算硫代硫酸钠的浓度:

$$c=\frac{10.00\times 0.025}{V}$$

式中:c为硫代硫酸钠的浓度,mol/L;V为滴定时消耗硫代硫酸钠的体积,mL。

(2)实验步骤

①采集水样时,先用水样冲洗溶解氧瓶后,沿瓶壁直接注入水样或用虹吸法将细管插入溶解氧瓶底部,注入水样至溢流出瓶容积的1/3~1/2。要注意不使水样曝气或有气泡残存在溶解氧瓶中。

②溶解氧的固定:用刻度吸管吸取1 mL硫酸锰溶液,加入装有水样的溶解氧瓶中,加注时,应将吸管插入液面下。按上法,加入2 mL碱性碘化钾溶液,盖紧瓶塞,将样瓶颠倒混合数次,静置。待沉淀降至瓶内一半时,再颠倒混合一次,待沉淀物下降至瓶底。一般在取样现场固定。

③析出碘：轻轻打开瓶塞，立即用吸管插入液面下加入 2.0 mL 浓硫酸，小心盖紧瓶塞。颠倒混合，直至沉淀物全部溶解为止。放置暗处 5 min。

④样品的测定：用移液管吸取 100.0 mL 上述溶液于 250 mL 锥形瓶中，用硫代硫酸钠标准溶液滴定至溶液呈淡黄色，加入 1 mL 淀粉溶液。继续滴定至蓝色刚刚退去，记录硫代硫酸钠溶液用量。

(3)计算

$$c_{O_2}=\frac{cV\times 8\times 1\,000}{100}$$

式中：c_{O_2} 为水中溶解氧的浓度，mg/L；c 为硫代硫酸钠标准溶液浓度，mol/L；V 为硫代硫酸钠标准溶液用量，mL。

2. 修正碘量法

普通碘量法测定时会受到水样中一些还原剂物质的干扰。当水样中含有 NO_2^- 时，因它能与碘化钾作用放出 I_2，从而造成测定结果的正误差，可加入叠氮化钠排除其干扰，该法称为叠氮化钠修正碘量法；当水样中含有 Fe^{2+} 时，会对测定结果产生负干扰，此时可以用高锰酸钾氧化 Fe^{3+}，所生成的 Fe^{3+} 又可以用氟化钾与之生成 FeF_3 从而去除，或用 H_3PO_4 代替 H_2SO_4 酸化去除之，过量的高锰酸钾用草酸盐去除，该法称为高锰酸钾修正法；若水样有色或含有藻类及悬浮物等，在酸性条件下会消耗碘而干扰测定，可采用明矾絮凝修正法消除；若水样中含有活性污泥等悬浮物，可用硫酸铜-氨基磺酸絮凝修正法排除其干扰。当水中含有氧化性物质，还原性物质及有机物时，会干扰测定，应预先消除并根据不同的干扰物质采用修正碘量法。

①叠氮化钠修正法：当水样中含有亚硝酸盐会干扰碘量法测定溶解氧，这时可采用叠氮化钠将亚硝酸盐分解后再用碘量法测定。反应式如下：

$$2NaN_3+H_2SO_4=Na_2SO_4+2NH_3$$
$$2HNO_2+2NH_3=N_2O+N_2+3H_2O$$

亚硝酸盐主要存在于经生化处理的废水和河水中，它能与碘化钾作用释放出游离碘而产生正干扰，即

$$2HNO_2+2KI+H_2SO_4=K_2SO_4+2H_2O+2NO+I_2$$

如果反应到此为止，引入的误差尚不大，但当水样和空气接触时，新溶入的氧将和 N_2O_2 作用，再形成亚硝酸盐：

$$2N_2O_2+2H_2O+O_2=4HNO_2$$

如此循环，不断地释放出碘，将会引入相当大的误差。当水样中三价铁离子含量较高时，也会干扰测定，可加入氟化钾或用磷酸代替硫酸酸化来消除这种干扰。

②高锰酸钾修正法：本方法适用于水样中含大量亚铁离子，不含其他还原剂及有机物的情况。用高锰酸钾氧化亚铁离子，消除干扰，过量的高锰酸钾可用草酸钠溶液除去，生成的高价铁离子用氟化钾掩蔽，测量过程同碘量法。

3.膜电极法

膜电极法是根据分子氧透过薄膜的扩散速率来测定水中溶解氧的。氧敏感薄膜电极是由两个与支持电解质相接触的金属电极与聚四氟乙烯选择性薄膜组成。薄膜只能透过氧和其他气体，水和其他物质（包括可溶性物质）均不能透过。透过膜的氧气在电极上还原，产生与氧浓度成正比的扩散电流。当仪器及实验条件固定时，只需测定还原电流就可得到水样中溶解氧的浓度。膜电极溶氧仪有原电池式和极谱式两种，原电池式是利用电解槽的电池作用，极谱式是对电极施加一定的电压，二者都是通过电流量来测定。

膜电极法具有操作简便、快速和干扰少等优点，并可实现现场监测和在线监测，应用十分广泛。溶解氧电极要用碘量法进行校正。薄膜易被水中杂质（如藻类、胶体性物质或碳酸盐等）堵塞或损坏，需及时清洗并更换。

（二）化学需氧量（COD）

化学需氧量是指水样在一定条件下，氧化 1 L 水样中还原性物质所消耗的氧化剂的量，以氧的 mg/L 表示。

根据所用氧化剂的不同，化学需氧量（COD）的测定方法又分为重铬酸钾法（一般称其为化学需氧量，用 COD_{Cr} 表示）和高锰酸盐法（一般称其为耗氧量，又称高锰酸盐指数，用 OC 或 COD_{Mn} 表示）。

1.重铬酸钾法（COD_{Cr}）（GB 11914—89）

用重铬酸钾作氧化剂测得的耗氧量称为 COD_{Cr}。在强酸性溶液中，在水样中加入一定量的重铬酸钾，用重铬酸钾将水中的还原性物质（主要是有机物）氧化，过量的重铬酸钾以试亚铁灵作指示剂，用硫酸亚铁铵溶液回滴，溶液的颜色由黄色经蓝绿色至红褐色即为滴定终点，记录硫酸亚铁铵标准溶液的用量，根据所消耗的重铬酸钾量算出水样中的化学需氧量，以氧的 mg/L 表示。

重铬酸钾可将大部分有机物氧化，但直链烃、芳香烃等不能被氧化。加入硫酸银后可以使直链烃氧化，但苯、甲苯等仍无效。本法所氧化的实际上是水样中的还原性物质，既包括有机物和无机还原性物质，但通常因废水中有机物的数量远比无机还原性物质大，因此所得的 COD 值可以认为是有机物的含量。无机物氯离子会干扰测定，需加硫酸汞掩蔽。

这一方法复杂、耗时，现在也出现了一些快速测定法，但均有局限性，多用于对同一水质的比较，不能作为正式检测结果。

(1)试剂

①重铬酸钾标准溶液(0.025 00 mol/L)：称取预先在120℃烘干2 h的基准或优质纯重铬酸钾12.258 g溶于水中，移入1 000 mL容量瓶，稀释至标线，摇匀。

②试亚铁灵指示液：称取1.485 g邻菲啰啉、0.695 g硫酸亚铁溶于水中，稀释至100 mL，贮于棕色瓶内。

③硫酸亚铁铵标准溶液(0.1 mol/L)；称取39.5 g硫酸亚铁铵溶于水中，边搅拌边缓慢加入20 mL浓硫酸，冷却后移入1 000 mL容量瓶中，加水稀释至标线，摇匀。临用前，用重铬酸钾标准溶液标定。

标定方法：准确吸取10.00 mL重铬酸钾标准溶液于500 mL锥形瓶中，加水稀释至110 mL左右，缓慢加入30 mL浓硫酸，混匀。冷却后，加入3滴试亚铁灵指示液(约0.15 mL)，用硫酸亚铁铵溶液滴定，溶液的颜色由黄色经蓝绿色至红褐色即为终点。

$$c_{[(NH_4)_2Fe(SO_4)]}=\frac{0.025\ 00\times10.00}{V}$$

式中：c为硫酸亚铁铵标准溶液的浓度(mol/L)；V为硫酸亚铁铵标准溶液的用量(mL)。

④硫酸-硫酸银溶液：于500 mL浓硫酸中加入5 g硫酸银。放置1～2 d，不时摇动使其溶解。

⑤硫酸汞：结晶或粉末。

(2)测定步骤

①取20.00 mL混合均匀的水样(或适量水样稀释至20.00 mL)置于250 mL磨口的回流锥形瓶中，准确加入10.00 mL重铬酸钾标准溶液及数粒小玻璃珠或沸石，连接磨口回流冷凝管，从冷凝管上口慢慢地加入30 mL硫酸-硫酸银溶液，轻轻摇动锥形瓶使溶液混匀，加热回流2 h(自开始沸腾时计时)。

对于化学需氧量高的废水样，先取上述操作所需体积1/10废水样和试剂于Φ15×150 mm硬质玻璃试管中，摇匀，加热后观察是否成绿色。如溶液显绿色，再适当减少废水取样量，直至溶液不变绿色为止，从而确定废水样分析时应取用的体积。稀释时，所取废水样量不得少于5 mL，如果化学需氧量很高，则废水样应多次稀释。废水中氯离子含量超过30 mg/L时，应先把0.4 g硫酸汞加入回流锥形瓶中，再加 20.00 mL 废水（或适量废水稀释至 20.00 mL），摇匀。

②冷却后，用 90 mL 水冲洗冷凝管壁，取下锥形瓶。溶液总体积不得少于 140 mL，否则因酸度太大，滴定终点不明显。

③溶液再度冷却后，加 3 滴试亚铁灵指示液，用硫酸亚铁铵标准溶液滴定，溶液的颜色由黄色经蓝绿色至红褐色即为终点，记录硫酸亚铁铵标准溶液的用量。

④测定水样的同时，取 20.00 mL 重蒸馏水，按同样操作步骤作空白试验。记录滴定空白时硫酸亚铁铵标准溶液的用量。

(3)计算

$$COD_{Cr}(O_2, mg/L)=\frac{(V_0-V_1)\times c\times 8\times 1\,000}{V}$$

式中：c 为硫酸亚铁铵标准溶液的浓度，mol/L；V_0 为滴定空白时硫酸亚铁铵标准溶液用量，mL；V_1 为滴定水样时硫酸亚铁铵标准溶液的用量，mL；V 为水样的体积，mL；8 为氧(1/2)摩尔质量，g/mol。

(4)注意事项

①使用 0.4 g 硫酸汞络合氯离子的最高量可达 40 mg，如取用 20.00 mL 水样，即最高可络合 2 000 mg/L 氯离子浓度的水样。若氯离子的浓度较低，也可少加硫酸汞，使保持硫酸汞：氯离子＝10：1(*W*/*W*)。若出现少量氯化汞沉淀，并不影响测定。

②水样取用体积可在 10.00～50.00 mL 范围内，但试剂用量及浓度需按表 5-4 进行相应调整，也可得到满意的结果。

表 5-4　水样取用量和试剂用量表

水样/mL	重铬酸钾标准溶液/mL	硫酸-硫酸银溶液/mL	硫酸汞/g	硫酸亚铁铵标准溶液/mL	测定前总体积/mL
10.0	5.0	15	0.2	0.050	70
20.0	10.0	30	0.4	0.100	140
30.0	15.0	45	0.6	0.150	210
40.0	20.0	60	0.8	0.200	280
50.0	25.0	75	1.0	0.250	350

③对于化学需氧量小于 50 mg/L 的水样，应改用 0.025 0 mol/L 重铬酸钾标准溶液。回滴时用 0.01 mol/L 硫酸亚铁铵标准溶液。

④水样加热回流后，溶液中重铬酸钾剩余量应为加入量的 1/5～4/5 为宜。

⑤用邻苯二甲酸氢钾标准溶液检查试剂的质量和操作技术时，由于每克邻苯二甲酸氢钾的理论 COD_{Cr} 为 1.176 g，所以溶解 0.425 1 g 邻苯二甲酸氢钾（$HOOCC_6H_4COOK$）于重蒸馏水中，转入 1 000 mL 容量瓶，用重蒸馏水稀释至标线，使之成为 500 mg/L 的 COD_{Cr} 标准溶液。用时新配。

⑥COD_{Cr} 的测定结果应保留三位有效数字。

⑦每次实验时，应对硫酸亚铁铵标准滴定溶液进行标定，室温较高时尤其注意其浓度的变化。

2. 高锰酸盐指数（COD_{Mn}）

以高锰酸钾溶液为氧化剂测得的化学耗氧量。我国新的环境水质标准中，已把该指标改称高锰酸盐指数，而仅将酸性重铬酸钾法测得的值称为化学需氧量。国际标准化组织（ISO）建议高锰酸钾法仅限于地表水、饮用水和生活污水。

按测定溶液的介质不同，分为酸性高锰酸钾法和碱性高锰酸钾法（GB 11892—89）。当 Cl^- 含量高于 300 mg/L 时，应采用碱性高锰酸钾法；对于较清洁的地面水和被污染的水体中氯化物含量不高（Cl^- 含量＜300 mg/L）的水样，常用酸性高锰酸钾法。当 OC 超过 5 mg/L 时，应少取水样并经稀释后再测定。

①酸性高锰酸钾法：在酸性条件下的水样中加入过量高锰酸钾，在沸水浴上加热 30 min，利用高锰酸钾将水样中某些有机物及还原性物质氧化，反应后剩余的高锰酸钾用过量的草酸钠还原，再以高锰酸钾标准溶液回滴过量的草酸钠，通过计算求出水样中所含有机物及还原性物质所消耗的高锰酸钾的量。

取 100 mL 水样，加入（1＋3）硫酸使呈酸性，加入 10.00 mL 浓度约为 0.01 mol/L 的高锰的钾溶液，在沸水浴中加热反应 30 min。剩余的高锰酸钾用过量的草酸钠溶液（10.00 mL，0.0100 mol/L）还原，再用高锰酸钾溶液回滴过量的草酸钠，滴定至溶液由无色变为微红色即为滴定反应终点，记录高锰酸钾溶液的消耗量，根据高锰酸钾和草酸的用量和浓度，可以算出高锰酸钾的消耗量，计算出高锰酸盐指数 COD_{Mn}（O_2，mg/L）。

②碱性高锰酸钾法：在碱性溶液中，加过量高锰酸钾加热 30 min，以氧化水样中的有机物和某些还原性无机物，然后用过量酸化的草酸钠溶液还原，再以高锰酸钾标准溶液氧化过量的草酸钠，滴定至微红色为终点。

碱性法高锰酸盐指数的测定步骤与酸性法基本一样，只不过在加热反应之前将溶液用氢氧化钠溶液调至碱性，在加热反应之后先加入硫酸酸化，然后再加入草酸钠溶液。COD_{Mn} 计算方法同酸性法。

水中如含有亚硝酸盐、亚铁化合物、硫化物或其他还原性无机化合物，为避免这些物质与高锰酸钾作用而消耗其用量，可先在室温条件下用高锰酸钾标准溶液滴定水样至微红色，然后从高锰酸钾总消耗体积中扣除这部分还原性物质的消耗，以保证 COD_{Mn}测定结果的准确性。

(三)生化需氧量(BOD)

BOD 是反映水体被有机物污染程度的综合指标，也是研究废水的可生化降解性和生化处理效果，以及生化处理废水工艺设计和动力学研究中的重要参数。

BOD 的测定必须严格控制环境和营养方面的因素，通常应考虑水中要有足够的溶解氧，水中不含有毒物质，适宜的 pH，适当的补充营养，标准温度，具有各种耗氧微生物等。

有机物生物氧化的速率与温度密切相关，为尽可能和天然条件下有机物的生物氧化分解相似，各国统一规定温度为(20±1)℃。

有机物的生物氧化是一个缓慢的过程，需要很长时间，有的研究认为需要 100 天左右才能基本完成，不少实验证明：对于多数有机物经过 20 天能完成 95%～99%，但是 20 天对于测定还是太长，故各国统一规定为 5 天，这时能完成分解 70%～80%。

因此，一般都用 20℃、5 天的条件测定，结果记为 BOD_5(20℃)。

BOD_5 测定方法有直接测定法、稀释与接种法(GB 7488—87)、压力传感器法、减压式库仑法、微生物电极法高温法、活性污泥快速法、坪台值法和相关估算法等。

1. 直接测定法

较清洁的水样(BOD_5 不超过 7 mg/L)且其中溶解氧在开始是能够达到近似饱和的话可以直接测定 BOD_5，很多清洁河流就是这样一类。具体步骤为先调整水温至 20℃左右，曝气使水中的溶解氧接近饱和(约 9 mg/L)。将水样装满两个生化需氧量培养瓶(溶解氧瓶)，测定其中 1 个瓶中水样的当日溶解氧，另一个瓶在(20±1)℃的培养箱中培养 5 天，5 天后取出测定瓶中水样剩余的溶解氧。当天溶解氧减去 5 天后溶解氧所得数值即为水样的 BOD_5。

2. 稀释与接种法

多于绝大多数的污水和工业废水以及受污染较重的天然水其 BOD_5>7 mg/L，如一般生活污水 BOD_5 150～200 mg/L，有的工业废水达几百至数千毫克每升。污水处理厂的出水也在 10～20 mg/L。这时就不能直接测定。需在培养前用含有足够溶解氧的稀释水进行稀释，然后进行培养。

大多数水样尤其是废水样品的 BOD_5 测定需采用稀释倍数法。稀释的目的是降低废水中有机物的浓度，保证在 5 天培养过程中有充足的溶解氧。根据培养前后溶解氧的变化，并考虑到水样的稀释比，即可求得水样的 5 日生化需氧量。

(1)稀释水的配制　稀释水的选择和配制极为重要,迄今有好几种稀释水可用。天然地表水似乎是理想的稀释水,但实用上并不合适,因其中的矿物质、微生物、有机物常变。自来水也曾被用过,但它除具有地表水的缺陷外,还具有余氯,影响微生物氧化。

目前所用的比较理想的稀释水是蒸馏水加磷酸盐、硫酸镁、氯化钙配制的稀释水,稀释程度要求经过 5 天培养后,消耗的溶解氧量至少为 2 mg/L,剩余的溶解氧量为 1 mg/L 左右。

若水样不能被一般微生物所分解,则必须投加适量的微生物,即采用接种稀释水稀释,最常用的接种水是取 2 mL 已沉淀的生活污水,或取含有城市污水的河水或湖水(10～100 mL),或取花园土过滤液等(20～30 mL)。稀释水应该经过充分曝气使其在应用前溶解氧几乎为饱和。由于稀释水加入了接种液或其他因素的影响,因此,稀释后会增加可分解的有机物量,故计算结果是需要用校正因子进行校正。

稀释水一般采用蒸馏水配制,对其溶解氧、温度、pH 值、营养物质和有机物含量都有一定的要求。首先,稀释水的溶解氧含量应接近饱和,这样才能为 5 天内微生物氧化分解有机物提供充足的氧,为此要先通入经活性炭吸附及水洗处理的空气,曝气 2～8 h,曝气使水中溶解氧接近饱和,然后于(20±1)℃培养箱中放置一定时间使达到平衡。其次,为了防止影响好氧微生物的活动,稀释水的 pH 值应保持在 6.5～8.5 范围内,常用磷酸盐调节 pH 值,而适合好氧微生物活动的最佳 pH 值为 7.2。此外,微生物还需要各种微量营养元素以维持其正常的生理活动,即要求加入适量的硫酸镁、氯化钙、氯化铁溶液及由磷酸二氢钾、磷酸氢二钾、磷酸氢二钠和氯化铵所组成的缓冲溶液。另外,稀释水本身不得含有太多的有机物,规定稀释水的 BOD_5 不能超过 0.2 mg/L。稀释水的 pH 值应为 7.2。

(2)稀释倍数的确定　水样需要稀释的百分数应根据水样的性质来考虑。通常选 3～4 种不同的稀释比例。稀释比的选择极重要,如果稀释不好,不在合适的范围内,则培养后剩余的溶解氧太少或太多都不能得到可靠的结果,最佳稀释比应是水样培养 5 天后溶解氧减少 40%～70%,即剩余溶解氧浓度为原始浓度的 1/3～2/3。

估计稀释比的方法很多,最常用的一种方法是根据 COD_{Mn} 值求,将 COD_{Mn} 值分别除以 3、4、5 所得的商即为稀释倍数,然后计算所需水样的体积,此法对大多数水样有较高的参考价值。

要确定稀释倍数,首先要估计出水样可能的 BOD_5 值。通常地表水的 BOD_5 值可由 COD_{Mn} 值乘以 2～4 倍估得。BOD_5 值估算出后,再根据 5 天内耗氧量不少于 2 mg/L，5 天后剩余溶解氧不小于 1 mg/L 的原则，加之 20℃时水中饱和溶解氧为 9 mg/L 左右，保守些取 8 mg/L，据以上数值可得出稀释后水样的 BOD_5 应为 2～7 mg/L，用原水样估算的 BOD_5 分别除以 2 和 7，便得到水样的最大和最小稀释倍数。为保险起见，可根据需要在最大和最小稀释倍数之间再插入几个倍数，从而得到水样的几个稀释倍数。

水样稀释倍数也可根据大量的实践经验进行估算。对于地表水等天然水体，可根据其高锰酸盐指数来估算稀释倍数，即稀释倍数＝COD_{Mn}×稀释系数。

(3)稀释水的接种　一般情况下，生活污水中有足够的微生物，不存在接种的问题。而工业废水，尤其是一些有毒工业废水，微生物含量甚微，往往需要接种才能测定 BOD_5。接种的目的是把能够分解有机物的微生物菌种引入废水水样中。接种液一般可采用生活污水上清液，也可采用河水、湖水或表层土壤浸出液，但要注意避免采用含有大量藻类或硝化细菌的水。有些含有不易被一般微生物分解的有机物或剧毒物质的工业废水，可以采用该种废水所排入的河道的水作为接种水，也可用产生这种废水的工厂、车间附近的土壤浸出液接种，或者进行微生物菌种驯化。

(4)试剂

①磷酸盐缓冲溶液：将 8.58 g 磷酸二氢钾，2.75 g 磷酸氢二钾，33.4 g 磷酸氢二钠和 1.7 g 氯化铵溶于水中，稀释至 1 000 mL。此溶液的 pH 应为 7.2。

②硫酸镁溶液：将 22.5 g 硫酸镁溶于水中，稀释至 1 000 mL。

③氯化钙溶液；将 27.5 g 无水氯化钙溶于水，稀释至 1 000 mL。

④氯化铁溶液；将 0.25 g 氯化铁溶于水，稀释至 1 000 mL。

⑤盐酸溶液 $c(HCl)=0.5$ mol/L：将 40 mL 盐酸(密度 1.18 g/mL)溶于水，稀释至 1 000 mL。

⑥氢氧化钠溶液 $c(NaOH)=0.5$ mol/L：将 20 g 氢氧化钠溶于水，稀释至 1 000 mL。

⑦亚硫酸钠溶液 $c(1/2\ Na_2SO_3)=0.025$ mol/L；将 1.575 g 亚硫酸钠溶于水，稀释至 1 000 mL。此溶液不稳定，需随用随配。

⑧葡萄糖-谷氨酸标准溶液；将葡萄糖和谷氨酸在 103℃干燥 1 h 后，各称取 150 mg 溶于水中，移入 1 000 mL 容量瓶内并稀释定容，混合均匀。此标准溶液临用前配制。

⑨稀释水：在 5～20 L 玻璃瓶内装入一定量的水，控制水温在 20℃左右。然后用无油空气压缩机或薄膜泵，将此水曝气 2～8 h，使水中的溶解氧接近于饱和，也可以鼓入适量纯氧。瓶口盖以两层经洗涤晾干的纱布，置于 20℃培养箱中放置

数小时，使水中溶解氧含量达 8 mg/L 左右。临用前于每升水中加入氯化钙溶液、氯化铁溶液、硫酸镁溶液、磷酸盐缓冲溶液各 1 mL，并混合均匀。稀释水的 pH 值应为 7.2，其 BOD_5 应小于 0.2 mg/L。

⑩接种液：可选用以下任一方法获得适用的接种液。ⓐ城市污水，一般采用生活污水，在室温下放置一昼夜，取上层清液供用。ⓑ表层土壤浸出液，取 100 g 花园土壤或植物生长土壤，加入 1 L 水，混合并静置 10 min，取上清溶液供用。ⓒ用含城市污水的河水或湖水。ⓓ污水处理厂的出水。ⓔ当分析含有难于降解物质的废水时，在排污口下游 3～8 km 处取水样作为废水的驯化接种液。如无此种水源，可取中和或经适当稀释后的废水进行连续曝气，每天加入少量该种废水，同时加入适量表层土壤或生活污水，使能适应该种废水的微生物大量繁殖。当水中出现大量絮状物，或检查其化学需氧量的降低值出现突变时，表明适用的微生物已进行繁殖，可用做接种液。一般驯化过程需要 3～8 d。

⑪接种稀释水：取适量接种液，加于稀释水中，混匀。每升稀释水中接种液加入量为：生活污水 1～10 mL，表层土壤浸出液为 20～30 mL，河水、湖水为 10～100 mL。接种稀释水的 pH 值应为 7.2，BOD_5 值以在 0.3～1.0 mg/L 为宜。接种稀释水配制后应立即使用。

(5)测定步骤

①水样的预处理：

ⓐ水样的 pH 值若超出 6.5～7.5 范围时，可用盐酸或氢氧化钠稀溶液调节至近于 7，但用量不要超过水样体积的 0.5%。若水样的酸度或碱度很高，可改用高浓度的碱或酸液进行中和。

ⓑ水样中含有铜、铅、锌、镉、铬、砷、氰等有毒物质时，可使用经驯化的微生物接种液的稀释水进行稀释，或提高稀释倍数，降低毒物的浓度。

ⓒ含有少量游离氯的水样，一般放置 1～2 h 游离氯即可消失。对于游离氯在短时间不能消散的水样，可加入亚硫酸钠溶液，以除去之。其加入量的计算方法是：取中和好的水样 100 mL，加入(1+1)乙酸 10 mL，10%(m/V)碘化钾溶液 1 mL，混匀。以淀粉溶液为指示剂，用亚硫酸钠标准溶液滴定游离碘。根据亚硫酸钠标准溶液消耗的体积及其浓度，计算水样中所需加亚硫酸钠溶液的量。

ⓓ从水温较低的水域或富营养化的湖泊采集的水样，可遇到含有过饱和溶解氧，此时应将水样迅速升温至 20℃左右，充分振摇，以赶出过饱和的溶解氧。从水温较高的水域废水排放口取得的水样，则应迅速使其冷却至 20℃左右，并充分振摇，使与空气中氧分压接近平衡。

②水样的测定：

ⓐ不经稀释水样的测定：溶解氧含量较高、有机物含量较少的地面水，可不经稀释，而直接以虹吸法将约 20℃的混匀水样转移至两个溶解氧瓶内，转移过程中应注意不使其产生气泡。以同样的操作使两个溶解氧瓶充满水样后溢出少许，加塞水封。瓶内不应有气泡。立即测定其中一瓶溶解氧。将另一瓶放入培养箱中，在(20±1)℃培养 5 天后。测其溶解氧。

ⓑ需经稀释水样的测定：根据实践经验，稀释倍数用下述方法计算：地表水由测得的高锰酸盐指数乘以适当的系数求得(表 5-5)。工业废水可由重铬酸钾法测得的 COD 值确定，通常需作三个稀释比，即使用稀释水时，由 COD 值分别乘以系数 0.075、0.15、0.225，即获得三个稀释倍数。

表 5-5　不同高锰酸盐指数与稀释系数

高锰酸盐指数/(mg/L)	系数
<5	—
5～10	0.2、0.3
10～20	0.4、0.6
>20	0.5、0.7、1.0

COD_{Cr} 值可在测定水样 COD 过程中，加热回流至 60 min 时，用由校核试验的邻苯二甲酸氢钾溶液按 COD 测定相同步骤制备的标准色列进行估测。

稀释倍数确定后按下法之一测定水样。

——一般稀释法：按照选定的稀释比例，用虹吸法沿筒壁先引入部分稀释水(或接种稀释水)于 1 000 mL 量筒中，加入需要量的均匀水样，再引入稀释水(或接种稀释水)至 800 mL，用带胶板的玻璃棒小心上下搅匀。搅拌时勿使搅棒的胶板露出水面，防止产生气泡。

按不经稀释水样的测定步骤，进行装瓶，测定当天溶解氧和培养 5 天后的溶解氧含量。

另取两个溶解氧瓶，用虹吸法装满稀释水(或接种稀释水)作为空白，分别测定 5 天前、后的溶解氧含量。

——直接稀释法：直接稀释法是在溶解氧瓶内直接稀释。在已知两个容积相同(其差小于 1 mL)的溶解氧瓶内，用虹吸法加入部分稀释水(或接种稀释水)，再加入根据瓶容积和稀释比例计算出的水样量，然后引入稀释水(或接种稀释水)至刚好充满，加塞，勿留气泡于瓶内。其余操作与上述稀释法相同。

在 BOD_5 测定中，一般采用叠氮化钠修正法测定溶解氧。如遇干扰物质，应根据具体情况采用其他测定法。

③BOD_5 计算：

A.不经稀释直接培养的水样：

$$BOD_5(mg/L)=c_1-c_2$$

式中：c_1 为水样在培养前的溶解氧浓度(mg/L)；c_2 为水样经 5 天培养后，剩余溶解氧浓度(mg/L)。

B.经稀释后培养的水样：

$$BOD_5(mg/L)=\frac{(c_1-c_2)-(B_1-B_2)f_1}{f_2}$$

式中：B_1 为稀释水(或接种稀释水)在培养前的溶解氧浓度，mg/L；B_2 为稀释水(或接种稀释水)在培养后的溶解氧浓度，mg/L；f_1 为稀释水(或接种稀释水)在培养液中所占比例；f_2 为水样在培养液中所占比例。

(6)注意事项　水中有机物的生物氧化过程分为碳化阶段和硝化阶段，测定一般水样的 BOD_5 时，硝化阶段不明显或根本不发生，但对于生物处理池的出水，因其中含有大量硝化细菌，因此，在测定 BOD_5 时也包括了部分含氮化合物的需氧量。对于这种水样，如只需测定有机物的需氧量，应加入硝化抑制剂，如丙烯基硫脲等。

在两个或三个稀释比的样品中，凡消耗溶解氧大于 2 mg/L 和剩余溶解氧大于 1 mg/L 都有效，计算结果时应取平均值。

为检查稀释水和接种液的质量，以及化验人员的操作技术，可将 20 mL 葡萄糖-谷氨酸标准溶液用接种稀释水稀释至 1 000 mL，测其 BOD_5，其结果应在 180～230 mg/L。否则，应检查接种液、稀释水或操作技术是否存在问题。

(7)结果处理　以表格形式列出稀释水样和稀释水(或接种稀释水样)在培养前后实测溶解氧数据，计算水样 BOD_5 值。根据实际控制实验条件和操作情况，分析影响测定准确度的因素。

3.压力传感器法

将水样置于特制的玻璃培养瓶中，用瓶盖拧紧。瓶盖内置可以感测压力的压电传感器，瓶盖外表面有读数显示窗，瓶上空装有二氧化碳吸收剂(氢氧化钠或苏打、石灰等)。瓶内放入搅拌子，将瓶子放在磁力搅拌器上，整个培养期间连续搅拌。在密闭的培养瓶中，水样中微生物分解有机物消耗水中溶解氧，培养瓶内液上空间中的氧会不断溶解进入水样，所产生的二氧化碳被吸收剂吸收后，瓶内的氧分压和总气压下降，下降的量由压力计记录、转换成电讯号，并自动换算为 BOD 的值，每天可由瓶盖外侧的数字显示器读取测试数据。5天后的读数即为培养瓶内水样的BOD_5值。生活污水可直接取一定体积水样测定，所读得的BOD_5值乘上相应的系数（可查表得到）即为原水样的BOD_5值。

对于耗氧量较大的工业废水需稀释后取一定体积测定，仪器所显示的BOD_5值除了要乘相应系数外，还要乘上稀释倍数方为原水样的BOD值。

目前应用最多的是利用压力法进行BOD的连续自动测定。

（四）总有机碳（TOC）

总有机碳是以碳的含量表示水体中有机物质总量的综合指标。由于TOC的测定采用燃烧法，因此能将有机物全部氧化，它比BOD_5、COD更能反映有机物的总量。

总有机碳（TOC）是以碳的含量表示水中有机物质的总量，结果以碳的浓度（mg/L）表示。TOC可以作为评价水质有机污染的指标。

TOC的测定是采用仪器法，按工作原理不同，可分为燃烧氧化-非分散红外吸收法、电导法、湿法氧化-非分散红外吸收法等。其中燃烧氧化-非分散红外吸收法流程简单、重现性好、灵敏度高，在国内外被广泛采用。我国在1991年颁布了《水质 总有机碳（TOC）的测定非色散红外线吸收法》（GB 13193—91），但受TOC测定仪普及率的限制，应用率还有待提高。

燃烧氧化—非色散红外吸收法测定原理是：将一定量的水样注入高温炉内的石英管，在900～950℃温度下，以铂和三氧化钴或三氧化二铬为催化剂，使有机物燃烧裂解转化为二氧化碳，然后用红外线气体分析仪测定CO_2含量，从而确定水样中碳的含量。因为在高温下，水样中的碳酸盐也分解产生二氧化碳，故上面测得的为水样中的总碳（TC）。为获得有机碳含量，可采用两种方法：一是将水样预先酸化，通入氮气曝气，驱除各种碳酸盐分解生成的二氧化碳后再注入仪器测定；另一种方法是使用高温炉和低温炉皆有的TOC测定仪。将同一等量水样分别注入高温炉（900℃）和低温炉（150℃），高温炉水样中的有机碳和无机碳均转化为CO_2，低温炉的石英管中装有磷酸浸渍的玻璃棉，能使无机碳酸盐在150℃分解为CO_2，有机物却不能被分解氧化。将高、低温炉中生成的CO_2依次导入非色散红外气体分析仪，分别测得总碳（TC）和无机碳（IC），二者之差即为总有机碳（TOC）。

1. *差减法*

将一定体积的水样连同净化氧气或空气（干燥并除去二氧化碳）分别导入高温燃烧管（900～950℃）和低温反应管（150℃）中，经高温燃烧管的水样在催化剂（铂和二氧化钴或三氧化二铬）和载气中氧的作用，有机化合物转化成为二氧化碳；经低温反应管的水样受酸化而使无机碳酸盐分解成二氧化碳。其所生成的二氧化碳依次进入非色散红外线检测器。由于一定波长的红外线被二氧化碳选择吸收,并在一定浓度范围内,二氧化碳对红外线吸收的强度与二氧化碳的浓度成正比,故可对水样中的总碳(TC)和无机碳(IC)进行分别定量测定,分别测得总碳和无机碳,二者之差即为 TOC。

2. 直接法

将水样加酸酸化为 pH 值小于 2,通入氮气曝气,使无机碳酸盐转变为二氧化碳并被吹脱而去除。再将水样注入高温燃烧管,便可直接测得总有机碳。除需要先将水样中的无机碳吹脱去除之外,其他原理同减压法。

二、水中有毒有害有机化合物检测

(一)酚类化合物

酚类化合物为原生质毒,属高毒物质。在人体富集时出现头痛、贫血。酚的取代程度越高其毒性越大。大多数硝基酚有致突变作用,酚的甲基衍生物可致畸、致癌。水中含高于 5 mg/L 的酚会使鱼类死亡。当对水进行氯化消毒时,酚类物质会与氯气反应生成氯代酚类,使水产生明显的臭味。水中酚的污染主要来自炼油、焦化、造纸、化学制药、制革、化工等行业。根据酚类能否与水蒸气一起蒸出,分为挥发酚(沸点在 230℃以下)与不挥发酚(沸点在 230℃以上)。

我国国家环保总局颁布的"68 种优先控制污染物黑名单"中有 6 种为酚类有机物;苯酚、间甲酚、2,4-二氯酚、2,4,6-三氯酚、五氯酚和对硝基酚。

水中酚的常规测定方法主要针对挥发酚的测定,有 4-氨基安替比林光度法(GB 7490—87)和溴化滴定法(GB 7490—87)两种方法。我国新颁布的《生活饮用水卫生规范》和《地表水环境质量标准》中,也都增设了苯酚类有机物的气相色谱法(GB 8972—88)分析项目。此外,酚类有机化合物还可采用高效液相色谱法测定。

1. 水样预处理

为了消除颜色、混浊等的干扰,需先进行蒸馏预处理。预蒸馏作用主要是分离出挥发酚和消除颜色、混浊和金属离子等的干扰。若水样中含氧化剂、油、硫化物等干扰时,还需在蒸馏前做适当的预处理。用磷酸溶液调 pH 值至 4,加入硫酸铜溶液排除硫化物干扰,然后加热蒸馏,馏出液用氢氧化钠溶液于容量瓶中吸收并定容。

2. 4-氨基安替比林光度法

蒸馏收集液中的酚类化合物于 pH 值为 10.0±0.2 的介质中,在铁氰化钾存在下,与 4-氨基安替比林反应,产生橙红色的吲哚酚安替比林染料。当水中酚的含量高于 0.1 mg/L 时,可直接在波长 510 nm 处进行吸光度测定。当水中酚含量低于 0.1 mg/L 时，可将生成的橙红色染料用三氯甲烷萃取，然后在波长 620 nm 处进行吸光度测定，萃取法检测下限为 0.002 mg/L。本方法的标准物质为苯酚，测试结果以酚的浓度(mg/L)表示。

3. 溴化滴定法

在水样或蒸馏收集液中加入过量的溴酸钾-溴化钾标准溶液，使酚与溴发生取代反应，生成三溴酚和溴代三溴酚；过量的溴与碘化钾作用，释放出游离碘，同时溴代三溴酚与碘化钾反应也释放出碘，再用硫代硫酸钠溶液滴定析出的游离碘，以淀粉为指示剂，根据溶液颜色由蓝变为无色时，即为滴定终点。进而可计算出挥发酚的含量。

计算公式：

$$\text{挥发酚(以苯酚计,mg/L)}=\frac{(V_1-V_2)\times c\times 15.68\times 1\ 000}{V}$$

式中：V_1 为空白试验滴定时硫代硫酸钠标液用量，mL；V_2 为水样滴定时硫代硫酸钠标液用量，mL；c 为硫代硫酸钠标液的浓度，mol/L；V 为水样体积，mL；15.68 为苯酚摩尔质量，g/mol。

4. 高效液相色谱法

色谱参考条件如下：

色谱柱：Synchropak RP-P 250 mm×4.6 mm I.D. 5 μm。

流动相：乙腈/水 pH 4.8，用 0.01 mol/L 醋酸铵调节水相的 pH 值至 4.8，梯度洗脱。

检测器：紫外检测器，波长 278 nm。

(二)油类

水中的油主要来自工业废水和生活污水的污染。水中的矿物油主要来自加工和运输及多种炼制油的使用行业，水中的动植物油主要来自肉类加工厂、生活污水等。

油类物质在水中有三种存在状态：一部分吸附于悬浮微粒上，一部分以乳化状态存在于水体中，还有少量的溶解于水中。飘浮于水体表面的油会在水面上形成油膜，往往一滴油就能形成 0.25 cm^2 的油膜，影响空气与水体界面氧的交换，使水中浮游生物的生命活动受到抑制，甚至死亡；分散于水中的油则会被微生物氧化分解，消耗水中的溶解氧，使水质恶化。此外，矿物油中所含的芳烃具有较大的毒性。

水中油类物质的测定方法大致分为两类，一类是重量法测定，另一类是光度法测定，其中包括紫外分光光度法、红外分光光度法（GB/T 16488—1996）、非分散红外光度法和荧光法等。无论采用哪种测定方法，测试之前都需要进行水样中油类物质的萃取步骤，常用的萃取溶剂有石油醚、己烷、三氯三氟乙烷和四氯化碳等非极性或弱极性的溶剂。不同的测定方法对萃取溶剂有特殊的选择性，以避免溶剂对后续测试带来的干扰。

1. 重量法

重量法是常用方法，不受油品种类的限制，但操作繁杂，灵敏度低，只适用于测定含油 10 mg/L 以上的水样。以硫酸酸化水样，用石油醚萃取矿物油，然后蒸发除去石油醚，称量残渣量，计算矿物油含量。此法所测为水中可被石油醚萃取的物质总量，可能含有较重的石油成分不能被萃取。蒸发除去溶剂时，也会造成轻质油的损失。

(1)试剂

①石油醚：将石油醚（沸程 30～60℃）重蒸馏后使用。每 100 mL 石油醚的蒸干残渣不应大于 0.2 mg。②无水硫酸钠：在 300℃ 马福炉中烘 1 h，冷却后装瓶备用。③(1+1)硫酸：将浓硫酸溶液缓缓倒入同体积水中。④氯化钠。

(2)测定步骤

①在采集瓶上做一容量记号后（以便以后测量水样体积），将所收集的大约 1 L 已经酸化（pH<2）水样，全部转移至分液漏斗中，加入氯化钠，其量约为水样量的 8%。用 25 mL 石油醚洗涤采样瓶并转入分液漏斗中，充分摇匀 3 min，静置分层并将水层放入原采样瓶内，石油醚层转入 100 mL 锥形瓶中。用石油醚重复萃取水样两次，每次用量 25 mL，合并三次萃取液于锥形瓶中。

②向石油醚萃取液中加入适量无水硫酸钠（加入至不再结块为止），加盖后，放置 0.5 h 以上，以便脱水。

③用预先以石油醚洗涤过的定性滤纸过滤，收集滤液于 100 mL 已烘干至恒重的烧杯中，用少量石油醚洗涤锥形瓶、硫酸钠和滤纸，洗涤液并入烧杯中。

④将烧杯置于(65±5)℃水浴上，蒸出石油醚。近干后再置于(65±5)℃恒温箱内烘干 1 h，然后放入干燥器中冷却 30 min，称量。

(3)结果计算

$$c=\frac{(m_1-m_2)\times 10^{-6}}{V}$$

式中：c 为水中油的含量，mg/L；m_1 为烧杯加油总质量，g；m_2 为烧杯质量，g；V 为水样体积，mL。

(4)注意事项

①分液漏斗的活塞不要涂凡士林。

②测定废水中石油类时，若含有大量动、植物性油脂，应取内径 20 mm，长 300 mm，一端呈漏斗状的硬质玻璃管作为层析柱，填装 100 mm 厚活性层析氧化铝(在 150～160℃活化 4 h，未完全冷却前装好柱)，然后用 10 mL 石油醚清洗。将石油醚萃取液通过层析柱，除去动、植物性油脂，收集流出液于恒重的烧杯中。

③采样瓶应为清洁玻璃瓶，用洗涤剂清洗干净(不要用肥皂)。应定容采样，并将水样全部移入分液漏斗测定，以减少油附着于容器壁上引起的误差。

2. 紫外分光光度法

紫外分光光度法操作简单，灵敏度高，适于测定 0.05～50 mg/L 的含油水样，但标准油品的取得较困难，数据的可比性差；荧光法的测定范围是 0.002～20 mg/L，灵敏度最高，但当组分中芳烃数目不相同时，所产生的荧光强度差别很大。石油及其产品在紫外光区有特征吸收，如一般原油的两个吸收峰波长为 225 nm 和 254 nm，轻质油及炼油厂的油品吸收波长为 225 nm，故可采用紫外分光光度法测定。水样先用硫酸酸化，加氯化钠破乳化，然后用石油醚萃取，脱水，定容后测定。标准油可采用受污染地点水样的石油醚萃取物。

3. 非分散红外法

非分散红外法的测定范围为 0.02～1 000 mg/L，操作简便，灵敏度较高，但当水样中含有大量芳烃及其衍生物时，对其测定结果的可靠性影响较大。此法是利用石油类物质的甲基、亚甲基在近红外区(3.4 μm)有特征吸收，作为测定水样中油含量的基础。测定时，先用硫酸酸化水样，加氯化钠破乳化，再用三氯三氟乙烷萃取，萃取液经无水硫酸钠层过滤、定容，注入红外分析仪测其含量。标准油可采用受污染地点水中石油醚萃取物或混合石油烃。

红外分光光度法最低检出限可达 0.01 mg/L，适用范围广，所得结果可靠性好，该方法已成为我国的国家标准分析方法(GB/T 16488—1996)。

(三)有机农药残留

有机农药残留量的检测方法主要有气相色谱法、高效液相色谱法以及气相色谱-质谱联用和液相色谱-质谱联用法等方法。

1. 有机氯农药(气相色谱法)

气相色谱法测定有机氯农药残留，一般采用 ECD 检测器，该检测器对有机氯农药具有很高的灵敏度和选择性，检测限可达 $10^{-14} \sim 10^{-11}$ g，色谱参考条件如下：

色谱柱：HP-608 石英毛细管柱（30 m×0.53 mm×0.5 μm）。

检测器：ECD。

载气：He 或高纯 N_2。

柱温程序：$85℃ \xrightarrow{30℃/min} 195℃ \xrightarrow{5℃/min} 250℃$

检测器温度：333℃。

2. 有机磷农药（GB 13192—91）

气相色谱法测定有机磷农药残留，一般采用氮磷检测器，色谱参考条件如下：

色谱柱：HP-1 石英毛细管柱用（25 m×0.32 mm×0.52 μm）。

检测器：氮磷检测器。

载气：高纯氮气（≥99.99%）。

柱温程序：$60℃, 0.5\ min \xrightarrow{10℃/min} 250℃, 3\ min$。

气化室温度：250℃。

检测器温度：300℃。

3. 氨基甲酸酯类农药

高效液相色谱测定法色谱参考条件：

色谱柱：Altima C_{18} 4.6 mm×25 cm。

流动相：甲醇＋水（60＋40），流速 0.5 mL/min。

柱温：30℃。

检测器：紫外检测器，波长为 210 nm。

Ⅲ. 学习拓展

拓展一　水体底质污染物的检测

底质是沉积在水体底部的堆积物质的统称，是矿物、岩石、土壤的自然侵蚀产物，是生物活动及降解有机质等过程的产物。一般不包括工厂废水沉积物及废水处理厂污泥。底质是水体的主要组成部分。

底质在水环境体系中可以记录污染历史，反映难降解物的积累情况，污染的潜在危险。底质对水质、水生生物有明显影响，是天然水污染的重要标志。底质监测是水质监测重要组成部分。

一、底质监测方案的制订

(一)资料收集和调查研究

①收集与河床母质、河床特征、水文地质以及周围植被等相关的材料，掌握沉积物的类型和性质。

②收集污染源分布及排污资料，分析沉积物的类型和性质与污染源及其分布的关系。

③在水体中随机布设探查点，探查底质的构成类型(泥质、砂或砾石)和分布情况，并选择有代表性的调查点，采集表层沉积物样品。

④在泥质沉积物水域内设置1～2个采样点，采集柱状样品。枯水期可以在河床内靠近岸边30 m左右处开挖剖面。通过现场测量和样品分析，了解沉积物垂直分布状况和水域的污染历史。

⑤将上述资料绘制水体沉积物分布图，并标出水质采样断面。

(二)监测点的布设原则

底质采样断面的布设原则与地表水采样断面基本相同，并应尽可能取得一致，基本原则如下。

①底质采样断面应尽可能与地表水的采样断面重合，以便于将底质的组成及其物理化学性质与水质情况进行对比研究。

②所设水质控制断面和消减断面处于砂砾、卵石或岩石区时，采样断面可根据所绘沉积物分布图，向下游偏移至泥质区；如果水质对照断面所处的位置是砂砾、卵石或岩石区，采样断面应向上游偏移至泥质区。

在此情况下，允许水质与沉积物的采样断面不重合。但是，必须保证所设断面能充分代表给定河段的水环境特征。

③调查特定污染源的影响时，应在排污口上游处布设一个对照断面，以避开污水回流影响，在排污口下游1 500 m距离内布设若干个采样断面。

(三)监测点的布设

①底质采样点应尽可能与水质采样点位于同一垂线上。如遇有障碍物，可以适当偏移。若中心点为砂砾或卵石，可只设左、右两点；若左、右两点中有一点或两点都采不到泥质样品，可将采样点向岸边偏移，但必须是在洪、丰水期水面能淹没的地方。

②底质未受污染时，由于地质因素的原因，其中也会含有重金属，应在其不受或少受人类活动影响的清洁河段上布设背景值采样点。该背景值采样点应尽可能与水质背景值采样点位于同一垂线上。在考虑不同水文期、不同年度和采样点数的情况下，小样本总数应保证在 30 个以上，大样本总数应保证有 50 个以上，以用于底质背景值的统计估算。

③底质采样点应避开河床冲刷、底质沉积不稳定及水草茂盛、表层底质易受搅动之处。

（四）采样时间和频次

由于底质比较稳定，受水文、气象条件影响较小，一般每年枯水期采样一次，必要时可在丰水期增加采样一次，采样频次远低于水质监测。底质样品采集量视监测项目、目的而定，一般为 2 kg，如样品不易采集或测定项目较少时，可予以酌减。

（五）底质采样器

一般要求用强度高、耐磨性能较好的钢材制成，使用前应除去油脂并清洗干净。掘式和抓式采泥器（图 5-6）适用于采集量较大的沉积物样品；锥式或钻式采泥器（图 5-7）适用于采集较少的沉积物样品；管式采泥器适用于采集柱状祥品。一般通用的是掘式采泥器。

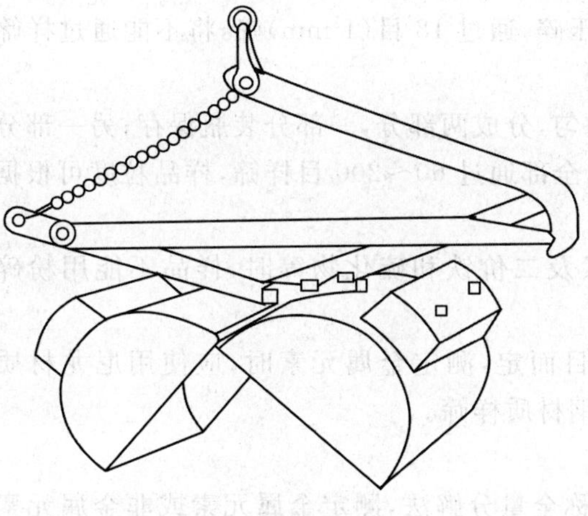

图 5-6　Petersen 氏掘式采泥器

（崔树军. 环境监测. 2008）

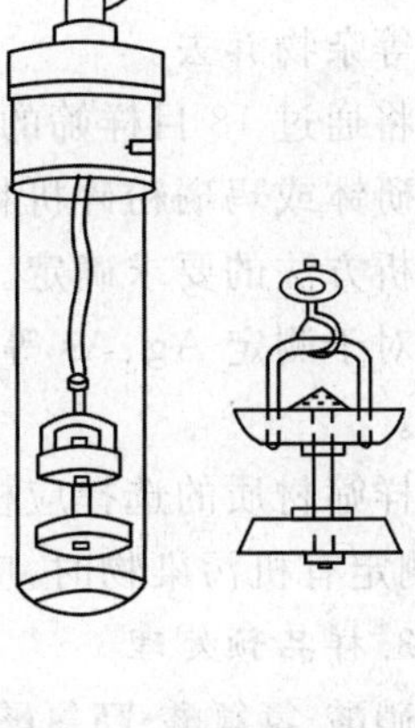

图 5-7　手动活塞钻式沉积物采样器

（崔树军. 环境监测. 2008）

二、底质监测项目

①必测项目：有机质、硫化物、砷、汞、铬(Ⅵ)、铅、镉、锌。

②选测项目：有机氯农药、有机磷农药、除草剂、多氯联苯(PCBs)、烷基汞、苯系物、多环芳烃、磷苯二甲酸酯等。

③其他测定项目：水分、颗粒粒径、氧化还原电位、pH 值、生物和微生物种类及种群等，其他可参照水质和土壤监测项目。

三、底质样品的预处理

1. 底质样品的脱水

对不同类型污染物，可分别采用阴凉、通风处自然风干；离心分离；真空冷冻干燥；无水硫酸钠脱水等方法脱水。底质样品送检后，应立即处理和分析，如需要保存，则应选择低温冷冻条件保存。

脱水方法主要有：自然风干：适合于比较稳定的待测组分；离心分离：适合于易挥发或易发生各种变化的待测组分，如硫化物、有机农药和其他有机物；真空冷冻干燥：适合于各种类型样品，特别适用于含有对光、热、空气不稳定的组分；无水硫酸钠脱水：适用于油类等有机污染物的测定。

2. 底质样品的制备

将风干后的底质样品平铺在硬质白纸板上，挑出砾石和动植物残体及其杂质等，用木棒或玻璃、陶瓷棒等将样品压碎，通过 18 目(1 mm)筛，将不能通过样筛的砾石等杂物弃去。

将通过 18 目样筛的样品混合均匀，分成两部分，一部分装瓶保存；另一部分用玛瑙研钵或玛瑙粉碎机将样品磨细，全部通过 60～200 目样筛，样品粒度可根据项目分析方法的要求确定。

对于测定 Ag、As 等易挥发元素及二价铁和硫化物等时，样品不能用粉碎机粉碎。

样筛材质的选择应根据测定项目而定，测定金属元素时，应使用尼龙材质样筛；测定有机污染物时，应使用不锈钢材质样筛。

3. 样品预处理

硝酸-氢氟酸-高氯酸分解法：也称全量分解法，测定金属元素或非金属元素污染物时，样品一般采用消解的方法、碱熔灰化法等方法进行样品预处理。适用于测定底质中元素含量水平及随时间变化和空间分布的样品分解。

硝酸分解法：可溶解出由于水解和悬浮物吸附而沉淀的大部分重金属，适用于了解受污染的状况。

水浸取法:测定二价铁、硫化物等还原性物质时,样品不能风干,而采用离心分离的方法制备,预处理可根据待测物质的溶解性等进行试剂浸泡提取等化学预处理方法。此预处理方法适用于了解底质中重金属向水体释放情况的样品分解。

有机溶剂提取法:对于有机污染物的测定,则采用溶剂提取法、萃取法、皂化或磺化法、色层分离法等预处理方法。适用于处理测定有机污染组分的底质样品。

四、主要项目的检测

底质中需测定的污染物质视水体污染源而定。一般测定总汞、有机汞、铜、铅、锌、铬、镍、镉、砷化物、硫化物、有机氯农药、有机质等。测定方法与水体中的污染物测定方法相似。

①水分含量测定:风干样品 5.00～30.00 g,置于铝盒、称量瓶或瓷坩埚(已烘干恒重)中,在(105±2)℃烘箱中烘干至恒重。

②有机质含量测定:用过量的 $K_2Cr_2O_7$-H_2SO_4 溶液,在 185～190℃条件下消解样品,使样品中的有机质全部氧化,再用 $FeSO_4$ 溶液滴定剩余的 $K_2Cr_2O_7$,以邻菲罗啉为指示剂,通过 $FeSO_4$ 溶液的浓度和用量,计算氧化有机质消耗的 $K_2Cr_2O_7$ 量,从而计算出有机碳的量,换算成有机质的量。

③其他地质监测项目:可参照土壤污染物监测相关监测项目的测定方法。

拓展二 水污染生物监测与自动监测

水环境中存在着大量的水生生物群落,各类水生生物之间及水生生物与其赖以生存的环境之间存在着互相依存又互相制约的密切关系。当水体受到污染而使水环境条件改变时,各种不同的水生生物由于对环境的要求和适应能力不同而产生不同的反应,因此可用水生生物来了解和判断水体污染的类型、程度。

水质监测就是水体质量监测。水体是地表被水覆盖的自然综合体,它不仅包括水,而且还包括水中的悬浮物、底质和水生生物等。因此,水质监测及评价应该包括水相(水、水溶液)、固相(悬浮物、底质)和生物相,才能得出全面、正确的结论。

水质监测就是对水体污染物质进行监测,这些污染物种类繁多,达数百、上千种,组成极其复杂,浓度差异大。因此,在监测中,由于人力、物力、财力和其他条件的限制,任何国家和地区都不可能将全部污染物监测,只能根据优先监测原则,监测那些危害大、出现频度高、最迫切的项目。

(1)水质监测的目的

①环境保护,判断水体质量是否符合国家制订的水体质量标准,并且提供环保

依据。②规划计划，对天然水进行监测，确定建厂、建区的工程方案。③评价水处理设施的处理效果。④科学研究，在水处理技术、水质监测方法等研究中，对新工艺、新方法作出评价。⑤积累资料为水质标准的制订和修改提供资料。

(2)水质监测分析方法体系

①国家标准分析方法：比较经典、准确度较高的方法，是环境污染纠纷法定的仲裁方法，也是用于评价其他分析方法的基准方法。②统一分析方法：一些项目的监测方法尚不够成熟，但这些项目又急需测定，经过研究作为统一方法予以推广，在使用中积累经验，不断完善，为上升为国家标准方法创造条件。③等效方法：与前两类方法灵敏度、准确度具有可比性的分析方法称为等效方法。采用新技术，有条件的先用，以推动监测技术进步。但是，新方法必须经过方法验证和对比实验，证明其与标准方法或统一方法是等效的才能使用。

(3)水质监测方案的内容

①明确地、具体地规定监测目的；②确定监测介质和监测项目，以此选择分析方法，前后统一，使监测数据具有可比性；③规定采样地点、方法、时间和频次，并具体责任到人；④明确排放特点、自然环境条件、居民分布情况等，据此确定采样设备、交通工具及运行路线；⑤对监测结果尽可能提出定量要求，如监测项目结果的表示方法、有效数字的位数及可疑数据的取舍等。按照不同水体的水质监测方案的制订。

一、水污染的生物监测

水环境的生物监测是利用生物个体、种群或群落对其环境质量及其变化规律所产生的反应和影响来阐述环境状况的监测手段。水环境的生物监测主要包括：细菌学监测、浮游生物监测、底栖大型无脊椎动物监测和微型生物群落监测等内容。与理化监测相比，生物监测具有累积效应和综合反应的特点。因此，生物监测可以为污染程度的判断、预防和控制环境污染及保护生态环境提供科学依据。

用水生生物来监测研究水体污染状况的方法较多，如生物群落法、生产力测定法、残毒测定法、急性毒性试验、细菌学检验等。

(一)细菌学监测法

水的细菌学检验，特别是肠道细菌的检验，在卫生学上具有重要意义。实际工作中，常以检验细菌总数，特别是检验作为粪便污染的指示细菌，来间接判断水的卫生学质量。常采用的细菌学检测指标有：细菌总数、总大肠菌群和粪大肠菌群等。

1. 水样的采集

严格按无菌操作要求进行，防止在运输过程中被污染，并应迅速进行检验。

2. 细菌总数的测定

细菌总数是指 1 mL 水样在营养琼脂培养基中，于 37℃ 经 24 h 培养后，所生长的细菌菌落的总数。它是判断饮用水、水源水、地表水等污染程度的标志。

其操作过程如下：①灭菌；②制备营养琼脂培养基；③培养（二份平行样，一份空白）；④菌落计数。

3. 总大肠菌群的测定

总大肠菌群是指那些能在 35℃、48 h 之内使乳糖发酵产酸、产气、需氧及兼性厌氧的、革兰氏阴性的无芽孢杆菌，以每升水样中所含有的大肠菌群的数目来表示。

总大肠菌群的检验方法有发酵法和滤膜法。发酵法可用于各种水样（包括底泥），但操作繁琐，费时间。滤膜法操作简便、快速，但不适用于浑浊水样。

（二）浮游生物检验法

浮游生物，尤其是浮游植物长期以来就被作为水质的指示生物，有些种类对有机污染和（或）化学污染非常敏感。浮游植物清水指示种类有冰岛直链藻、小球藻和锥囊藻属的一些种类；污染指示种类有：谷皮菱形藻、铜锈微囊藻和水花束丝藻。与浮游植物一样，一定水域内的浮游动物种群对评价水质是有积极的意义。

浮游生物的检验采用浮游生物计数法，即在显微镜下观测并计算浮游植物和浮游动物的数目。计数方法有：塞奇威克-拉夫脱（S-R）计数框、帕尔默-马洛尼（Palmer-Malony，P-M）微小浮游生物框、拉季（Lackey）微量（微断面）计数法、滤膜计数等。

（三）底栖大型无脊椎动物监测法

底栖大型无脊椎动物是指栖息在水底或附着在水中植物和石块上肉眼可见、大小不能通过 0.595 mm（淡水）或 11.0 mm（海洋）孔眼的水生无脊椎动物，包括水生昆虫、大型甲壳类，软体动物、环节动物、圆形动物、扁形动物以及其他水生无脊椎动物。

利用底栖大型无脊椎动物监测来评价污染的影响时，一般的方法是从污染影响地点和邻近的未受影响的地点采集大型无脊椎动物群落进行对比。监测程序包括采集并分析这两处的群落，然后确定有污染影响的群落是否有别于无污染影响的群落。对于大多数群落结构的分析，需要的基本资料是每一种的个体计数。用这些计数可根据组成、密度、生物量、多样性或其他分析结果来描述群落的特征并做比较。

(四)生物群落法

多采用生物指数和生物种的多样性指数、微型生物群落法(PFU 法)等方法来进行检测。

1. 生物指数法

生物指数法是指运用数学公式反映生物种群或群落结构的变化,以评价环境质量的数值。贝克生物指数 BI=0 时,属严重污染区域,BI=1～6 时,为中等有机物污染区域,BI=10～40 时,为清洁水区。

评价水质用的生物指数主要是依据不利环境因素,如各种污染物对生物群落结构的影响,用数学形式表现群落结构来指示环境质量的状况,包括污染在内的水质变化对生物群落的生态学效应等。主要考虑六个方面:第一,某些对污染有指示价值的生物种类,例如对某种污染物敏感或有耐受性的种类的出现或消失,导致群落结构的种类组成变化。第二,群落中生物种类数在污染加重的条件下减少,在水质较好的情况下增加,但过于清洁的条件下由于食物缺乏也会导致种类数的减少。第三,组成群落的个别种群变化(如数量变化等)。第四,群落中种类组成比例的变化。第五,自养-异养程度上的变化。第六,生产力的变化。

2. 生物种的多样性指数

多样性指数是生物群落中种类与个体数的比值。在正常水体中群落的结构相对稳定,水体受到污染后,群落中敏感种类减少,而耐污种类的个体数则大大增加,污染程度不同,生物群落变化也不同。所以,可以用多样性指数来反映水体污染状况,常用的多样性指数有:马格利夫(Margalef)多样性指数、香浓-韦弗(Shannon-Weaver)多样性指数、Simpson 多样性指数、Cairns 连续比较指数等方法。

(五)污水生物系统法

该方法将受有机物污染的河流按其污染程度和自净过程划分为几个互相连续的污染带,每一带生存着各自独特的生物(指示生物),据此评价水质状况。

由于受污染河流的自净作用导致自上游向下游形成一系列在污染程度上逐渐减轻的连续带,每一带都生存有大体上能够表示这一带特性的动物和植物。从而可以根据一条河流中一定区域内所发现的动物区系和植物区系来鉴别该区域的有机物污染程度。把河流按其污染程度划分为三个污染带。

①多污带:这是水体受到有机物污染严重的区域。此带的特征是高分子有机物质极其丰富,溶解氧含量少,产生硫化氢等气体,细菌和无色鞭毛虫极多,有少量靠腐烂有机物或细菌为主要食物的动物,没有好氧生物,鱼类也不能生存。

②中污带：此带较长，又分为α-中污带和β-中污带。α-中污带有机物污染仍较严重，存在较多的较小相对分子质量的有机物，溶解氧较前一带略多，氧化作用使底泥中的硫化氢减少。生物为比较耐受污染的种类，有许多细菌和真菌，藻类少见，以细菌为食物的耐污动物占优势。β-中污带为中等程度的有机物污染区。溶解氧相当高，氧化作用显著，有机物能较好地矿化。有多种蓝藻、绿藻及硅藻，有多种原生动物，有鱼类出现。

③寡污带：经河流的自净作用后有机物全部被分解，水质透明度大，溶解氧恢复正常或达到饱和。细菌数量少，藻类种类多，数量也增加。

二、水质的自动监测系统

水质污染自动监测系统（WPMS）就是在一个水系或一个地区设置若干个连续自动监测仪器的监测站，由一个中心控制若干个子自动监测站，随时对该地区的水质污染状况进行连续自动监测，形成一个连续自动监测系统。

由于污染水质的污染物种类繁多、成分复杂、干扰严重，需要一系列的化学处理操作，而且水质污染往往是痕量的，因此对水质污染连续自动监测比较困难。基于上述原因，水质污染连续自动监测技术首先是对那些能够反映水质污染的综合指标项目，进行连续自动监测，及时发现水质是否已经污染或是否出现异常，然后再逐步增加具体污染项目的连续自动监测项目来确定具体污染物的污染程度。

由于水中许多污染物浓度的检测还缺乏完全自动化的检测仪器，因此，在水质自动监测系统中主要是测定一些综合性的污染指标，如pH值、电导率、氧化-还原电位、溶解氧、化学需氧量、生化需氧量和氨氮等。此外，还包括必要的水文、气象参数，有水源、水位、流速、潮汐、气温、降水量、风速、风向、日照量等。

水质自动监测系统子站内的采样装置由过滤器、泵、管道和高位水槽组成。一般设有两套，轮换使用，保证采样不间断。采水泵常用能置于水中不同深度的潜水泵或水位涨落时能保持一定深度的浮动泵。泵把水样抽到高位水槽中，多余的水经溢流管排走，水槽使水样保持恒定压力，分流进入连续自动监测仪器。

水质自动监测仪器按测定原理的不同，可分为浸渍式、流通式和间歇取样式。按仪器结构不同可分为仪器化的湿化学分析装置和使用各种传感元件的装置。间歇取样式属于前者，浸渍式和流通式属于后者。

（一）水质污染连续自动监测仪

水质自动监测技术是一个集分析仪器，取水，控制及数据传输与处理的系统工程。目前国内在地表水监测上使用较多的是由北京晟德瑞环境技术开发公司（Sentech）开发研制的中心控制通讯模块为核心，以用户的具体要求和实际情况为基础，结合晟德瑞公司合理的整体设计方案，配备相应的先进仪器设备，研制成功的科学的、先进的、有效的水质自动监测系统。该系统技术先进，与国际水平同步，可实现远程诊断。控制高度自动化，操作简便，维护方便，整体运行费用较低。可对地表水中的温度、pH、电导、浊度、溶解氧、氨氮、总有机碳、高锰酸钾指数等常规参数进行监测，系统留有外部接口，可以随时根据用户的需要进行测试参数的增减。系统为三个组合 SWM-1，SWM-2 和 SWM-3 系统。包括 5 个参数测试仪，氨氮测试仪、TOC 测试仪、COD 测试仪、总磷测试仪、总氮测试仪等及控制通信系统，可以随时外挂其他的标准分析设备。

环境水质自动监测系统特点：性能价格比优异；灵活多样的采水，配水系统、能够适应多样的地表水监测；系统的维护量小；资源占用少，能耗少；运行成本低；与现有国家环保局水质监测网完全兼容；系统集成度高，可靠性好；强大的通讯和远程控制功能；独特的测量校验功能；操作简单，操作人员易掌握；完善的系统自我保护功能；系统具有良好的可扩展性，可满足用户扩展监测内容的要求。整个水质自动监测系统由以下部分组成：自动监测站的站房，外部采水系统，配水系统及内部水样的预处理，仪器部分，通信及控制系统，中心软件，辅助设施。

水质自动监测站是由采水系统，主调整槽、自动采样仪以及各种自动监测仪所组成。由于河流中含有泥沙，漂浮物等杂质，为了保证连续工作一般采用双路采水系统。

污染源测流和在线连续监测系统用于污水水质在线监测，可以用于污水处理厂，为其提供完整可靠的包括活性污泥特性，硝酸盐氮、碳组分以及其他光谱分析数据在内的测量数据。该仪器用于污水处理工艺的监测控制和优化，费用低，效果显著。污水水质在线监测仪可以同时监测的污水水质参数包括：硝氮，SAC254，COD，TOC，总固体，污泥沉降比，污泥指数等。对于污水和活性污泥进行全面的，基于光学法的分析，往往需要非常流畅连贯的分析设备。污水水质在线监测仪就是这样的一种设备，其所有的测量装置均集中于一个探头之内。这种最新型的在线分析仪采用了一种专利型的解决方案来进行分析测量，从而在许多方面建立了新的标准，污水水质在线监测仪的测量装置是一个分光光度法探头，其分析光谱的范围在 190～720 nm，该探头可以直接将待测水样吸入测量室，而无需任何样品预处理装置。若安装在曝气池，该探头可以监测活性污泥中的总固体浓度并将监测数据显示为 TSeq。

(二)便携式现场监测仪器

1. 便携式的 BOD 测定仪

分为快速测定仪和红外遥控测定仪采用压力探头感测法，自动温度监控。可测 0～4 000 mg/L 之间不同量程的 BOD 值，可设定 0.5～99 天不同的测量周期。所带红外数据存储器每 24 h 自动记录储存 BOD 值，可了解水样中的 BOD 的变化情况。与其配套的可携带式生化培养箱可放量多达 48 个 BOD 测试瓶。

2.便携式的 COD 测定仪

采用比色法，自动调零校正，取样量小，可测定 0～16 000 mg/L 之间超高量程、高量程、低量程以及超低量程四种不同量程的 COD 值。消解炉可放置 25 只 COD 试管。内置计时器，消解温度最高可达 170℃。程序编制消解器会在消解时间完毕后自动关闭，并可同时进行两种不同温度的消解。

3. TOD 测定仪

TOD 自动监测仪的工作原理是将含有一定浓度氧的惰性气体连续地通过燃烧反应室，当将水样间歇或连续地定量打入反应室时，在 900℃和铂催化剂的作用下，水样中的有机物和其他还原物质瞬间完全氧化，消耗了载气中的氧，导致载气中氧浓度的降低，其降低量用氧化锆氧量检测器测定。当用已知 TOD 的标准溶液校正仪器后，便可直接显示水样的 TOD 值。氧化锆氧量检测器是一种高温固体电解质浓差电池，其参比半电池由多孔铂电极和已知含氧量的参比气体组成，测量半电池由多孔铂电极和被测气体组成，中间用氧化锆固体电解质连接，则在高温条件下构成浓差电池，其电动势取决于待测气体的氧浓度，所需载气用纯氮气通过置于恒温室中的渗氧装置(用硅酮橡胶管从空气中渗透氧于载气流中)获得。

4.多功能水质分析仪

仪器采用比色或分光光度法，在 300～900 nm 之间设定不同的测量波长，并将常用方法和校准曲线预先进行程序化，可提供几百个水质分析方法及标准曲线，仪器还可在内存中储存几千组数据，供将来调出及卸载。仪器可自动设定波长，可进行试剂空白校正，校正曲线还可以用标准参数再校正。可用几种可选的读出方式显示结果，检出限很低，操作简单。

5.浊度监测仪

表面散射式浊度监测仪工作原理：被测水样经阀 1 进入消泡槽，去除水样中的气泡后中，由槽底经阀 2 进入测量槽，再由槽顶溢流流出。测量槽顶经特别设计，使溢流水保持稳定，从而形成稳定的水面。从光源射入溢流水面的光束被水样中的颗粒物散射，其散射光被安装在测量槽上部的光电池接收，转化为光电流。同时，通过光导纤维装置导入一部分光源作为参比光束输入到另一光电池，两光电池产生的光电流送入运算放大器，并转换成与水样浊度呈线性关系的电信号，用电表指示或记录仪记录。仪器零点可用通过过滤器的水样进行校正，量程可用标准溶液或标准散射板进行校正。光电元件，运算放大器应装于恒温器中，或由系统进行温度补偿，以避免温度变化带来的影响。测量槽内污物可采用超声波清洗装置定期自动清洗。

6.便携式离子计

可同时选配多种离子电极组成不同需要的测试系统，测量范围大，准确度高，内置定时器，可定时校正、测试，自动读数，再现性好，可测定常见的十几种阴、阳离子。

7.便携式气相色谱仪

与一般的气相色谱仪相比，在性能方面已无明显差别，但具有体积小、轻便、适于现场监测的特征。这类仪器主要使用PID，可以监测离子电位不大于12 eV的任何化合物，如烷烃、芳香烃、多环芳烃、醛类、酮类、胺类、有机磷、有机氧等化合物以及一些有机金属化合物，还可检测Cl_2、NH_3、NO等无机化合物。

8. 溶解氧监测仪

在水污染连续自动监测系统中，广泛采用隔膜电极法测定水中溶解氧。较常用的隔膜电极有两种，一种是原电池式隔膜电极，另一种是极谱式隔膜电极，由于后者使用中性内充溶液，维护简便，适用于自动监测系统中，其原理见氧电极法。其电极可安装在流通式发送池中，也可浸入搅动的水样(如曝气池)中。该仪器设有清洗装置，定期自动清洗沾附在电极上的污物。

9. pH 监测仪

pH 监测仪由复合式 pH 玻璃电极，温度自动补偿电极，电极夹，电极连接箱，专用电缆，放大指示系统及计算机等组成。为防止电极长期浸泡于水中表面沾附污物，在电极上带有超声波清洗装置，定时自动清洗电极。

10.其他便携式监测仪

如便携式IC及分光光度计、多电极水质测定仪(可测定pH值、溶解氧、电导率和温度等参数)、便携式溶解氧仪、便携式电导计、便携式自动采样器等。另外，车载型X射线荧光分析仪(XRF)是测量常量、少量至微量金属成分的便利手段，尤其土壤、底质、废物等固体样品，不经消解处理可直接测量；车载型GC-MS是测量有机污染物的最佳手段。

学习情境Ⅵ 水处理与营养液的配制

学习指南

1. 学习情境Ⅵ主要是根据现在农业生产需要来安排的。目前,我国整体水质状况不容乐观,在农业生产中需要对水净化,尤其是在无土栽培情况下,对水质的要求更高。鉴于目前这种情况,学习情境中安排了水处理与水净化的内容。学生通过学习,可以了解水处理的方法与水净化的方法,达到在生产实践中能够正确选择水净化设备,完成水净化工作的目的。

2. 学习情境Ⅵ只安排了一个工作任务——无土栽培营养液的配制。在任务中,介绍了无土栽培营养液的配制方法与典型配方,学生可根据具体情况,考虑选择不同的配方,来完成工作任务。本任务的操作技能主要是化学操作中溶液配制的技能应用,故任务也可以作为学习任务考虑,可不安排学生实际操作。

3. 学习情境Ⅵ的主要参考资料:《水环境监测与评价》、《污水处理与水净化》和《新编无土栽培原理与技术》等。

Ⅰ 学习资料

水处理(water treatment)对水源水或不符合用水水质要求的水,采用物理、化学、生物等方法改善水质的过程。是为了适用于特定的用途而对水进行的沉降、过滤、混凝、絮凝,以及缓蚀、阻垢等水质调理的过程。

由于社会生产、生活与水密切相关,因此,水处理领域涉及的应用范围十分广泛,构成了一个庞大的产业应用。

常说的水处理包括:污水处理和饮用水处理两种。经常用到的水处理药剂有:聚合氯化铝、聚合氯化铝铁、碱式氯化铝,聚丙烯酰胺,活性炭及各种滤料等。

水处理的效果可以通过水质标准衡量。

水的处理方法可以概括为三种方式:①最常用的是通过去除原水中部分或全部杂质来获得所需要的水质;②通过在原水中添加新的成分来获得所需要的水质;③对原水的加工不涉及去除杂质或添加新成分的问题。

常用的污水处理技术有生物化学法,如活化污泥法、生物结层法、混合生物法等;物理化学法,如粒质过滤法、活性炭吸附法、化学沉淀法、膜滤/渗析法等;自然处理法,如稳定塘法、氧化沟法、人工湿地法、化学色可赛思树脂处理法。

污水处理一般来说包含以下三级处理:一级处理是通过机械处理,如格栅、沉淀或气浮,去除污水中所含的石块、砂石和脂肪、铁离子、锰离子、油脂等。二级处理是生物处理,污水中的污染物在微生物的作用下被降解和转化为污泥。三级处理是污水的深度处理,它包括营养物的去除和通过加氯、紫外辐射或臭氧技术对污水进行消毒。可能根据处理的目标和水质的不同,有的污水处理过程并不是包含上述所有过程。

纯净水处理工艺视原水水质而定。如果原水是市政自来水,一般的流程是:砂滤—活性炭过滤—软化(可有可无)—保安过滤—反渗透—紫外消毒—产水。如果是一般的地表水,在进入上述流程之前要杀菌并添加絮凝剂。如果是井水,在砂滤后要加除铁锰过滤器。

一、污水处理

(一)机械处理工段

机械(一级)处理工段包括格栅、沉沙池、初沉池等构筑物,以去除粗大颗粒和悬浮物为目的,处理的方法有两种,一般通过物理法实现固液分离,将污染物从污水中分离,这是普遍采用的污水处理方式。机械(一级)处理是所有污水处理工艺流程必备工程(尽管有时有些工艺流程省去初沉池),城市污水一级处理 BOD_5 和 SS 的典型去除率分别为 25%和 50%。在生物除磷脱氮型污水处理厂,一般不推荐曝气沉沙池,以避免快速降解有机物的去除;在原污水水质特性不利于除磷脱氮的情况下,初沉的设置与否以及设置方式需要根据水质特注的后续工艺加以仔细分析和考虑,以保证和改善除磷除脱氮等后续工艺的进水水质。另一种方法是应用化学处理,应用絮凝剂将有害的金属絮凝沉淀。

(二)污水生化处理

污水生化处理属于二级处理,以去除不可沉悬浮物和溶解性可生物降解有机物为主要目的,其工艺构成多种多样,可分成活性污泥法、AB 法、A/O 法、A_2/O 法、SBR 法、氧化沟法、稳定塘法、土地处理法等多种处理方法。目前大多数城市污水处理厂都采用活性污泥法。生物处理的原理是通过生物作用，尤其是微生物的作用，完成有机物的分解和生物体的合成，将有机污染物转变成无害的气体产物（CO_2）、液体产物（水）以及富含有机物的固体产物（微生物群体或称生物污泥）；多余的生物污泥在沉淀池中经沉淀池固液分离，从净化后的污水中除去。

在污水生化处理过程中，影响微生物活性的因素可分为基质类和环境类两大类：

1. 基质

基质类包括营养物质，如以碳元素为主的有机化合物即碳源物质、氮源、磷源等营养物质，以及铁、锌、锰等微量元素；另外，还包括一些有毒有害化学物质如酚类、苯类等化合物、也包括一些重金属离子如铜、镉、铅离子等。

2. 环境类影响主要因素

①温度：温度对微生物的影响是很广泛的，尽管在高温环境（50～70℃）和低温环境（－5～0℃）中也活跃着某些类的细菌，但污水处理中绝大部分微生物最适宜生长的温度范围是20～30℃。在适宜的温度范围内，微生物的生理活动旺盛，其活性随温度的增高而增强，处理效果也越好。超出此范围，微生物的活性变差，生物反应过程就会受影响。通常控制反应进程的最高和最低限值分别为35℃和10℃。

②pH值：活性污泥系统微生物最适宜的pH值范围是6.5～8.5，酸性或碱性过强的环境均不利于微生物的生存和生长，严重时会使污泥絮体遭到破坏，菌胶团解体，处理效果急剧恶化。

③溶解氧：对好氧生物反应来说，保持混合液中一定浓度的溶解氧至关重要。当环境中的溶解氧高于0.3 mg/L时，兼性菌和好氧菌都进行好氧呼吸；当溶解氧低于0.2～0.3 mg/L接近于零时，兼性菌则转入厌氧呼吸，绝大部分好氧菌基本停止呼吸，而有部分好氧菌（多数为丝状菌）还可能生长良好，在系统中占据优势后常导致污泥膨胀。一般曝气池出口处的溶解氧以保持2 mg/L左右为宜，过高则增加能耗，经济上不合算。

在所有影响因素中，基质因素和pH值决定于进水水质，对这些因素的控制，主要靠日常的监测和有关条例、法规的严格执行。对一般城市污水而言，这些因素大都不会构成太大的影响，各参数基本能维持在适当范围内。温度的变化与气候有关，对于万吨级的城市污水处理厂，特别是采用活性污泥工艺时，对温度的控制难以实施，在经济上和工程上都不是十分可行的。因此，一般是通过设计参数的适当选取来满足不同温度变化的处理要求，以达到处理目标。因此，工艺控制的主要目标就落在活性污泥本身以及可通过调控手段来改变的环境因素上，控制的主要任务就是采取合适的措施，克服外界因素对活性污泥系统的影响，使其能持续稳定地发挥作用。

实现对生物反应系统的过程控制关键在于控制对象或控制参数的选取，而这又与处理工艺或处理目标密切相关。

前已述及溶解氧是生物反应类型和过程中一个非常重要的指示参数，它能直观且比较迅速地反映出整个系统的运行状况，运行管理方便，仪器、仪表的安装及维护也较简单，这也是近10年我国新建的污水处理厂基本都实现了溶解氧现场和在线监测的原因。

(三)三级处理

三级处理是对水的深度处理，现在的我国的污水处理厂投入实际应用的并不多。它将经过二级处理的水进行脱氮、脱磷处理，用活性炭吸附法或反渗透法等去除水中的剩余污染物，并用臭氧或氯消毒杀灭细菌和病毒，然后将处理水送入中水道，作为冲洗厕所、喷洒街道、浇灌绿化带、工业用水、防火等水源。

由此可见，污水处理工艺的作用仅仅是通过生物降解转化作用和固液分离，在使污水得到净化的同时将污染物富集到污泥中，包括一级处理工段产生的初沉污泥、二级处理工段产生的剩余活性污泥以及三级处理产生的化学污泥。由于这些污泥含有大量的有机物和病原体，而且极易腐败发臭，很容易造成二次污染，消除污染的任务尚未完成。污泥必须经过一定的减容、减量和稳定化无害化处理并妥善处置。污泥处理的成功与否对污水处理厂有重要的影响，必须重视。如果污泥不进行处理，污泥将不得不随处理后的出水排放，污水处理厂的净化效果也就会被抵消掉。所以在实际的应用过程中，污水处理过程中的污泥处理也是相当关键的。

二、一般水处理方法及原理

常用的水处理方法有沉淀物过滤法、硬水软化法、活性炭吸附法、去离子法、逆渗透法、超过滤法、蒸馏法、紫外线消毒法和生物化学法等。

(一)沉淀物过滤法

沉淀物过滤法的目的是将水源内之悬浮颗粒物质或胶体物质清除干净。这些颗粒物质如果没有清除，会对过滤膜造成破坏或水路的阻塞。这是最古老且最简单的净水法，所以这个步骤常用在水纯化的初步处理中，必要时，在管路中也会多加入几个滤器以清除体积较大的杂质。过滤悬浮的颗粒物质所使用的滤器种类很多，例如网状滤器，沙状滤器(如石英沙等)或膜状滤器等。只要颗粒大于这些孔洞，就会被阻挡下来。对于溶解于水中的离子，就无法阻拦下来。如果滤器太久没有更换或清洗，堆积在滤器上的颗粒物质会愈来愈多，则水流量及水压会逐渐减少。人们就是利用入水压与出水压差来判断滤器被阻塞的程度。因此，滤器要定时逆冲以排除堆积其上的杂质，同时也要在固定时间内更换滤器。

沉淀物过滤法还有一个问题值得注意，因为颗粒物质不断被阻拦而堆积下来，这些物质里面或许有细菌在此繁殖，并释放毒性物质通过滤器，造成热原反应，所以要经常更换滤器，原则上进水与出水的压力落差升高达到原先的5倍时，就需要换掉滤器。

(二)硬水软化法

硬水的软化需使用离子交换法，它的目的是利用阳离子交换树脂以钠离子来交换硬水中的钙与镁离子，以此来降低水源内的钙镁离子浓度。其软化的反应式如下：

$$Ca^{2+} + 2Na\text{-}EX \rightarrow Ca\text{-}EX_2 + 2Na^+$$

$$Mg^{2+} + 2Na\text{-}EX \rightarrow Mg\text{-}EX_2 + 2Na^+$$

式中的EX表示离子交换树脂，这些离子交换树脂结合了Ca^{2+}及Mg^{2+}之后，将原本含在其内的Na^+释放出来。

现在市面上出售的离子交换树脂为球状的合成有机物高分子电解质。树脂基质内藏氯化钠，在硬水软化的过程中，钠离子会逐渐被使用耗尽，则交换树脂的软化效果也会逐渐降低，这时需要做还原的工作，也就是每隔固定时间加入特定浓度的盐水，一般是10%，其反应方式如下：

$$Ca\text{-}EX_2 + 2Na^+(\text{浓盐水}) \rightarrow 2Na\text{-}EX + Ca^{2+}$$

$$Mg\text{-}EX_2 + 2Na^+(\text{浓盐水}) \rightarrow 2Na\text{-}EX + Mg^{2+}$$

(三)活性炭处理

活性炭是由木头，残木屑，水果核，椰子壳，煤炭或石油底渣等物质在高温下干馏炭化而成，制成后还需以热空气或水蒸气加以活化。它的主要作用是清除氯与氨以及分子相对质量在60～300道尔顿的溶解性有机物质。活性炭的表面呈颗粒状，内部是多孔的，孔内有许多0.1～10 nm大小的毛细管，1 g的活性炭内部表面积高达700～1 400 m^2，而这些毛细管内表面及颗粒表面就是吸附作用之所在。影响活性炭清除有机物能力的因素有活性炭本身的面积，孔洞大小以及被清除有机物的分子量及其极性，它主要以物理的吸附能力来排除杂物，当吸附能力达饱和之后，吸附过多的杂质就会掉落下来污染下游的水质，所以必须定时利用逆冲的方式来清除吸附其上的杂质。

这种活性炭滤器如果吸附能力明显下降，必须更新。测定进水及出水的TOC浓度差(或细菌数量差)是考量更换活性炭的依据之一。有些逆渗透膜对氯的耐受性不佳，所以在逆渗透之前要有活性炭的处理，使氯能够有效的被活性炭吸附，但是活性炭上的孔洞吸附的细菌容易繁殖滋长，同时对于分子较大有机物的清除，活性炭的功效有限，所以必须有逆渗透膜在后面补强。

(四)去离子法

去离子法的目的是将溶解于水中的无机离子排除，与硬水软化器一样，也是利用离子交换树脂的原理。常使用两种树脂-阳离子交换树脂与阴离子交换树脂。阳离子交换树脂利用氢离子(H^+)来交换阳离子；而阴离子交换树脂则利用氢氧根离子(OH^-)来交换阴离子，氢离子与氢氧根离子互相结合成中性水，其反应方程式如下：

$$M\text{-}x + xH\text{-}Re \rightarrow M\text{-}Re_x + xH^+$$

$$A\text{-}z + zOH\text{-}Re \rightarrow A\text{-}Re_z + zOH^-$$

上式中的M-x表阳离子，x表电价数，M-x阳离子与阳离子树脂上H-Re的氢离子交换，A-z则表阴离子，z表电价数，A-z与阴离子交换树脂结合后，释放出OH^-离子。

这些树脂的吸附能力耗尽之后也需要再还原，阳离子交换树脂需要强酸来还原，相反的，阴离子则需要强碱来还原。阳离子交换树脂对各种阳离子的吸附力有所差异，它们的强弱程度及相对关系如下：

$Ba^{2+} > Pb^{2+} > Sr^{2+} > Ca^{2+} > Ni^{2+} > Cd^{2+} > Cu^{2+} > Co^{2+} > Zn^{2+} > Mg^{2+} > Ag^+ > Cs^+ > K^+ > NH_4^+ > Na^+ > H^+$

阴离子交换树脂与各阴离子的亲和力强度如下：

$$SO_4^{2-} > NO_3^- > NO_2^- > Cl^- > HCO_3^- > OH^- > F^-$$

如果阴离子交换树脂消耗殆尽而没有还原，则吸附力最弱的氟就会逐渐出现在水中；如果阳离子交换树脂消耗尽了，氢离子也会出现在水中，造成水质酸性的增加，所以去离子功能是否有效，需要时常监视，一般是以水质的电阻系数或传导度来判断。

(五)逆渗透法

逆渗透法可以有效地清除溶解于水中的无机物，有机物，细菌，热原及其他颗粒等。要了解“逆渗透”原理之前，要先解释“渗透”的概念。所谓渗透是指以半透膜隔开两种不同浓度的溶液，其中溶质不能透过半透膜，则浓度较低的一方水分子会通过半透膜到达浓度较高的另一方，直到两侧的浓度相等为止。在还没达到平衡之前，可以在浓度较高的一方逐渐施加压力，则前述之水分子移动状态会暂时停止，此时所需的压力叫做“渗透压”，如果施加的力量大于渗透压时，则水分的移动会反方向而行，也就是从高浓度的一方流向低浓度的一方，这种现象就叫做“逆渗透”。逆渗透的纯化效果可以达到离子的层面，对于单价离子的排除率可达90%～98%，而双价离子可达95%～99%。

逆渗透水处理常用的半透膜材质有纤维质膜，芳香族聚酰胺类等，至于它的结构形状有螺旋形、空心纤维型及管状型等。这些材质中纤维素膜的优点是耐氯性高，但在碱性的条件下（pH≥8.0）或细菌存在的状况下，使用寿命会缩短。

如果逆渗透前没有做好前置处理则渗透膜上容易有污物堆积，例如钙、镁、铁等离子，造成逆渗透功能的下降。有些膜容易被氯与氯氨所破坏，因此在逆渗透膜之前要有活性炭及软化器等前置处理。

（六）超过滤法

与逆渗透法类似，超过滤法也是使用半透膜，但由于半透膜孔径较大（1～20 nm），故无法对水中离子有效清除，只能排除细菌，病毒，热原及颗粒状物等，对水溶性离子则无法滤除。超过滤法主要的作用是充当逆渗透法的前置处理以防止逆渗透膜被细菌污染。它也可用在水处理的最后步骤以防止上游的水在管路中被细菌污染。一般是利用进水压与出水压差来判断超过滤膜是否有效，与活性炭类似，平时是以逆冲法来清除附着其上的杂质。

（七）蒸馏法

蒸馏法是古老却有效的水处理法，它可以清除任何不可挥发性的杂质，但是无法排除可挥发性的污染物，它需要很大的储水槽来存放，这个储水槽与输送管却是造成污染的重要原因。

（八）紫外线消毒法

紫外线消毒法是目前常使用的方法之一，它的杀菌机理是破坏细菌核酸的生命遗传物质，使其无法繁殖。一般是使用低压水银放电灯（杀菌灯）253.7 nm 波长的紫外线能量。紫外线杀菌灯的原理与日光灯相同，只是灯管内部不涂荧光物质，灯管的材质是采用紫外线穿透率高的石英玻璃。一般紫外线装置依用途分照射型，浸泡型及流水型。

1. 紫外线杀菌灯

对紫外线的感受性最大的是绿脓菌、大肠菌；相反的，耐受性较大的则是枯草菌芽孢体。因为紫外线消毒法安全，经济，对菌种的选择性少，水质也不会改变，所以近年已广泛使用这种方法，例如船上的饮用水就常使用这种消毒法。紫外线杀菌灯适用于各种大小渔场过滤，水处理，大小型水池，游泳场、温泉。杀菌效率可达99%～99.99%。

2. 杀菌

紫外线杀菌主要是利用254 nm波长的紫外线光。此波长的紫外线光，即使是在微量的紫外线投射剂量下，也可以破坏一个细胞的DNA，因此阻止细胞再生，丧失再生能力使细菌变得无害，从而达到灭菌的效果。像所有其他紫外线应用技术一样，这种系统的规模取决于紫外线的强度（照射器的强度和功率）和接触时间（水、液体、或空气暴露在紫外线下的时间长短）。

3. 消除臭氧

在工业生产中，臭氧常被用于消毒和净化水体。但是，由于臭氧有极强的氧化能力，水中剩余的臭氧如果不被去除会有可能对下一流程有所影响，因此，通常臭氧处理过的水在进入主要的工艺流程之前必须将水中剩余臭氧去除掉。254 nm波长的紫外线对于破坏剩余臭氧非常有效，它可以把臭氧分解成氧气。尽管不同的系统所需要的规模不同，但通常来讲，一个典型的臭氧消除系统所需的紫外线放射量是一个传统的灭菌消毒系统的3倍左右。

4. 降低总有机碳量

在很多高技术和实验室装置中，有机物会妨碍高纯度水的生产。有很多方法可以把有机物从水中清除掉，较常用的方法包括使用活性炭和反渗透。波长较短的紫外线（185 nm）也可以有效地降低总有机碳量。紫外线氧化有机物的反应过程非常复杂，紫外线水处理技术其主要原理是通过产生氧化能力很强的氧自由基，将有机物氧化成水和二氧化碳。和臭氧清除系统一样，这种降解有机碳的紫外线系统的紫外线放射量是传统消毒系统的3～4倍。

5. 降解余氯

在市政水处理和供水系统，加氯消毒是非常必要的。但在工业生产过程中，为了避免对产品产生不良影响，去除水中的余氯却经常是必要的前处理。消除余氯的基本方法有活性炭床和化学处理。活性炭水处理的缺点在于它需要不断再生，而且经常遇到细菌滋生的问题。185 nm和254 nm波长的紫外线都被证实可以有效地破坏余氯和氯氨的化学键。

(九)生物化学法

生物化学水处理方法利用自然界存生的各种细菌微生物,将废水中有机物分解转化成无害物质,使废水得以净化。生物化学水处理方法可以分活性污泥法、生物膜法、生物氧化塔、土地处理系统、厌氧生物水处理方法。

生物化学水处理法的流程:原水→格栅→调节池→接触氧化池→沉淀池→过滤→消毒→出水。

1. 活性污泥水处理方法

①鼓风曝气:即排流式曝气,使用曝气风机将压缩空气不断地鼓入废水中,保证水中有一定的溶解氧,以维持微生物的生命活动,分解水中有机物,以达到水处理的净化效果。

②机械曝气:即表面曝气,利用装在曝气池内的机械叶轮转动,剧烈搅动水面,使空气中的氧溶于水中,供微生物生命活动,进行生化作用以达到水处理的净化效果。

③纯氧曝气:它是按鼓风曝气方法向水中吹入纯氧,以提高充氧效率,从而加快水处理的净化速度。

2. 生物膜水处理方法

①生物滤池:使废水流过生长在滤料表面的生物膜,通过两面间的物质交换及生化作用,使废水中有机物降解,达到水处理的净化目的。

②生物转盘:由固定在一横轴上的若干间距很近的圆盘组成,不断旋转的圆盘面上生长一层生物膜,以达到水处理净化效果。

③生物接触氧化:供微生物栖附的填料全部浸于废水中,并采用机械设备向废水中充入空气,使废水中有机物降解,以净化废水。

3. 土地处理系统

①土地渗滤:利用土壤膜中的微生物和植物根系对污染物的净化能力来进行生活污水处理,同时利用污水中的水、肥来促进农作物、牧草、树木生长。

②污水灌溉:这种水处理方法主要目的为灌溉,以充分利用净化后的污水。

4. 厌氧生物水处理方法

利用厌氧微生物分解污水中有机物,达到水处理净化目的,同时产生甲烷气、CO_2 等气体。

三、水处理设备简介

水处理设备主要包括了软水机、纯水机、净水器、精密过滤器和开水龙头以及管路设计、设备安装和售后服务等，这是一整套为消费者提供的水处理设备。目前市场上水处理设备主要包括软水机、纯水机、净水器三大类型。

1.软水机

(1)软水机原理及功能　根据离子交换的原理，即用 Na^+ 交换 Mg^{2+}、Ca^{2+}，使水中的硬度降低到 70 mg/L 以下成为软水，此水处理设备主要功能是祛除水碱，水垢。

(2)软水机水处理设备的优缺点　优点是祛除水垢，水碱效果好，同时流量大，基本上不降低水压。经过软水机水处理设备产生的水，清洁能力特强，洗衣，淋浴，美容护肤效果强；也能减轻能源消耗。同时也节约洗涤用品，降低家务强度。软水机水处理设备产生的水最适宜作为生活用水。缺点是软水机水处理设备不能祛除细菌，病毒，有机物，不能直接饮用；再生时需要耗盐；并产生一定量的废水。

2.纯水机

(1)纯水机原理及功能　采用 PP 棉，活性炭及 RO 膜等滤芯，五级或五级以上过滤，其中最核心是 RO 膜，RO 膜是目前过滤精度最高的滤芯。制出的水为纯净水，可以直接生饮。

(2)纯水机水处理设备优缺点　优点是纯水机水处理设备过滤精度高，适用于多种水质，净化后的水是纯净水，口感好，不含任何杂质。缺点是纯水机水处理设备每日制水量少，只能解决饮用和做饭；前三级滤芯使用寿命短，需要定期更换滤芯；不适宜长期作为直饮水，尤其是儿童和老人更不宜长期饮用纯净水。

3.净水机

超滤机是净水机水处理设备中的主流产品，具有精度高，净化效果好，滤芯寿命长，并能自动清洗滤芯。

(1)净水机原理及功能　采用 0.01 μm 的超滤膜分离技术，能有效祛除水的泥沙，铁锈，悬浮物，胶体，细菌，病毒，大分子有机物等有害物。

(2)净水机水处理设备优点缺点　优点是净水机水处理设备过滤精度高；净化水接近矿泉水，能直接生饮；流量大；滤芯使用年限长；自动清洗滤芯；不需要电；不浪费水。缺点是净水机水处理设备祛除水垢，水碱效果较差，适用中等以下硬度地区；单一超滤机不能彻底去除水中异味，水质口感较差；换芯比较麻烦，不能彻底去除水中重金属。

4. 纳滤膜水处理机

纳滤膜水处理机是以纳滤膜为主要部件，结构略为疏松，类似反渗透膜的水处理机，纳滤膜是荷电膜，能进行电性吸附，对电性高的氟离子等，能部分去除，并具有纳米级孔径，大分子不能通过，游离态的水分子部分通过，氯化钠部分透过，钙离子(Ca^{2+})，镁离子(Mg^{2+})更少部分能通过。囊括了以上水处理机的优点，且避免了二次污染。可建立一种健康的饮水方式。

纳滤膜水处理机通过絮凝、沉降、砂滤和加氯消毒等来除去水中的悬浊物和细菌，而对各种溶解性化学物质的脱除作用很低。随着水源环境污染加剧和各国饮水标准提高，脱除各种有机物和有害化学物质的“饮用水深度处理”日益受到人们重视。目前深度水处理方法主要有：活性炭吸附，臭氧氧化和膜分离。膜分离中的微过滤和超过滤，因不能脱盐和各种低分子物质，故单独使用时不能称之为深度处理。膜分离中的反渗透虽是深度处理，但它生产的纯水，缺少天然饮用水中的矿物质营养成分，长期饮用，有害无益，且反渗透水处理机价格较贵，由于用水泵，运行费用亦不低。纳滤膜由于本身的特征，故十分适合水处理机之用。

纳滤膜水处理机可在低压(相对反渗透)下，对自来水进行软化和适度脱盐，而且还可脱除各种有、无机物质，微生物和溶解有机物，可称之为“多面手”，因而日益受到青睐。

Ⅱ. 工作任务

一、营养液配方组成及配制技术学习

通常应当先配出各种盐类的浓缩液。注意避免浓缩液中出现沉淀。使用时按一定的比例加水稀释到要求的浓度。采用循环供液时，营养液中的矿质元素被植物体吸收后，应当及时进行调节，使营养液仍旧符合原配方的要求。

现在的营养液配方，除铁用螯合物外，其余均用无机盐和酸类。确定营养液组成的方法至少有两个步骤：

首先应分析能进行正常的生育并取得具有一定产量的植物，调查该植物体吸收的各元素的量。

然后根据得到的数据，配制具有不同总浓度，不同离子配比的营养液栽培作物，依作物的生育结果，来确定最佳组成成分。同时通过实践算出总离子浓度和各个离子浓度的最高和最低值。

营养液配制总的原则是避免难溶性物质沉淀的产生。但任何一种营养液配方都必然潜伏着产生难溶性物质沉淀的可能性。生产上配制营养液一般分为浓缩贮备液(也叫母液)和工作营养液(或叫栽培营养液,即直接用来种植作物的)两种。前者是为了方便后者的配制而设的。

配制浓缩贮备液时,不能将所有营养盐都溶解在一起,一般将浓缩贮备液分成A,B,C三种。A母液以钙盐为中心,凡不与钙作用而产生沉淀的盐都可溶在一起。B母液以磷酸盐为中心,凡不会与磷酸根形成沉淀的盐都可溶在一起。C母液是由铁和微量元素合在一起配制而成的。母液的浓缩倍数,以配成整数值为好,方便操作。母液应贮存于黑暗容器中。

工作营养液一般用浓缩贮备液配制,配制步骤为:在大贮液池内先放入相当于要配制的营养液体积的40%水量,将A母液应加入量倒入其中,开动水泵使其流动扩散均匀。然后再将应加入的B母液慢慢注入水渠口的水源中,让水源冲稀B母液后带入贮液池中参与流动扩散,此过程所加的水量以达到总液量的80%为度。最后,将C母液的应加入量也随水冲稀带入贮液池中参与流动扩散。加足水量后,继续流动一段时间使达到均匀。市售营养液基本以这三种类型分别销售。

二、营养液配方与配制

在栽培过程中,我们可以根据需要自己配制相应营养液,即保证针对性强,又可以节约成本。

(一)荷格兰特(Hoagland)营养液

荷格兰特营养液是一种应用比较广泛的营养液。可作为通用营养液供大部分植物使用。

荷格兰特营养液的具体配方如下:

1. 大量元素组成

表6-1 荷格兰特营养液大量元素组成

大量元素	浓度/(mol/L)	每升培养液中加入的毫升数/mL
KH_2PO_4	1	1
KNO_3	1	5
$Ca(NO_3)_2 \cdot 7H_2O$	1	5
$MgSO_4 \cdot 7H_2O$	1	2

2. 微量元素组成

表 6-2　荷格兰特营养液微量元素组成

微量元素	每升母液中加入的克数/g	每升培养液中加入的毫升数/mL
H_3BO_3	2.86	1
$MnCl_2 \cdot 4H_2O$	1.81	1
$ZnSO_4 \cdot 7H_2O$	0.22	1
$CuSO_4 \cdot 5H_2O$	0.08	1
$H_2MoO_4 \cdot H_2O$	0.02	1

3. Fe-EDTA 溶液

每升培养液中加入 1 mL Fe-EDTA 溶液。配制：每升母液中 $FeSO_4 \cdot 7H_2O$ 含量为 27.8 g，EDTA-2Na 含量为 37.2 g。

(二)几种常见植物的营养液配方

1. 大量元素组成

表 6-3　营养液大量元素组成　g/L

植物类型	硫酸镁	硫酸铵	磷酸一钙	硫酸钾	磷酸一钾	过磷酸钙	硝酸钙
黄瓜	0.537	0.19	0.589	0.915		0.337	
绿叶菜	0.537	0.237		0.25	0.35		1.26
草莓	0.537		0.515	0.87			1.26

2. 微量元素组成

大部分植物对微量元素的需求数量接近，在营养液配方中一般对大量元素变化较大，微量元素基本相同。一般可以按照下列配方配制(表 6-4)。

表 6-4　营养液微量元素基本组成

名称	元素	适合浓度/(mg/L)	化合物中元素含有率/%	化合物浓度/(mg/L)
硫酸亚铁	Fe	3	20	15
硼酸	B	0.5	18	3
氯化锰	Mn	0.5	28	1.8
硫酸锌	Zn	0.05	23	0.22
硫酸铜	Cu	0.02	25.5	0.05

学习情境Ⅶ 大气环境监测

学习指南

1.学习情境Ⅶ为大气环境监测，学习资料主要介绍了大气环境及其污染的基本知识、大气污染监测的常用术语以及大气环境质量基本知识。学生通过学习，可以为完成学习情境中的工作任务打好基础。

2.学习情境Ⅶ主要安排大气样品采集、制备与预处理，大气中气态和蒸汽态污染物的测定，以及大气中颗粒物的测定三个任务。

任务一大气样品采集、制备与预处理，要求学生根据《农区大气环境质量监测技术规范》(NY/T 397—2000)、《绿色食品 产地环境技术条件》(NY/T 391—2000)、《绿色食品产地环境调查、监测与评价导则》(NY/T 1054—2006)的要求，在教师指导下，独立完成大气环境监测方案设计和监测大气样品的采集、制备工作。由于大气样品采集与污染物检测相适应，故此任务也可不单独安排，与任务二、任务三合并。任务二大气中气态和蒸汽态污染物的测定，会受到采样设备和学校实验条件的影响，故可根据具体情况作安排，可作为选择项目。任务三大气中颗粒物的测定同样受到采样设备影响，故可根据具体情况作安排，可作为选择项目。

3.在学习拓展中，安排了大气环境生物监测和自动监测的内容，作为学生学习扩展和提高。

4.学习情境Ⅶ的主要参考资料:《环境监测》、《环境监测实验》和《环境检测方法标准汇编 大气环境》，以及《农区环境空气质量监测技术规范》(NY/T 397—2000)、《绿色食品产地环境技术条件》(NY/T 391—2000)和《绿色食品产地环境调查、监测与评价导则》(NY/T 1054—2006)。

Ⅰ 学习资料

一、大气与大气污染

在地球周围包围着厚度达1 000～1 400 km的大气层。其中,距离地面约10 km的大气层称为对流层。在对流层里,大气活动异常激烈,不断发生着大气运动,形成了多种多样复杂的天气变化,风、云、雨、雪、雾、露、雷、雹也多发生在这个层次里,所以对流层对人类及生物生存起着重要的作用。我们将对流层内的大气称为空气。在环境科学领域中,常将大气和空气作为同义词使用。

大气是由一定比例的氮、氧、二氧化碳、水蒸气和固体杂质微粒组成的混合物。就干洁空气而言,按体积计算,在标准状态下,氮气占78.08%,氧气占20.94%,氩气占0.93%,二氧化碳占0.03%,而其他气体的体积则是微乎其微的。

各种自然变化往往会引起大气成分的变化。例如,火山爆发时有大量的粉尘和二氧化碳等气体喷射到大气中;雷电等自然原因引起的森林大面积火灾也会增加二氧化碳和烟粒的含量等。一般来说,这种自然变化是局部的,短时间的。随着现代工业和交通运输的发展,向大气中持续排放的物质数量越来越多,种类越来越复杂。当这些排放物的浓度超过环境所能允许的极限并持续一定时间后,就会引起大气成分发生急剧的变化。从而对人类健康、动植物生长以及气象气候产生危害,这种情况称为空气污染。

二、大气污染物

大气污染物种类繁多,形态多样,性质复杂,大小也不一样。到目前为止,已经产生危害或已被人们所重视的有100多种。在对这些污染物进行监测时常用到一些术语和定义。掌握这些术语和定义,对于一个环境工作者是非常重要的。

(一)大气污染物分类

污染物按形成特点不同可分为两大类:一次污染物和二次污染物。一次污染物是指直接从污染源排放到大气中的有害物质。常见的有二氧化硫、二氧化氮、一氧化碳、碳氢化合物、颗粒性物质等。二次污染物是一次污染物在大气中相互作用或它们与大气中的正常组分发生反应所产生的新污染物。这些新污染物与一次污染物的化学、物理性质完全不同,多为气溶胶,具有颗粒小、毒性一般比一次污染物大等特点。常见的二次污染物有:硫酸盐、硝酸盐、臭氧、醛类、过氧乙酰硝酸酯(PAN)等。

大气中的污染物质按存在的形态及粒径的大小不同又可分为分子状态污染物、粒子状态污染物两类。分子状态污染物是指常温常压下以气体或蒸汽形式(苯、苯酚)分散在大气中的污染物质。粒子状态污染物即颗粒物,是分散在大气中的微小固体和液体颗粒,粒径多在 0.01～100 μm,是一个复杂的非均匀体系。通常根据颗粒物在重力作用下的沉降特性将其分为降尘和飘尘。粒径大于10 μm 的颗粒为降尘。粒径小于 10 μm 的粒子为飘尘。飘尘粒径小,比重也小,可长期漂浮在大气中,具有胶体性质,又称气溶胶。易随呼吸进入人体,危害健康,因此也称可吸入颗粒物(IP 或 PM_{10})。

(二)大气监测中常用的定义术语

①总悬浮颗粒物(TSP):指能悬浮在空气中,空气动力学当量直径≤100 μm 的颗粒物。

②可吸入颗粒物(PM_{10}):指悬浮在空气中,空气动力学当量直径≤10 μm 的颗粒物。

③氮氧化物(以 NO_2 计):相空气中主要以一氧化氮和二氧化氮形式存在的氮的氧化物。

④总挥发性有机化合物(TVOC):利用 Tenax GC 或 Tenax TA 采样,非极性色谱柱(极性指数小于 10)进行分析,保留时间在正己烷和正十六烷之间的挥发性有机化合物。

⑤铅(Pb):指存在于总悬浮颗粒物中的铅及其化合物。

⑥苯并[α]芘(B[α]P):指存在于可吸入颗粒物中的苯并[α]芘。

⑦氟化物(以 F 计):以气态及颗粒态形式存在的无机氟化物。

⑧年平均:指任何一年的日平均浓度的算术均值。

⑨季平均:指任何一季的日平均浓度的算术均值。

⑩月平均:指任何一月的日平均浓度的算术均值。

⑪日平均:指任何一日的平均浓度。

⑫1 h 平均:指任何 1 h 的平均浓度。

⑬植物生长季平均:指任何一个植物生长季月平均浓度的算术均值。

⑭环境空气:指人群、植物、动物和建筑物所暴露的室外空气。

⑮标准状态:指温度为 273 K,压力为 101.325 kPa 时的状态。

三、大气污染物的时空分布特点

大气污染物的浓度随时间,空间的变化不断发生着变化。大气污染物的时空分布与污染源的分布、排放量、地形、地貌、气象条件等密切相关。同一污染源对同一地点在不同时间所造成的地面空气污染浓度往往相差数倍至数十倍；同一时间不同地点也相差甚大。

1. 时间性

时间性是指某一地点大气污染物的浓度常随时间的变化而发生变化。同一污染源对同一地点所造成的地面浓度随时间的变化会产生很大的差别。其原因有两点：一是由于污染源的排放情况受生产周期的制约。二是由于气象条件（风速、风向、大气湍流）随季节和昼夜的变化而异，导致大气对污染物的扩散和迁移输送能力不断发生变化。

一次污染物和二次污染物在大气中的浓度由于受气象条件的影响，它们在一天内的变化是不同的。一次污染物因受逆温层、气温、气压等的限制，在清晨和黄昏时浓度较高，中午即降低；而二次污染物如光化学烟雾等由于是靠太阳光能形成的，故在中午时浓度增加，清晨和夜晚时降低。

2. 空间性

大气污染物的空间分布与污染源种类、分布情况和气象条件等因素有关。如：烟尘的排放市区比郊区多，郊区比农村多。

四、大气污染源

大气污染源是造成大气污染的污染物发生源。可分为天然大气污染源和人为大气污染源。

(一)天然大气污染源

天然大气污染源是大气污染物的天然发生源，如排出火山灰、二氧化硫、硫化氢等的活火山，自然逸出煤气和天然气的煤田和油田，放出有害气体的腐烂的动植物。天然污染源造成的大气污染，目前还不能控制。

(二)人为大气污染源

人为大气污染源是大气污染物的人为发生源，如资源和能源的开发（包括核工业）、燃料的燃烧以及向大气释放出污染物的各种生产场所、设施和装置等。人为大气污染源可以按不同的方法分类：

①按污染源的运动状态分为固定污染源和移动污染源。固定污染源是排放污染物的固定设施，如排放硫氧化物、氮氧化物、煤尘、粉尘及其他有害物的锅炉、加热炉、工业窑炉、民用炉灶等。移动污染源主要是排放大气污染物的交通工具，如排放碳、氮、硫的氧化物、碳氢化合物、铅化物、黑烟等的汽车、飞机、船舶、机车等。

②按人们的社会活动功能分为工业污染源、生活污染源和交通运输污染源。

③按污染物的影响范围分为局部大气污染源和区域性大气污染源。前者污染源是造成小范围局部地区的大气污染，后者造成大范围（有时超出行政区划或国界）的区域性的大气污染。

④按污染源的几何形状分为点源、线源和面源。

点源：点源是指污染源集中在一点或相对于所考察的范围而言可以看做一个点的情况，如高的单个烟囱就可以看做点源。

线源：线源是流动污染源在一定的线路上排污，使该线路成为一条线状污染源的情况，如一条汽车来往频繁的公路就可以看做线源。

面源：面源是在一个较大范围内，较密集的排污点源连成一片，把整个区域看做一个污染源，如许多低矮烟囱集合起来就构成了面源。

⑤按污染源排放的时间状况分为连续源、间断源和瞬时源三类。

五、大气环境标准

(一)环境空气质量标准

为了改善环境空气质量，防止生态破坏，创造清洁适宜的环境，保护人体健康，我国于1982年颁布了《大气环境质量标准》(GB 3095—82)。1996年国家环保局对此标准进行了修改，并颁布了《环境空气质量标准》(GB 3095—1996)。1999年起，全国主要城市开始每天发布空气质量状况公报。

《环境空气质量标准》(GB 3095—1996)适用于全国范围的环境空气质量评价。它规定了环境空气质量功能区划分、标准分级、污染物项目、取值时间及浓度限值，采样与分析方法及数据统计的有效性规定等。

1. 环境空气质量功能区划分和标准分级

①环境空气质量功能区分类：一类区为自然保护区、风景名胜区和其他需要特殊保护的地区；二类区为城镇规划中确定的居住区、商业交通居民混合区、文化区、一般工业区和农村地区；三类区为特定工业区。

②环境空气质量标准分级：环境空气质量标准分为三级。一类区执行一级标准，二类区执行二级标准，三类区执行三级标准。

2. 污染物项目、取值时间及浓度限值

各项污染物的取值时间及浓度限值见表7-1。

表 7-1　大气各项污染物的取值时间及浓度限值

污染物名称	取值时间	浓度限值			
		一级标准	二级标准	三级标准	浓度单位
二氧化硫(SO_2)	年平均 日平均 1小时平均	0.02 0.05 0.15	0.06 0.15 0.50	0.10 0.25 0.70	mg/m³(标准状态)
总悬浮颗粒物(TSP)	年平均 日平均	0.08 0.12	0.20 0.30	0.30 0.50	mg/m³(标准状态)
可吸入颗粒物(PM_{10})	年平均 日平均	0.04 0.05	0.10 0.15	0.15 0.25	mg/m³(标准状态)
氮氧化物(NO_x)	年平均 日平均 1小时平均	0.05 0.10 0.15	0.05 0.10 0.15	0.10 0.15 0.30	mg/m³(标准状态)
二氧化氮(NO_2)	年平均 日平均 1小时平均	0.04 0.08 0.12	0.04 0.08 0.12	0.08 0.12 0.24	mg/m³(标准状态)
一氧化碳(CO)	日平均 1小时平均	4.00 10.00	4.00 10.00	6.00 20.00	mg/m³(标准状态)
二氧化氮(NO_2)	年平均 日平均 1小时平均	0.04 0.08 0.12	0.04 0.08 0.12	0.08 0.12 0.24	mg/m³(标准状态)
一氧化碳(CO)	日平均 1小时平均	4.00 10.00	4.00 10.00	6.00 20.00	mg/m³(标准状态)
臭氧(O_3)	1小时平均	0.12	0.16	0.20	mg/m³(标准状态)
铅(Pb)	季平均 年平均	1.50 1.00			mg/m³(标准状态)
苯并[α]芘 B[α]P	日平均	0.01			μg/m³(标准状态)
氟化物	日平均 1小时平均	7* 20*			μg/(dm²·d)
F	月平均 植物生长季平均	1.8** 1.2**		3.0*** 2.0***	μg/(dm²·d)

注：* 适用于城市地区。

** 适用于牧业区和以牧业为主的半农半牧区，蚕桑区。

*** 适用于农业和林业区。

3. 采样与分析方法：

《环境空气质量标准》中规定了总悬浮颗粒物(TSP)、可吸入颗粒物(PM_{10})、

SO_2、NO_x、NO_2、CO、O_3、Pb、苯并[α]芘(B[α]P)及氟化物10种污染物的采样和分析方法。

①采样:环境空气监测中的采样点、采样环境、采样高度及采样频率的要求,按《环境监测技术规范》(大气部分)执行。

②分析方法:各项污染物分析方法见表7-2。

表7-2　大气各项污染物分析方法

污染物名称	分析方法	来源
二氧化硫	(1)甲醛吸收副玫瑰苯胺分光光度法 (2)四氯汞盐副玫瑰苯胺分光光度法	GB/T 15262—94 GB 8970—88
总悬浮颗粒物	重量法	GB/T 15432—95
可吸入颗粒物	重量法	GB 6921—86
氮氧化物(以 NO_2 计)	Saltzman 法	GB/T 15436—95
二氧化氮	Saltzman 法	GB/T 15435—95
臭氧	(1)靛蓝二磺酸钠分光光度法 (2)紫外光度法	GB/T 15437—95 GB/T 15438—95
一氧化碳	非分散红外法	GB 9801—88
苯并[α]芘	(1)乙酰化滤纸层析荧光分光光度法 (2)高效液相色谱法	GB 8971—88 GB/T 15439—95
铅	火焰原子吸收分光光度法	GB/T 15264—94
氟化物	(1)滤膜氟离子选择电极法 (2)石灰滤纸氟离子选择电极法	GB/T 15434—95 GB/T 15433—95

4.数据统计的有效性规定

各项污染物数据统计的有效性规定见表7-3。

表7-3　大气各项污染物数据统计的有效性规定

污染物名称	取值时间	数据有效性规定
SO_2、NO_x、NO_2	年平均	每年至少有分布均匀的144个日均值 每月至少有分布均匀的12个日均值
TSP、PM_{10}、Pb	年平均	每年至少有分布均匀的60个日均值 每月至少有分布均匀的5个日均值
SO_2、NO_x、NO_2、CO	日平均	每日至少有18小时的采样时间
TSP、PM_{10}、Pb、BaP	日平均	每日至少有12小时的采样时间
SO_2,NO_x,NO_2,CO,O_2	1小时平均	每小时至少有45分钟的采样时间

续表 7-3

污染物名称	取值时间	数据有效性规定
Pb	季平均	每季至少有分布均匀的 15 个日均值
	月平均	每月至少有分布均匀的 5 个日均值 每月至少采样 15 天以上
F	植物生长季平均	每一个生长季至少有 70%个月平均值
	日平均	每日至少有 12 小时的采样时间
	1 小时平均	每小时至少有 45 分钟的采样时间

(二)室内空气质量控制标准

2002 年我国制定了《室内空气质量控制标准》(GB/T 18883—2002)。这是我国第一部室内空气质量标准，于 2003 年 3 月 1 日正式实施。该标准的颁布对于不断提高人们的室内环保意识，促进与室内环境有关的行业和企业从室内环境方面规范自己的行为，保障人民的身体健康，具有重要的意义。该标准规定了室内空气质量参数及检验方法，适用于住宅和办公建筑物。其他室内环境也可参照本标准执行。

该标准充分考虑室内空气的特殊性，见表 7-4。规定的控制项目不仅有化学性污染，还有物理性、生物性和放射性污染。对影响室内空气质量的物理因素(温度、湿度和空气流速)视季节性规定了达标限值；化学性污染物质中除了人们熟悉的甲醛、苯、氨等污染物质，还有可吸入颗粒物、二氧化碳、二氧化硫等 13 项污染物质；对 2 种生物性和放射性指标也分别规定了达标限值。

表 7-4　室内空气质量标准(GB/T 18883—2002)

序号	参数类别	参数	单位	标准值	备注
1	物理性	温度	℃	22～28	夏季空调
				16～24	冬季采暖
2		相对湿度	%	40～80	夏季空调
				30～60	冬季采暖
3		空气流速	m/s	0.3	夏季空调
				0.2	冬季采暖
4		新风量	$m^3/(h \cdot 人)$	30*	

续表 7-4

序号	参数类别	参数	单位	标准值	备注
5	化学性	SO_2	mg/m^3	0.50	1 h 平均值
6		NO_2	mg/m^3	0.24	1 h 平均值
7		CO	mg/m^3	10	1 h 平均值
8		CO_2	%	0.10	日平均值
9		NH_3	mg/m^3	0.20	1 h 平均值
10		O_3	mg/m^3	0.16	1 h 平均值
11		HCHO	mg/m^3	0.10	1 h 平均值
12		C_6H_6	mg/m^3	0.11	1 h 平均值
13		C_7H_8	mg/m^3	0.20	1 h 平均值
14		C_8H_{10}	mg/m^3	0.20	1 h 平均值
15		苯并[α]芘	ng/m^3	1.0	日平均值
16		可吸入颗粒物	mg/m^3	0.15	日平均值
17		总挥发性有机物 TVOC	mg/m^3	0.60	8 h 平均值
18	生物性	菌落总数	CFU/m^3	2 500	依据仪器定
19	放射性	氡 ^{222}Rn	Bq/m^3	400	年平均值（行动水平**）

注：* 新风量要求不小于标准值，除温度、相对湿度外的其他参数要求不大于标准值。

** 行动水平即达到此水平建议采取干预行动以降低室内氡浓度。

Ⅱ. 工作任务

任务一　大气样品的采集、制备和预处理

一、大气污染监测和监测项目

我国制定的《环境监测技术规范》（大气和废气部分）中，规定了大气环境污染监测与污染源监测的目的、布点原则、监测项目、采样方法和检测技术等。

（一）大气污染监测工作分类

大气污染监测工作一般可分为三类：

1. 污染源的监测

对污染源进行监测，目的是了解这些污染源所排出的有害物质是否达到现行排放标准的规定；对现有的净化装置的性能进行评价；通过对长期监测数据的分

析，可为进一步修订和充实排放标准及制定环境保护法规提供科学依据。例如对烟囱，汽车排气口的检测。

2.环境污染监测

监测对象是整个大气。目的是了解和掌握环境污染的情况，进行大气污染质量评价，并提出警戒限度；研究有害物质在大气中的变化规律，二次污染物的形成条件；通过长期监测，为修订或制定国家卫生标准及其他环境保护法规积累资料，为预测预报创造条件。

3.特定目的的监测

选定一种或多种污染物进行特定目的的监测。例如，研究燃煤火力发电厂排出的污染物对周围居民呼吸道的危害，首先应选定对上呼吸道有刺激作用的污染物 SO_2，H_2SO_4 雾，飘尘等做监测指标，再选定一定数量的人群进行监测。由于目的是监测污染物对人体健康的影响，所以测定每人每日对污染物接受量，以及污染物在一天或一段时间内的浓度变化，就是这种监测的特点。

(二)监测方案的制订

对某一区域实施大气污染监测之前，应该先制定大气污染的监测方案。制定大气污染监测方案应按照如下的程序进行。首先要根据监测目的进行调查研究，收集必要的基础资料，然后经过综合分析，确定监测项目，涉及布点网络，选定采样频率、采样方法和检测技术，建立质量保证程序和措施，提出监测结果报告要求及进度计划等。基础资料的收集包括以下六个方面：

①污染源分布及排放情况：通过调查，将监测区域内的污染源类型、数量、排放的主要污染物及排放量一一弄清楚，同时还应了解所用原料、燃料及消耗量。

②气象资料：污染物在大气中的扩散、迁移和转化在很大程度上取决于监测区域的气象条件。因此，需要收集监测区域的风向、风速、气温、气压、降水量、日照时间、相对湿度、温度的垂直梯度和逆温层底部高度等资料。

③地形资料：地形对监测区域的风向、风速和大气稳定情况等气象条件有较大影响，同时，又是设置监测网点应当考虑的重要因素。

④土地利用和功能分区情况：监测区域内土地利用情况及功能区划分也是设置监测网点应当考虑的重要因素。

⑤人口分布及人群健康状况：环境保护的目的是维护自然环境的生态平衡，保护人群的健康。因此，掌握监测区域的人口分布、居民和动植物受大气污染危害情况及流行性疾病等资料，对制订监测方案、分析判断监测结果是有益的。

⑥监测区域以往的大气监测数据：监测区域以往的大气监测数据是制订监测方案的参考，也应该尽量收集。

(三)大气污染监测项目

存在于大气中的污染物质是多种多样的，我们应根据优先监测原则，选择那些危害性大，涉及范围广，已建立成熟的测定方法，并有标准可比的项目进行监测。我国在《居住区大气中有害物质最高容许浓度》中规定了 34 种有害物质的限值。《环境监测技术规范》中规定的例行监测项目有：

1.连续采样实验室分析项目

①必测项目：SO_2、NO_x、总悬浮颗粒物、飘尘、硫酸盐化速率、灰尘自然降尘量；

②选测项目：CO、光化学氧化剂、氟化物、Pb、Hg、苯并[α]芘、总烃及非甲烷烃。

2.大气环境自动监测系统监测项目

①必测项目：SO_2、NO_x、总悬浮颗粒物或飘尘 PM_{10}、CO。

②选测项目：臭氧、总碳氢化合物。

表 7-5 是我国目前要求的空气污染常规监测项目。

表 7-6 我国无公害食品产地大气环境、绿色食品、有机食品产地大气环境主要监测项目。

表 7-5　我国目前要求的空气污染常规监测项目

类别	必测项目	按地方情况增加的必测项目	选测项目
空气污染物监测	TSP、SO_2、NO_2(或 NO_x)、硫酸盐化速率、灰尘自然沉降量	CO、总氧化剂、总烃、PM_{10}、F_2、HF、B[α]P、Pb、H_2S、光化学氧化剂	CS_2、Cl_2、氯化氢、硫酸雾、HCN、NH_3、Hg、Be、铬酸雾、非甲烷烃、芳香烃、苯乙烯、酚、甲醛、甲基对硫磷、异氰酸甲酯等

表 7-6　我国无公害食品产地大气环境、绿色食品、有机食品产地大气环境主要监测项目

类别	主要监测项目
无公害食品产地大气环境	二氧化硫(SO_2)、总悬浮颗粒物、氮氧化物(NO_x)、氟化物、铅
绿色食品产地大气环境	总悬浮微粒(TSP)、二氧化硫(SO_2)、氮氧化物、氟化物
有机食品产地大气环境	总悬浮颗粒、飘尘、二氧化碳、氮氧化物、一氧化碳、光化学氧化剂

(四)大气采样点的布设和采样频率

大气监测是为了调查一个区域或一个城市的大气污染现状，是观察分析大气中有害物质的来源，分布，数量，迁移转化及消长规律的重要手段。如何获得有代表性,能符合实际状况的大气样品,是保证监测数据准确可靠的重要环节。根据大气污染物的时空分布规律,通过正确地确定采样点数目,正确地选择采样点的位置,正确地确定采样时间和频率等手段,保证获取具有代表性的大气样品。

1. 大气监测采样点的布设

在确定采样点布设之前,应进行详细的调查研究。调查研究的内容包括:

①对本地区大气污染源进行调查,初步分析出各块地域的污染源概况。

②了解本地区常年主导风向,大致估计出污染物的可能扩散概况。

③利用群众来信来访或人群调查,初步判断污染物的影响程度。

④利用已有的监测资料推断分析应设点的数量和方位。

布设采样点应遵循下列原则和要求:

①采样点应设在整个监测区域的高、中、低三种不同污染物浓度的地方。

②在污染源比较集中,主导风向比较明显的情况下,应将污染源的下风向作为主要监测范围,布设较多的采样点,上风向布设少量点作为对照。

③工业较密集的城区和工矿区,人口密度及污染物超标地区,要适当增设采样点。城市郊区和农村,人口密度小及污染物浓度低的地区,可酌情少设采样点。

④采样点的周围应开阔,采样口水平线与周围建筑物高度的夹角应不大于30°。测点周围无局部污染源,并应避开树木及吸附能力较强的建筑物。交通密集区的采样点应设在距人行道边缘至少1.5 m远处。

⑤各采样点的设置条件要尽可能一致或标准化,使获得的监测数据具有可比性。

⑥采样高度根据监测目的而定。研究大气污染对人体的危害,应将采样器或测定仪器设置于常人呼吸带高度,即采样口应在离地面1.5～2 m处;研究大气污染对植物或器物的影响,采样口高度应与植物或器物高度相近;连续采样例行监测采样口高度应距地面3～15 m;若置于屋顶采样,采样口应与基础面有1.5 m以上的相对高度,以减小扬尘的影响,特殊地形地区可视实际情况选择采样高度。

无公害食品产地大气环境监测采样点布设要求:地势平坦区域,空气监测点设置在沿主导风走向45°～90°夹角内,各测点间距一般不超过5 km。山沟地貌区域,空气监测点设置在沿山沟走向45°～90°夹角内。种植业产地周围5 km,主导风向20 km以内没有工矿企业污染源的区域可免测空气。畜禽、水产养殖区,可不测空气。

2. 采样点的数目

采样点的数目设置是一个精度要求和经济投资相关的效益函数,应根据监测范围大小,污染物的空间分布特征,人口分布密度,气象,地形,经济条件等因素综合考虑确定。由国家环境保护总局规定，按城市人口数确定大气环境污染例行监测采样点的设置数目，如表 7-7 所示。

表 7-7 我国空气环境污染例行监测采样点设置数目

市区人口/万	SO_2、NO_2 或 NO_x、TSP	灰尘自然降尘量	硫酸盐化速率
<50	3	≥3	≥6
50～100	4	4～8	8～12
100～200	5	8～11	12～18
200～400	6	12～20	18～30
>400	7	20～30	30～40

无公害食品产地大气环境监测采样点布点数量要求：产地布局相对集中，面积较小，无工矿污染源的区域，布设 1～3 个采样点。产地布局较为分散，面积较大，无工矿污染源的区域，布设 3～4 个采样点；对有工矿污染源的区域，应适当增加采样点数。样点的设置数量可根据空气质量稳定性以及污染物的影响程度适当增减。

3.采样点布点方法

(1)功能区布点法　一个城市或一个区域可以按其功能分为工业区，居民区，交通稠密区，商业繁华区，文化区，清洁区，对照区等。各功能区的采样点数目的设置不要求平均，通常在污染集中的工业区，人口密集的居民区，交通稠密区应多设采样点。同时应在对照区或清洁区设置 1～2 个对照点。

(2)几何图形布点　目前常用以下几种布设方法：

①网格布点法：这种布点法是将监测区域地面划分成若干均匀网状方格，采样点设在两条直线的交点处或方格中心。每个方格为正方形，可从地图上均匀描绘，方格实地面积视所测区域大小，污染源强度，人口分布，监测目的和监测力量而定，一般是 1～9 km^2 布一个点。若主导风向明确，下风向设点应多一些，一般约占采样点总数的 60%。这种布点方法适用于有多个污染源，且污染源分布比较均匀的情况，如图 7-1 所示。

②同心圆布点法：此种布点方法主要用于多个污染源构成的污染群，或污染集中的地区。布点时以污染源为中心画出同心圆，半径视具体情况而定，再从同心圆画 45°夹角的射线若干，放射线与同心圆圆周的交点即是采样点，如图 7-2 所示。

③扇形布点法：此种方法适用于主导风向明显的地区，或孤立的高架点源。以点源为顶点，主导风向为轴线，在下风向地面上划出一个扇形区域作为布点范围。扇形角度一般为 45°～90°，采样点设在距点源不同距离的若干弧线上，相邻两点与

顶点连线的夹角一般取 10°～20°，如图 7-3 所示。

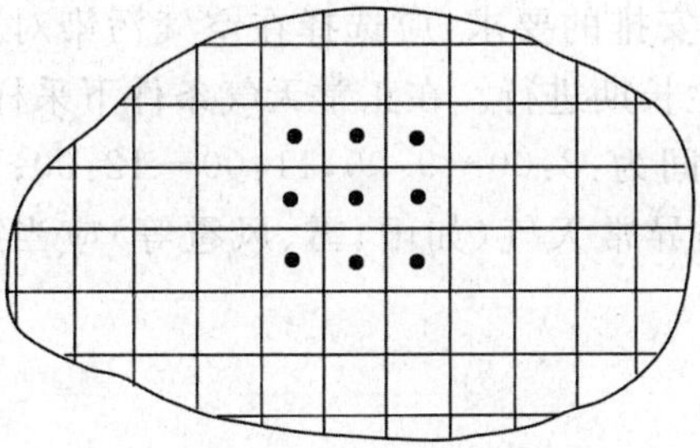

图 7-1 网格布点法

（崔树军. 环境监测. 2008）

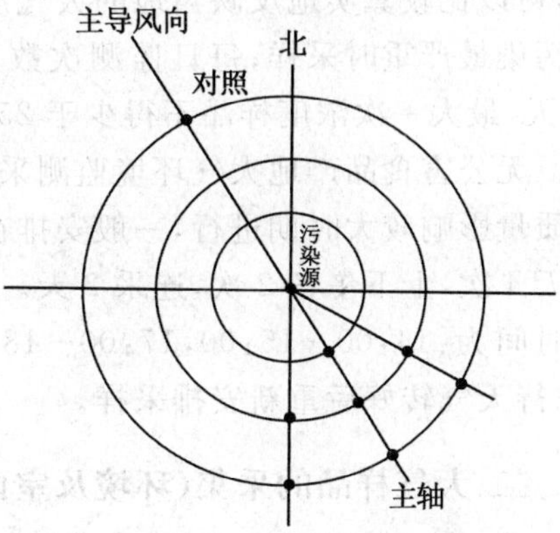

图 7-2 同心圆布点法

（崔树军. 环境监测. 2008）

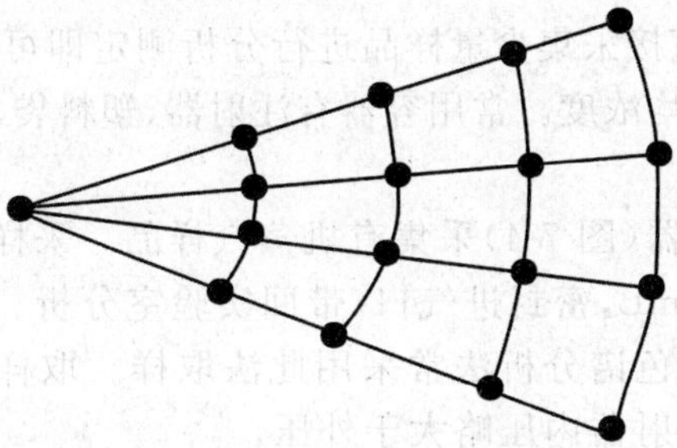

图 7-3 扇形布点法

（崔树军. 环境监测. 2008）

以上几种采样布点方法，可以单独使用，也可以综合使用，目的就是要求有代表性地反映污染物浓度，为大气监测提供可靠的样品。

4. 采样时间和采样频率

采样时间指每次采样从开始到结束所经历的时间，也称采样时段。不同污染物的采样时间要求不同，我国大气质量分析方法对每一种污染物的采样时间都有明确规定。

采样频率指在一定时间范围内的采样次数。显然采样频率越高，监测数据越接近真实情况。例如，在一个季度内，每 6 天采样 1 天，而 1 天内又间隔相等时间采样测定一次（如在 2、8、14、20 时采样），求出日平均、月平均、季度平均监测结果。

目前我国许多城市建立了空气质量自动监测系统，自动监测仪器 24 h 自动在线工作，可以比较真实地反映当地的大气质量。对于人工采样监测，应做到：在采样点受污染最严重时采样；每日监测次数不少于 3 次；最高日平均浓度全年至少监测 20 天，最大一次浓度样品不得少于 25 个。

无公害食品产地大气环境监测采样时间安排的要求：应选择在空气污染对产品质量影响较大时期进行，一般安排在作物生长期进行。在正常天气条件下采样，每天 4 次，上下午各 2 次，连采 2 天。上午时间为：8：00－9：00，11：00－12：00；下午时间为：14：00—15：00，17：00—18：00。遇异常天气（如雨、雪、风雹等）应当顺延，待天气转好后重新安排采样。

二、大气样品的采集（环境及室内空气）

大气样品的采集方法有两大类：直接采样法和富集（浓缩）采样法。

（一）直接采样法

直接采样法适用于大气中被测组分浓度较高或监测方法灵敏度高的情况，这时不必浓缩，只需用仪器直接采集少量样品进行分析测定即可。此法测得的结果为瞬时浓度或短时间内的平均浓度。常用容器有注射器、塑料袋、采气管、真空瓶等。

1. 注射器采样

常用 100 mL 注射器（图 7-4）采集有机蒸汽样品。采样时，先用现场气体抽洗 2～3 次，然后抽取 100 mL，密封进气口，带回实验室分析。样品存放时间不宜长，一般当天分析完。气相色谱分析法常采用此法取样。取样后，应将注射器进气口朝下，垂直放置，以使注射器内压略大于外压。

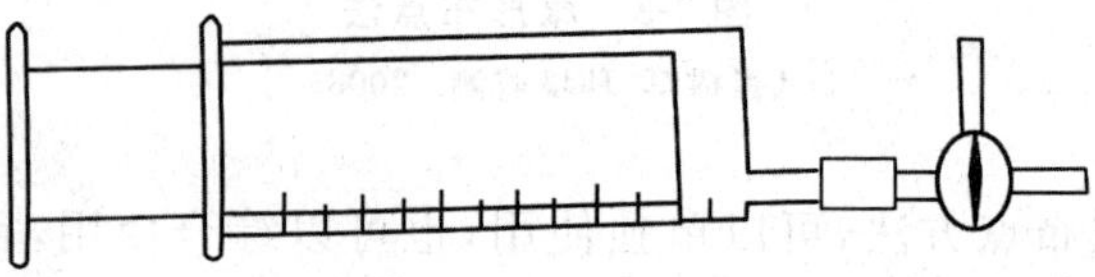

图 7-4　注射器图

（崔树军. 环境监测. 2008）

2. 塑料袋采样

应选不吸附、不渗漏，也不与样气中污染组分发生化学反应的塑料袋，如聚四氟乙烯袋、聚乙烯袋、聚氯乙烯袋和聚酯袋等，还有用金属薄膜作衬里（如衬银、衬铝）的塑料袋。采样时，先用二联球打进现场气体冲洗 2～3 次，再充满样气，夹封进气口，带回实验室尽快分析，见图 7-5。

3.采气管采样

采气管容积一般为100～1 000 mL，见图7-6。采样时，打开两端旋塞，用二联球或抽气泵接在管的一端，迅速抽进比采气管容积大6～10倍的欲采气体，使采气管中原有气体被完全置换出，关上旋塞，采气管体积即为采气体积。

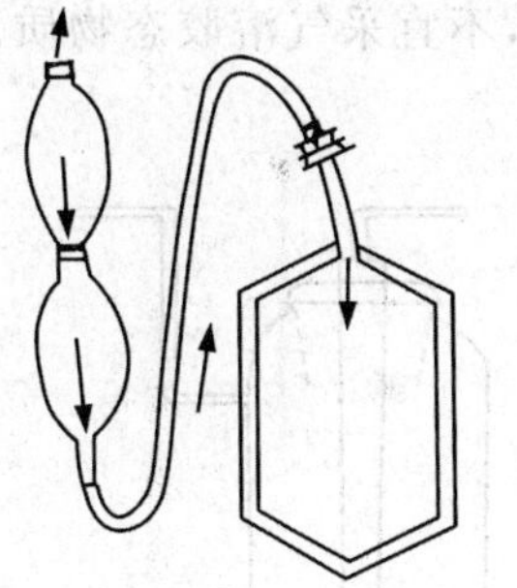

图7-5 塑料袋采样装置图

（崔树军.环境监测.2008）

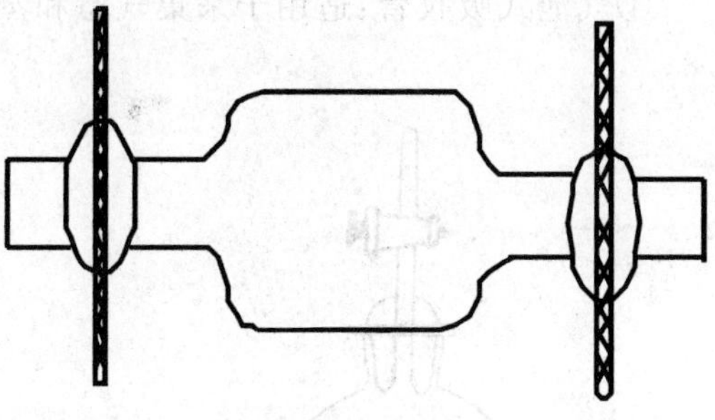

图7-6 采气管

（崔树军.环境监测.2008）

4.真空瓶采样

真空瓶是一种具有活塞的耐压玻璃瓶，容积一般为500～1 000 mL。采样前，先用抽真空装置把采气瓶内气体抽走，使瓶内真空度达到1.33 kPa，之后，便可打开旋塞采样，采完即关闭旋塞，则采样体积即为真空瓶体积，见图7-7。

（二）富集（浓缩）采样法

富集（浓缩）采样法是使大量的样气通过吸收液或固体吸收剂得到吸收或阻留，使原来浓度较小的污染物质得到浓缩，以利于分析测定。适用于大气中污染物质浓度较低（mg/L、mg/m^3 量级）的情况。采样时间一般较长，测得结果可代表采样时段的平均浓度，更能反映大气污染的真实情况。这类采样方法具体包括溶液吸收法、固体阻留法、液体冷凝法、扩散法、自然积集法等。其中溶液吸收法、固体阻留法、液体冷凝法属于动力采样。扩散法、自然积集法属于无动力采样。

1.溶液吸收法

溶液吸收法是采集大气中气态、蒸汽态及某些气溶胶态污染物质的常用方法。采样时，用抽气装置将欲测空气以一定流量抽入装有吸收液的吸收管（瓶），使被测物质的分子阻留在吸收液中，以达到浓缩的目的。采样结束后，倒出吸收液进行测定，根据测得的结果及采样体积计算大气中污染物的浓度。吸收效率主要决定于吸收速度和样气与吸收液的接触面积。吸收液的选择原则：①与被采集的物质发生不可逆化学反应快或对其溶解度大；②污染物质被吸收液吸收后，要有足够的稳定时间，以满足分析测定所需时间的要求；③污染物质被吸收后，应有利于下一步分析测定，最好能直接用于测定；④吸收液毒性小，价格低，易于购买，并尽可能回收利用。

下面介绍几种常用吸收管（瓶）。

①气泡式吸收管：适用于采集气态和蒸汽态物质，不宜采气溶胶态物质。见图 7-8。

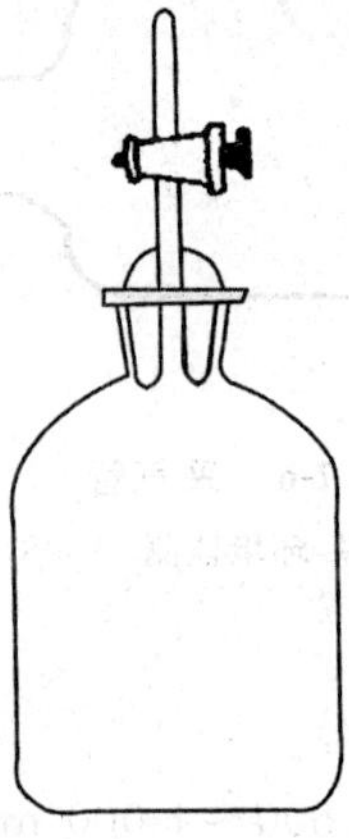

图 7-7 真空采气瓶

（崔树军．环境监测．2008）

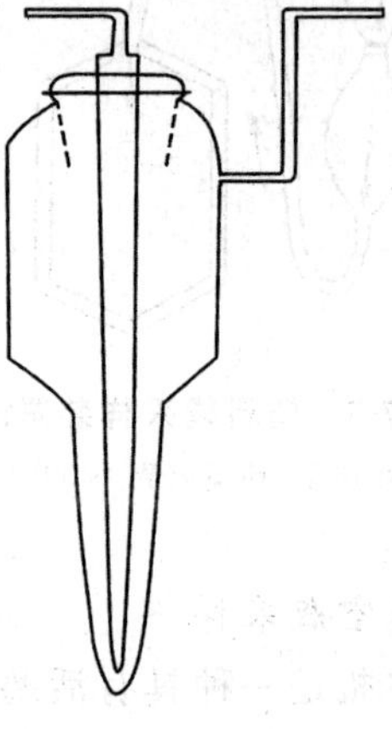

图 7-8 气泡式吸收管

（崔树军．环境监测．2008）

②冲击式吸收管：适宜采集气溶胶态物质和易溶解的气体样品，而不适用于气态和蒸汽态物质的采集。管内有一尖嘴玻璃管作冲击器。见图 7-9。

③多孔筛板吸收管（瓶）：是在内管出气口熔接一块多孔性的砂芯玻板，当气体通过多孔玻板时，一方面被分散成很小的气泡，增大了与吸收液的接触面积；另一方面被弯曲的孔道所阻留，然后被吸收液吸收。所以多孔筛板吸收管既适用于采集气态和蒸汽态物质，也适于气溶胶态物质，见图 7-10。

2. 填充柱阻留法（固体阻留法）

填充柱是用一根 6～10 cm 长，内径 3～5 mm 的玻璃管或塑料管，内装颗粒状填充剂制成。采样时，让气样以一定流速通过填充柱，则欲测组分因吸附、溶解或化学反

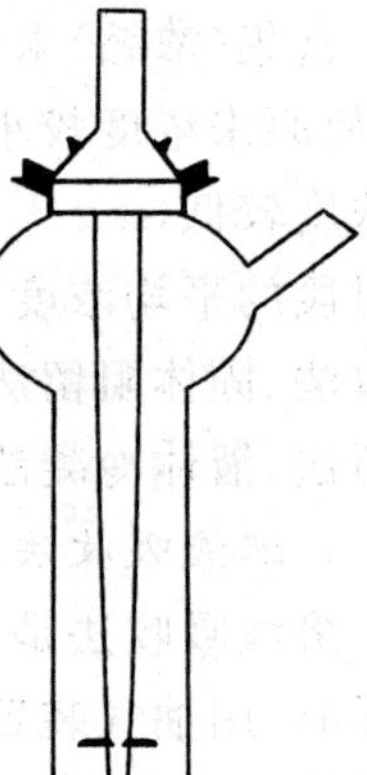

图 7-9 冲击式吸收管

（崔树军．环境监测．2008）

应而被阻留在填充剂上，达到浓缩采样的目的。采样后，通过加热解吸，吹气或溶剂洗脱，使被测组分从填充剂上释放出来测定。

根据填充柱内填充剂阻留作用的原理不同，可分为吸附型、分配型和反应型三种类型。

①吸附型填充柱：所用填充剂为颗粒状固体吸附剂，如活性炭、硅胶、分子筛、氧化铝、素烧陶瓷、高分子多孔微球等多孔性物质，对气体和蒸气吸附力强。

②分配型填充剂：所用填充剂为表面涂有高沸点有机溶剂（如甘油异十三烷）的惰性多孔颗粒物（如硅藻土、耐火砖等），适于对蒸气和气溶胶态物质（如六六六、DDT、多氯联苯等）的采集。气样通过采样管时，分配系数大的或溶解度大的组分阻留在填充柱表面的固定液上。

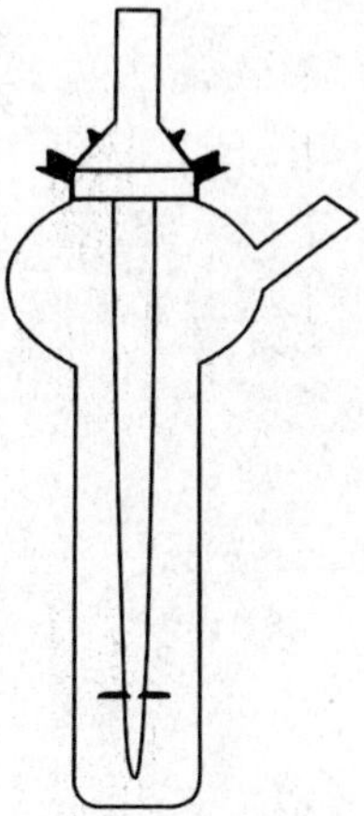

图 7-10 多孔筛板吸收管

（崔树军. 环境监测. 2008）

③反应型填充柱：其填充柱是由惰性多孔颗粒物（如石英砂、玻璃微球等）或纤维状物（如滤纸、玻璃棉等）表面涂渍能与被测组分发生化学反应的试剂制成。也可用能与被测组分发生化学反应的纯金属（如金、银、铜等）丝毛或细粒作填充剂。

固体阻留法优点：ⓐ用固体采样管可以长时间采样，测得大气中日平均或一段时间内的平均浓度值；溶液吸收法则由于液体在采样过程中会蒸发，采样时间不宜过长。ⓑ只要选择合适的固体填充剂，对气态、蒸气态和气溶胶态物质都有较高的富集效率，而溶液吸收法一般对气溶胶吸收效率要差些。ⓒ浓缩在固体填充柱上的待测物质比在吸收液中稳定时间要长，有时可放置几天或几周也不发生变化。

所以，固体阻留法是大气污染监测中具有广阔发展前景的富集方法。

3. 滤料阻留法

滤料阻留法是将过滤材料（滤纸、滤膜等）放在采样夹上，如图 7-11 所示颗粒物采样夹。用抽气装置抽气，则空气中的颗粒物被阻留在过滤材料上，称量过滤材料上富集的颗粒物质量，根据采样体积，即可计算出空气中颗粒物的浓度。如图 7-12 所示滤料采样装置。常用滤料：纤维状滤料：如定量滤纸、玻璃纤维滤膜（纸）、氯乙烯滤膜等；筛孔状滤料：如微孔滤膜、核孔滤膜、银薄膜等。各种滤料由不同的材料制成，性能不同，适用的气体范围也不同。

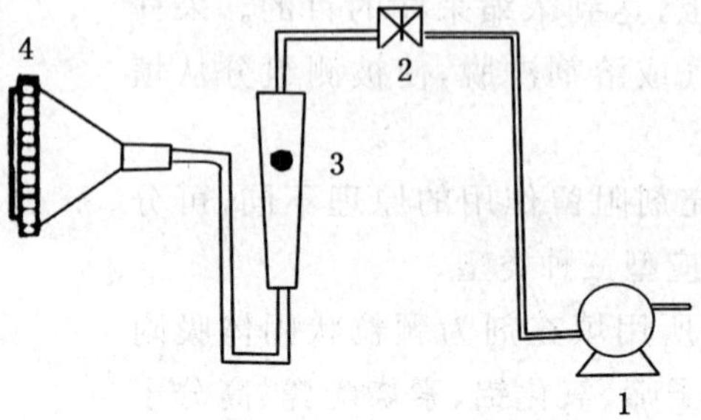

1-底座;2-紧固圈;3-密封圈;4-接座圈

图 7-11 颗粒物采样夹

(刘绮,潘伟斌.环境监测教程.2008)

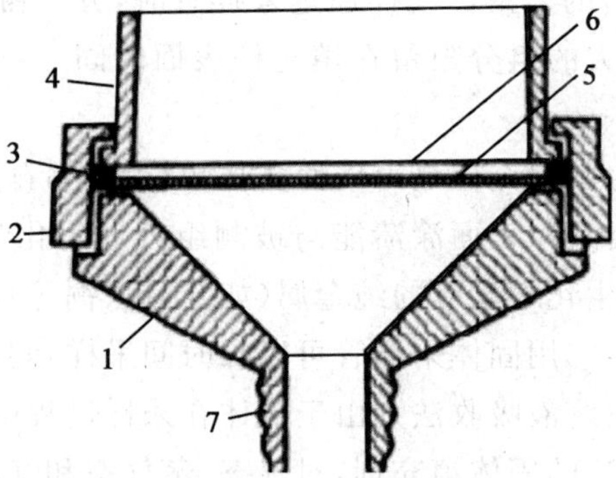

1-抽气装置;2-流量调节阀;3-流量计;4-采样夹;5-支撑网;6-滤膜;7-抽气接口

图 7-12 滤料采样装置

(崔树军.环境监测.2008)

4.低温冷凝法

低温冷凝法是借制冷剂的制冷作用使空气中某些低沸点气态物质被冷凝成液态物质,以达到浓缩的目的。图 7-13 低温冷凝采样。适用于大气中某些沸点较低的气态污染物质,如烯烃类、醛类等。常用制冷剂:冰、干冰、冰-食盐、液氯-甲醇、干冰-二氯乙烯、干冰-乙醇等。优点:效果好、采样量大、利于组分稳定。

5.自然积集法

这种方法是利用物质的自然重力、空气动力和浓差扩散作用采集大气中的被测物质,如自然降尘量、硫酸盐化速率、氟化物等大气样品的采集。这种方法的优点是:不需动力设备,简单易行,且采样时间长,测定结果能较好反映大气污染

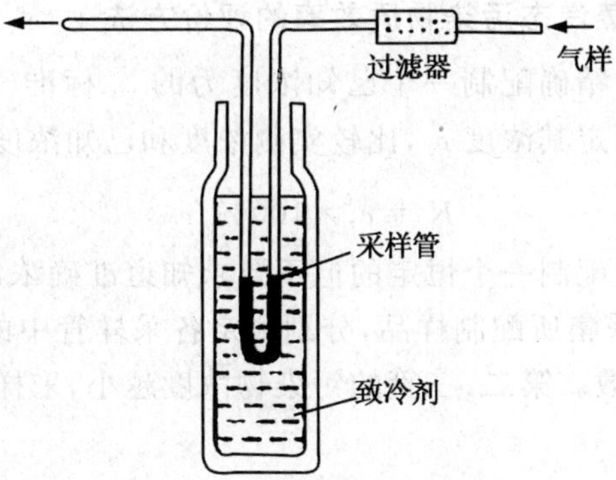

图 7-13　低温冷凝采样

（崔树军.环境监测.2008）

情况。

(1)降尘样品的采集　采集大气中降尘的方法有湿法和干法两种,其中湿法应用较广泛。①湿法采样一般使用集尘缸,集尘缸为圆筒形玻璃(或塑料,瓷,不锈钢)缸。采样时在缸中加一定量的水,放置在距地面 5～15 m 处,附近无高大建筑物及局部污染源,采样口距基础面 1.5 m 以上,以避免扬尘的影响。集尘缸内加水 1 500～3 000 mL,夏季需要加入少量硫酸铜溶液,抑制微生物及藻类的生长,冰冻季节需加入适量的乙醇或乙二醇作为防冻剂。采样时间为(30±2) d,多雨季节注意及时更换集尘缸,防止水满溢出。②干法采样使用标准集尘器,夏季需加除藻剂。

(2)硫酸盐化速率样品的采集　排放到大气中的二氧化硫,硫化氢等含硫化合物,经过一系列氧化反应,最终形成硫酸雾和硫酸盐雾的过程称为硫酸盐化速率。常用的采样方法有二氧化铅法和碱片法。①二氧化铅采样法是先将二氧化铅糊状物涂在纱布上,然后将纱布绕贴在素瓷管上,制成二氧化铅采样管,将其放置在采样点上,则大气中的二氧化硫、硫酸雾等与二氧化铅反应生成硫酸铅。②碱片法是将用碳酸钾溶液浸渍过的玻璃纤维滤膜置于采样点上,则大气中的二氧化硫,硫酸雾等与碳酸盐反应生成硫酸盐。

三、采样效率及评价方法

采样效率是指在规定的采样条件(如采样流量、污染物浓度范围、采样时间等)下,所采集到的污染物量占其总量的百分数。采样效率的评价方法一般与污染物在空气中的状态有很大关系,不同的存在状态有不同的评价方法。

(一)采集气态和蒸汽态污染物质效率的评价方法

(1)绝对比较法　精确配制一个已知浓度为的 c_0 标准气体，用所选用的采样方法采集标准气体，测定其浓度 c_1，比较实测浓度和已知浓度，其采样效率 K 为：

$$K = c_1 \times 100\% / c_0$$

(2)相对比较法　配制一个恒定的但不要求知道准确浓度的气体样品，用 2～3 个采样管串联起来采集所配制样品，分别测定各采样管中的污染物含量，计算第一管含量占总量百分数。第二、三管的污染物浓度越小，采样效率越高。一般要求 K 值在 90%之上。

$$采样效率\ K = c_1 \times 100\% / (c_1 + c_2 + c_3)$$

(二)采集颗粒物效率的评价方法

(1)采集颗粒数效率　即所采集到的颗粒物粒数占总颗粒数的百分数。

(2)质量采样效率　即所采集到的颗粒物质量占颗粒物总质量的百分数。

由于小颗粒物的数量总是占大部分，而按质量计算却只占很小部分，故质量采样效率总是大于颗粒数采样效率。由于微米以下颗粒对人体健康影响较大，颗粒采样效率有着重要作用；在大气监测评价中，评价采集颗粒物方法的采样效率多用质量采样效率表示。

四、采样器

直接采样法采样时用注射器、塑料袋、采样管、真空瓶。富集采样法需使用大气采样仪器。大气采样仪器主要由收集器、流量计和采样动力三部分组成。

收集器：如大气吸收管(瓶)、填充柱、滤料采样夹、低温冷凝采样管等。

流量计：是测量气体流量的仪器，流量是计算采集气样体积必知的参数。如图 7-14 所示。常用的流量计有皂膜流量计、孔口流量计和转子流量计。均需定期校正。

当用抽气泵作抽气动力时(图 7-15)，通过流量计的读数和采样时间可以计算所采空气的体积。

采样动力：应根据所需采样流量、采样体积、所用收集器及采样点的条件进行选择。一般要求抽气动力的流量范围较大，抽气稳定，造价低，噪声小，便于携带和维修。

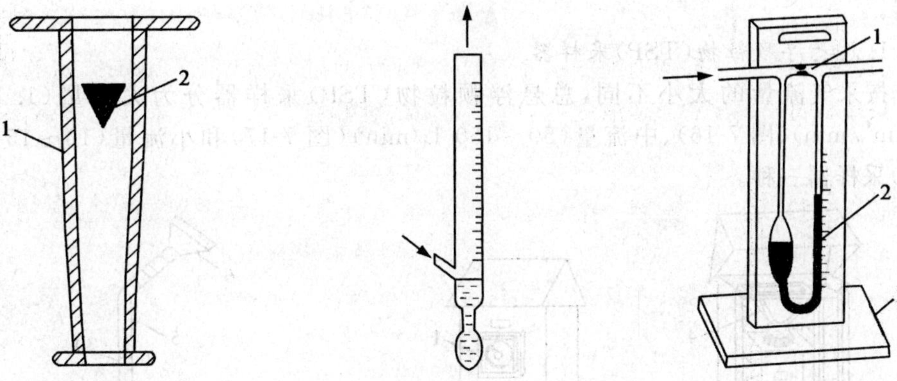

1-锥形玻璃管；2-转子
转子流量计

皂膜流量计

1-隔板；2-液柱；3-支架
孔口流量计

图 7-14　流量计

（刘绮，潘伟斌. 环境监测教程. 2008）

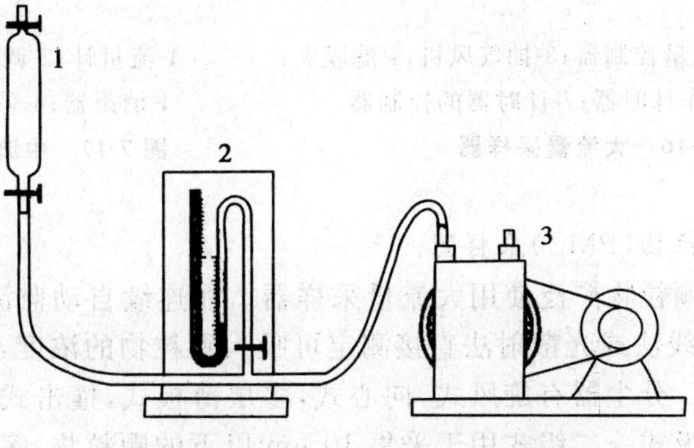

1-真空采气瓶；2-孔口流量计；3-真空泵

图 7-15　真空采气瓶抽真空装置

（崔树军. 环境监测. 2008）

（一）气体采样器

用于采集气态和蒸气态物质，采样流量 0.5～2.0 L/min，分为便携式和固定式两种。

（二）颗粒物采样器

颗粒物采样器分为总悬浮颗粒物（TSP）采样器和可吸入颗粒物（PM_{10}）采

样器。

1. 总悬浮颗粒物(TSP)采样器

按采气流量的大小不同,总悬浮颗粒物(TSP)采样器分为大流量(1.1～1.7 m^3/min)(图 7-16)、中流量(50～150 L/min)(图 7-17)和小流量(10～15 L/min)采样器三种。

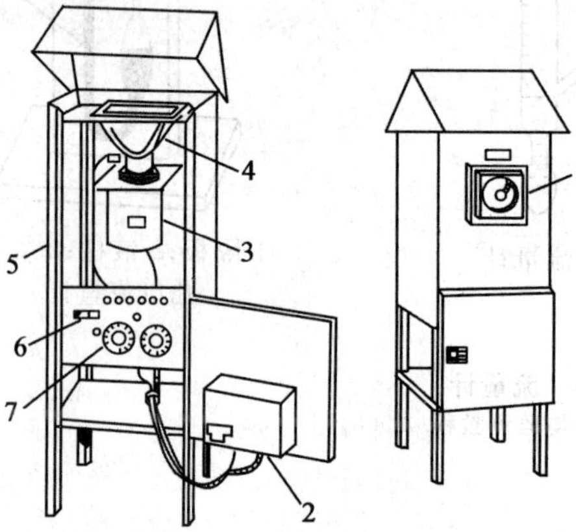

1-流量记录器;2-流量控制器;3-抽气风机;4-滤膜夹;5-铝壳;6-工作计时器;7-计时器的控制器

图 7-16　大流量采样器

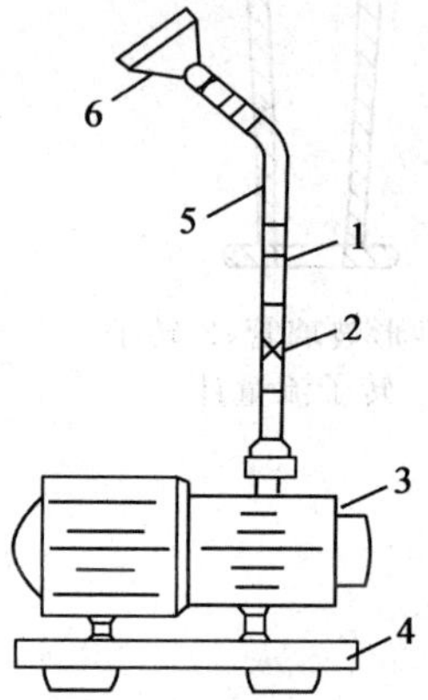

1-流量计;2-调节阀;3-采样泵;4-消声器;5-采样管;6-采样头

图 7-17　中流量 TSP 采样器

2. 可吸入颗粒物(PM_{10})采样器

采集可吸入颗粒物广泛使用大流量采样器。在连续自动监测仪器中,可采用静电捕集法,β射线法或光散射法直接测定可吸入颗粒物的浓度,但不论哪种采样器都装有分尘器。分尘器有旋风式,向心式,多层薄板式,撞击式等多种。它们又分为二级式和多级式。二级式用于采集 10 μm 以下的颗粒物,多级式可分级采集不同粒径的颗粒物,用于测定颗粒物的粒度分布。

(1)二级旋风分尘器　图 7-18 为旋风分尘器的工作原理示意图。空气以高速度沿 180°渐开线进入分尘器的圆筒内,形成沿外壁由上而下的旋转气流,大于 10 μm 的颗粒物惯性较大,在离心力的作用下,甩到筒壁上,这些大颗粒物在不断与筒壁撞击中失去前进的能量,受气流和重力的共同作用,沿壁面落入大颗粒物收集器内;小于 10 μm 的颗粒物惯性小,不易被甩到筒壁上。当空气进入分尘器向下高速旋转时,顶部压力下降,在压力差作用下,小于 10 μm 的细颗粒随气流沿气体排出管上升,达到分离空气中粗、细颗粒物的目的。沿分尘器气体排出管排出的气体进入过滤器,气体中的细颗粒物被滤膜捕集,根据采样体积和采样前后滤膜的质量，即可求出空气中 10 μm 以下的颗粒物的含量。需注意的是：分尘器必须用标准粒子发生器制备的标准粒子进行校准后方可使用。

(2)向心式分尘器　图 7-19 为向心式分尘器工作原理示意图。当气流从小孔高速喷出时，气流携带的颗粒物质量不同，其运动轨迹也不同。颗粒质量越大，惯性越大，越不容易随气流改变运动轨迹。因此，当大颗粒物随气流穿过小孔后，在惯性作用下，仍然沿着中心轴线继续前进，进入锥形收集器，被收集器底部的滤膜收集；反之，当小颗粒物随气流穿过小孔后，由于小颗粒物惯性小，可以随气流改变运动轨迹，绕过锥形收集器入口，随气流进入下一级。锥形收集器捕集的颗粒物质量的大小，受喷嘴直径，收集器入口距喷嘴距离，收集器入口直径等因素的影响。显然，当喷嘴直径变小，收集器入口距喷嘴距离变小，收集器入口直径变小时，可以使较小的颗粒物进入收集器。

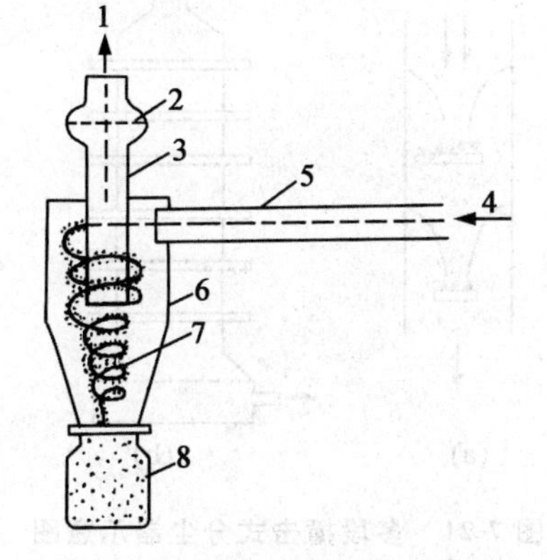

1-空气出口；2-滤膜；3-气体排出管；
4-空气入口；5-气体导管；6-圆筒体；
7-旋转气流轨迹；8-大粒子收集器

图 7-18　旋风分尘器原理示意图

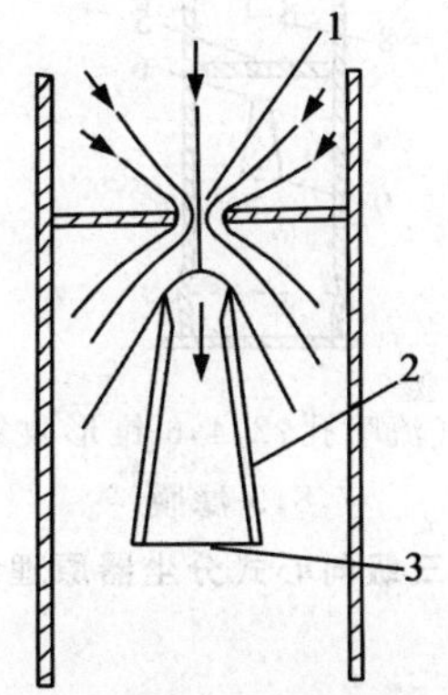

1-空气喷孔；2-收集器；3-滤膜

图 7-19　向心式分尘器原理示意图

多段向心式分尘器工作原理如图 7-20 所示。孔 1 直径最大，收集器 2 入口最大，孔 1 到收集器 2 之间的距离最大，收集器滤膜 7 捕集到气流中质量最大的颗粒物；第二级的喷嘴直径 3 和锥形收集器 4 的入口孔径变小，二者之间距离缩短，使小一些的颗粒物被收集.第三级的喷嘴直径 5 和锥形收集器的入口孔径 6 又比第二级小，其间距离更短，收集的颗粒更细。经过多级分离，剩下的极细颗粒到达最底部，被滤膜 10 收集。

(3)多段撞击式采样器　图 7-21 为多段撞击式采样器的工作原理示意图。当含颗粒物气体以一定速度由喷嘴喷出后，颗粒获得一定的动能产生一定的惯性。

在同一喷射速度下粒径越大，惯性越大。因此，气流从第一级喷嘴喷出后，大颗粒惯性大，难以改变运动方向，与第一块捕集板碰撞被沉积下来，而惯性较小的颗粒则随气流绕过第一块捕集板进入第二级喷嘴；第二级喷嘴比第一级喷嘴口径小，故喷出颗粒物动能增加，小颗粒获得较大的惯性与第二块捕集板碰撞而被沉积，而惯性更小的颗粒物继续向下级运动；如此一级一级地进行下去，则气流中的颗粒物由大到小地一级一级地分开，分别沉积在不同的捕集板上。最末级捕集板用玻璃纤维滤膜代替，捕集最小的颗粒物。这种采样器可以设计为3～6级，也有8级的。撞击式采样器必须用标准粒子发生器制备的标准粒子进行校准后方可使用。

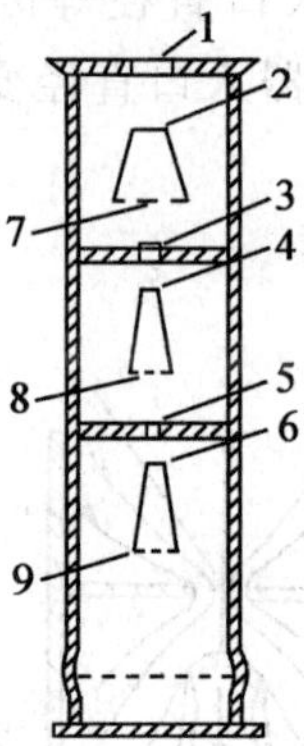

1,3,5-气流喷孔；2,4,6-锥形收集器；
7,8,9-滤膜

图 7-20 三级向心式分尘器原理示意图

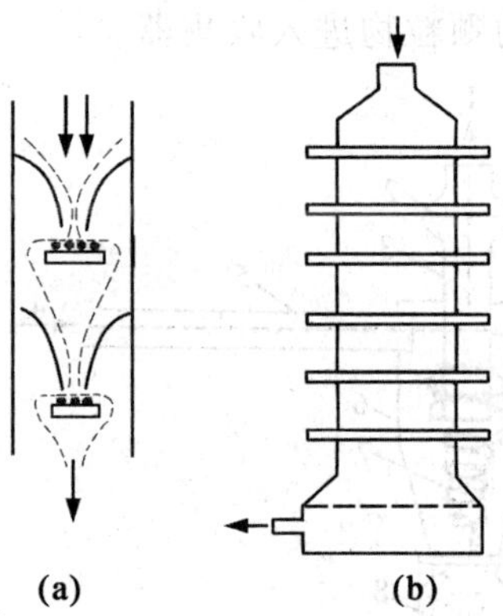

图 7-21 多段撞击式分尘器示意图

五、采样记录

采样记录与实验室记录同等重要，在实际工作中，若对采样记录不重视，不认真填写采样记录，会导致由于采样记录不全而使一大批监测数据无法统计而作废。

采样记录内容有：所采集样品被测污染物的名称及编号；采样地点和采样时间；采样流量；采样体积及采样时的温度和大气压力；采样仪器，吸收液及采样时天气状况及周围情况；采样者、审核者姓名等。

六、大气中污染物浓度表示方法和气体体积换算

（一）污染物浓度表示方法

污染物浓度表示方法有两种：

①单位体积内所包含污染物的质量数。单位：mg/m^3 或 $\mu g/m^3$，对任何状态的污染物都适用。

②污染物体积与气样总体积的比值。单位：mL/m^3 或 $\mu L/m^3$，仅适于气态或蒸汽态物质。

(二)气体体积换算

把现场状态下的体积换算成标准状态下的体积：

$$V_0 = V_t \times 273 \times P/(273+t) \times 101.325$$

式中：V_0 为标准状态下气体的体积；V_t 为现场状态下的体积。

任务二　大气中气态和蒸气态污染物质的检测

一、大气中二氧化硫(SO_2)的测定

SO_2是大气主要污染物之一，是大气环境污染例行监测的必测项目。它主要来源于煤和石油等燃料的燃烧，含硫矿石的冶炼，硫酸等化工产品生产排放的废气。它是一种无色，易溶于水，有刺激性气味的气体，能通过呼吸进入气管，对局部组织产生刺激和腐蚀作用，是诱发支气管炎等疾病的原因之一。特别是当它与烟尘等气溶胶共存时，可加重对呼吸道黏膜的损害。SO_2 的阈值是 0.3 mg/L，达 30～40 mg/L 时，人会感到呼吸困难。

常用测定二氧化硫的方法有：四氯汞钾溶液吸收-盐酸副玫瑰苯胺分光光度法(GB 8970—88)、甲醛缓冲溶液吸收-盐酸副玫瑰苯胺分光光度法紫外荧光法(GB/T 15262—94)、电导法、库仑滴定法、火焰光度、钍试剂分光光度法、紫外荧光法等。其中四氯汞钾溶液吸收-盐酸副玫瑰苯胺分光光度法是国内广泛采用的测定环境空气中 SO_2 的方法，具有灵敏度高，选择性好等优点。最低检出浓度为 0.20 μg/10 mL。

(一)原理

大气中的二氧化硫被四氯汞钾溶液吸收后，生成稳定的二氯亚硫酸盐络合物，此络合物再与甲醛及盐酸副玫瑰苯胺发生反应，生成紫红色的络合物，据其颜色深浅，在 577 nm 处进行分光光度测定。

主要干扰物为氮氧化物、臭氧及某些重金属元素。加入氨磺酸钠溶液可以消除氮氧化物的干扰；采样后放置一段时间可以使臭氧自行分解；加入磷酸及环已二胺四乙酸二钠盐可以消除或减少某些金属离子的干扰。10 mL 样品溶液中含

50 μg 钙、镁、铁、镍、镉、铜、锌等离子时，不干扰测定。10 mL 样品溶液中含5 μg二价锰离子时，吸光度会降低 2.7%；含 10 μg 二价锰离子时，吸光度会降低4.1%，空气中锰的含量一般不会超过 0.09 mg/m^3（相当于 5 μg/10 mL），不致影响二氧化硫的测定。

本法检出限为 0.20 μg/10 mL（按以吸光度 0.01 相对应的浓度计）。当用10 mL 吸收液采样 10 L 时，最低检出浓度为 0.020 mg/m^3；用 50 mL 吸收液，24 h采样 300 L，取 10 mL 样品测定时，最低检出浓度为 0.003 mg/m^3。

（二）仪器

①多孔玻璃吸收管（用于短时间采样）；多孔玻璃吸收瓶（用于 24 h 采样）；②空气采样器：流量 0～1 L/min；③分光光度计；④恒温水浴；⑤10 mL 具塞比色管。

（三）试剂

①0.04 mol/L 四氯汞钾吸收液：称取 10.9 g 氯化汞（$HgCl_2$）、6.0 g 氯化钾和0.070 g 乙二胺四乙酸二钠盐（EDTA-Na_2），溶解于水，稀释至 1 000 mL。此溶液在密闭容器中贮存，可稳定 6 个月。如发现有沉淀，不能再用。

②2.0 g/L 甲醛溶液：量取 36%～38% 甲醛溶液 1.1 mL，用水稀释至200 mL，临用现配。

③6.0 g/L 氨基磺酸铵溶液：称取 0.60 g 氨基磺酸铵（$H_2NSO_3NH_4$），溶解于100 mL 水中，临用现配。

④碘贮备液[$c(1/2\ I_2)$ = 0.10 mol/L]：称取 12.7 g 碘于烧杯中，加入 40 g 碘化钾和 25 mL 水，搅拌至全部溶解后，用水稀释至 1 000 mL，贮于棕色试剂瓶中。

⑤碘使用液[$c(1/2\ I_2)$ = 0.01 mol/L]：量取 50 mL 碘贮存液，用水稀释至500 mL，贮于棕色试剂瓶中。

⑥2 g/L 淀粉指示剂：称取 0.20 g 可溶性淀粉，用少量水调成糊状，慢慢倒入100 mL 沸水中，继续煮沸至溶液澄清，冷却后贮于试剂瓶中。

⑦碘酸钾标准溶液[$c(1/6KIO_3)$ = 0.100 0 mol/L]：称取 3.566 8 g 碘酸钾（KIO_3，优级纯，110℃烘干 2 h），溶解于水，移入 1 000 mL 容量瓶中，用水稀释至标线。

⑧盐酸溶液[$c(HCl)$ = 1.2 mol/L]：量取 100 mL 浓盐酸，用水稀释至1 000 mL。

⑨硫代硫酸钠贮备液[$c(Na_2S_2O_3)$ = 0.1 mol/L]：称取 25 g 硫代硫酸钠（$Na_2S_2O_3 \cdot 5H_2O$），溶解于 1 000 mL 新煮沸并已冷却的水中，加 0.2 g 无水碳酸钠，贮于棕色瓶中，放置一周后标定其浓度。若溶液呈现混浊时，应该过滤。

标定方法：吸取碘酸钾标准溶液 25.00 mL，至于 250 mL 碘量瓶中，加 70 mL 新煮沸并已冷却的水，加 1.0 g 碘化钾，振荡至完全溶解后，再加 1.2 mol/L 盐酸溶液 10.0 mL。立即盖好瓶塞，混匀。在暗处放置 5 min 后，用硫代硫酸钠溶液滴定至淡黄色，加淀粉指示剂 5 mL，继续滴定至蓝色刚好消失。按下式计算硫代硫酸钠溶液的浓度：

$$c = 25.00 \times 0.1000 / V$$

式中：V 为消耗硫代硫酸钠溶液的体积，mL；c 为硫代硫酸钠溶液浓度，mol/L。

⑩硫代硫酸钠标准溶液：取 50.00 mL 硫代硫酸钠贮存液于 500 mL 容量瓶中，用新煮沸并已冷却的水稀释至标线，计算其准确浓度。

⑪亚硫酸钠标准溶液：称取 0.2 g 亚硫酸钠（Na_2SO_3）及 0.010 g 乙二胺四乙酸二钠，将其溶解于 200 mL 新煮沸并已冷却的水中，轻轻摇匀（避免振荡，以防充氧）。放置 2～3 h 后标定。此溶液每毫升相当于含 320～400 μg 二氧化硫。

标定方法：取四个 250 mL 碘量瓶（A_1、A_2、B_1、B_2），分别加入 0.010 mol/L 碘溶液 50.00 mL。

在 A_1、A_2 瓶内各加 25 mL 水，在 B_1 瓶内加入 25.00 mL 亚硫酸钠标准溶液，盖好瓶塞。立即吸取 2.0 mL 亚硫酸钠标准溶液于已加有 40～50 mL 四氯汞钾溶液的 100 mL 容量瓶中，使其生成稳定的二氯亚硫酸盐络合物。再吸取 25.00 mL 亚硫酸钠标准溶液于 B_2 瓶内，盖好瓶塞。然后用四氯汞钾吸收液将 100 mL 容量瓶中的溶液稀释至标线。

A_1、A_2、B_1、B_2 四瓶于暗处放置 5 min 后，用 0.01 mol/L 硫代硫酸钠标准溶液滴定至浅黄色，加 5 mL 淀粉指示剂，继续滴定至蓝色刚好退去。平行滴定所用硫代硫酸钠溶液体积之差应不大于 0.05 mL。

所配 100 mL 容量瓶中的亚硫酸钠标准溶液相当于二氧化硫的浓度由下式计算：

$$SO_2\text{浓度}(\mu g/mL) = [(V_0 - V) \times c \times 32.02 \times 1000] / 25.00 \times 2.00 / 100$$

式中：V_0 为滴定 A 瓶时所用硫代硫酸钠标准溶液体积的平均值，mL；V 为滴定 B 瓶时所用硫代硫酸钠标准溶液体积的平均值，mL；c 为硫代硫酸钠标准溶液的准确浓度 mol/L；32.02 为相当于 1 mmol/L 硫代硫酸钠溶液的二氧化硫（1/2 SO_2）的质量(mg)。

根据以上计算的二氧化硫标准溶液的浓度，再用四氯汞钾吸取液稀释成每毫升含 2.0 μg 二氧化硫的标准溶液，此溶液用于绘制标准曲线，在冰箱中存放，可稳定 20 天。

⑫0.2%盐酸副玫瑰苯胺(PRA,即对品红)贮备液:称取0.20 g经提纯的盐酸副玫瑰苯胺,溶解于100 mL,1 mol/L盐酸溶液中。

⑬磷酸溶液(cH_3PO_4 = 3 mol/L):量取41 mL 85%浓磷酸,用水稀释至200 mL。

⑭0.016%盐酸副玫瑰苯胺使用液:吸取0.2%盐酸副玫瑰苯胺贮备液20.00 mL于250 mL容量瓶中,加3 mol/L磷酸溶液200 mL,用水稀释至标线。至少放置24 h方可使用。存放暗处,可稳定9个月。

(四)测定步骤

1.标准曲线的绘制

取7支10 mL具塞比色管,按下表7-8所列参数配置亚硫酸钠标准色列。

表7-8 亚硫酸钠标准色列

试剂	0	1	2	3	4	5	6
亚硫酸钠标准溶液(2.0 μg/mL)(mL)	0.00	0.50	1.00	2.00	5.00	8.00	10.00
四氯汞钾吸收液(mL)	10.00	9.50	9.00	8.00	5.00	2.00	0.00
二氧化硫含量(μg)	0.00	0.50	1.00	2.00	5.00	8.00	10.00

在以上各管中加入6.0 g/L氨基磺酸铵溶液0.50 mL,摇匀。再加2.0 g/L甲醛溶液0.50 mL及0.016 %盐酸副玫瑰苯胺使用液1.5 mL,摇匀。放入恒温水浴中显色,在20℃下,显色20 min。用1 cm比色皿,于577 nm波长处,以水为参比,测定吸光度。以吸光度对二氧化硫含量(μg)绘制标准曲线。

2.采样

用内装10 mL四氯汞钾吸收液的多孔玻璃吸收管以0.5 L/min流量采样1 h。采样时吸收液温度应保持在23~29℃,并应避免阳光直接照射样品溶液。

3.样品测定

样品溶液混浊时,应离心分离除去。将吸收管中的吸收液全部移入10 mL具塞比色管内,用少量吸收液洗涤吸收管,洗涤液并入具塞管中,用吸收液稀释使总体积为10 mL,摇匀。放置20 min,以使臭氧分解。加6 g/L氨基磺酸铵溶液0.50 mL,摇匀,放置10 min,以除去氮氧化物的干扰。以下步骤同标准曲线的绘制。

(五)计算

$$二氧化硫浓度(mg/m^3)=W/V_n \times V_t/V_a$$

式中:W为测定时所取样品溶液中二氧化硫含量,μg(由标准曲线查知);V_t为样品溶液总体积，mL；V_a 为标定时所取样品溶液体积，mL；V_n 为标准状态下的采样体积，L。

(六)注意事项

①温度对显色影响较大，温度愈高，空白值愈大。温度高时显色快，褪色也快，最好用恒温水浴控制显色温度。

②对品红试剂必须提纯后方可使用，否则，其中所含杂质会引起试剂空白值增高，使方法灵敏度降低。已有经提纯合格的 0.2%对品红溶液出售。

③六价铬能使紫红色络合物褪色，产生负干扰，故应避免用硫酸—铬酸洗液洗涤所用玻璃器皿，若已用此洗液洗过，则需用(1+1)盐酸溶液浸洗，再用水充分洗涤。

④用过的具塞比色管及比色皿应及时用酸洗涤，否则红色难以洗净。具塞比色管用(1+4)盐酸溶液洗涤，比色皿用(1+4)盐酸加 1/3 体积乙酸混合液洗涤。

⑤四氯汞钾溶液为剧毒试剂，使用时应小心，如溅到皮肤上，立即用水冲洗。使用过的废液要集中回收处理，以免污染环境。

二、硫酸盐化速率的测定

硫酸盐化速率是指大气中含硫污染物演变为硫酸雾和硫酸盐雾的速度。测定的方法有：二氧化铅—重量法、碱片—重量法、碱片—铬酸钡分光光度法、碱片—离子色谱法等。下面介绍二氧化铅—重量法。

(一)原理

大气中的 SO_2、硫酸雾、硫化氢等与 PbO_2 反应生成 $PbSO_4$，用 Na_2CO_3 溶液处理，使 $PbSO_4$ 转化为 $PbCO_3$，释放出 SO_4^{2-}，再加入 $BaCl_2$ 溶液，生成 $BaSO_4$ 沉淀，用重量法测定，结果以每日在 100 cm² PbO_2 面积上生成的 SO_3 的质量(mg)表示。最低检出浓度为 0.05 mg/(100 cm²·d)。

(二)测定要点

①PbO_2 采样管制备。②采样。将 PbO_2 采样管固定在百叶箱中，在采样点上放置(30±2)天。注意不要靠近烟囱等污染源。收样时，将 PbO_2 采样管放入密闭容器中。③测定。按下式计算测定结果：

$$\text{硫酸盐化速率}[SO_3,\text{mg}/(100\ \text{cm}^2\cdot\text{d})]=\frac{(m_s-m_0)\times M_{SO_3}/M_{BaSO_4}}{S\cdot n}\times 100$$

式中：m_s 为样品测得硫酸钡质量，mg；m_0 为二氧化铅管空白测定硫酸钡质量，mg；

S 为二氧化铅涂布面积，cm^2；n 为采样天数，d；M_{SO_3}/M_{BaSO_4} 为 $BaSO_4$ 换算成 SO_3 的换算因数。

(三)影响测定结果的因素

①PbO_2 的粒度、纯度和表面活性度；②PbO_2 涂层厚度和表面湿度；③含硫污染物的浓度及种类；④采样期间的风速、风向及空气温度、湿度等。

三、大气中氮氧化物(NO_x)的测定

氮的氧化物有一氧化氮、二氧化氮、氧化二氮、三氧化二氮、四氧化二氮和五氧化二氮等多种形式。大气中的氮氧化物主要以一氧化氮(NO)和二氧化氮(NO_2)形式存在。它们主要来源于石化燃料高温燃烧和硝酸、化肥等生产排放的废气，以及汽车排气。一氧化氮为无色、无臭、微溶于水的气体，在大气中易被氧化为 NO_2。NO_2 为棕红色气体，具有强刺激性臭味，是引起支气管炎等呼吸道疾病的有害物质。

大气中的 NO 和 NO_2 可以分别测定，也可以测定二者的总量。大气中氮氧化物的测定方法可分为仪器法和化学法两大类。仪器法有：化学光化法和库仑法。化学法主要有：Saltzman 法(GB/T 15435—1995)、酸性高锰酸钾溶液氧化法、三氧化铬—石英砂氧化法等。其中 Saltzman 法仅适于测定二氧化氮(NO_2)的含量，酸性高锰酸钾溶液氧化法和三氧化铬—石英砂氧化法可以检测大气中氮氧化物总量。

环境空气质量标准(GB 3095—1996)指定环境空气中二氧化氮和氮氧化物检测的方法标准，为二氧化氮的测定 Saltzman 法(GB/T 15435—1995)和氮氧化物的测定 Saltzman 法(GB/T 15436—1995)。二者均为分光光度法。

(一)二氧化氮的测定——Saltzman 法(GB/T 15435—1995)

1. 方法原理

空气中的二氧化氮与吸收液中的对氨基苯磺酸进行重氮化反应，再与 N-(1-萘基)乙二胺盐酸盐作用，生成粉红色的偶氮染料，于波长 540～545 nm 之间测定吸光度。

2. 仪器

①采样管：硼硅玻璃、不锈钢、聚四氟乙烯或硅胶管，内径约 6 mm，尽可能短一些，任何情况下不得超过 2 m，配有朝下的空气入口。

②吸收瓶：内装 10、25 mL 或 50 mL 吸收液的多孔玻板吸收瓶，液柱不低于 80 mm。检查吸收瓶的玻板阻力，气泡分散的均匀性及采样效率。

③空气采样器：短时间采样(1 h 以内)，用便携式空气采样器。流量范围 0～

1 L/min。采气流量为 0.4 L/min。误差小于±5%。采样前用皂膜流量计进行校准。

长时间采样（24 h 以内），用恒温自动连续空气采样器。采气流量为 0.2 L/min。误差小于±5%。

④分光光度计。

⑤硅胶管：内径约 6 mm。

3.试剂

所有试剂均用不含亚硝酸根的重蒸馏水配置。其检验方法是：所配制的吸收液对 540 nm 光的吸光度不超过 0.005。

①N-(1-萘基)乙二胺盐酸盐储备液：称取 0.50 g N-(1-萘基)乙二胺盐酸盐，用少量蒸馏水进行溶解，转移入 500 mL 容量瓶中，用蒸馏水定容。此溶液密闭贮于棕色瓶中，在冰箱内可保存三个月。

②显色液：称取 5.0 g 对氨基苯磺酸，溶于约 200 mL 热水中，将溶液冷却至室温，全部移入 1 000 mL 容量瓶中，加入 50 mL 冰醋酸和 50.00 mL N-(1-萘基)乙二胺盐酸盐储备液，用蒸馏水定容。此溶液密闭贮于棕色瓶中，25℃下可保存三个月。保存时应密封瓶口，防止空气与溶液接触。

③亚硝酸钠标准储备液：称取 0.375 0 g 粒状亚硝酸钠($NaNO_2$)。亚硝酸钠应为优级纯，且应预先在干燥器内放置 24 h 以上。溶解于水，移入 1 000 mL 容量瓶中，用水稀释至标线。此溶液贮于棕色瓶内，冰箱中保存，可稳定三个月。

④亚硝酸钠标准工作溶液：亚硝酸钠标准工作溶液的浓度为每毫升含 2.50 mg NO_2^-。此溶液用亚硝酸钠标准储备液稀释得到。应现用现配。

⑤吸收液：使用时将显色液和水按体积比 4∶1 进行混合。密闭贮于棕色瓶中，25℃下可保存三个月。若呈现淡红色，应弃之重配。

样品

4.校准曲线的绘制

用亚硝酸钠标准溶液绘制标准曲线。取 6 支 10 mL 具塞比色管，按表 7-9 制备标准色列。

各管混匀，于暗处放置 20 min（室温低于 20℃时，应适当延长显色时间。如室温为 15℃时，显色 40 min)，用 10 mm 比色皿，以水为参比，在波长 540～545 nm 处，测量吸光度。扣除空白试验（零浓度）的吸光度以后，对应 NO_2 的浓度(μg/mL)，用最小二乘法计算标准曲线的回归方程。

表 7-9 亚硝酸钠标准色列

管号	0	1	2	3	4	5
亚硝酸钠标准工作溶液/mL	0.00	0.40	0.80	1.20	1.60	2.00
显色液/mL	8.00	8.00	8.00	8.00	8.00	8.00
水/mL	2.00	1.60	1.20	0.80	0.40	0
NO_2^- 含量/(μg/ mL)	0.0	0.10	0.20	0.30	0.40	0.50

5.样品测定

采样后放置20 min(气温低时,适当延长显色时间。如15℃时,显色40 min),用水将采样瓶中吸收液的体积补至标线,混匀。按标准曲线的测定步骤测量样品的吸光度和空白试验样品的吸光度。若样品的吸光度超过校准曲线的上限,应用空白试验溶液稀释,再测量其吸光度。采样后应尽快测量样品的吸光度,若不能及时分析,应将样品于低温暗处存放。样品于30℃暗处存放,可稳定8 h;20℃暗处存放,可稳定24 h;于0~4℃冷藏,至少可稳定3 d。空白试验,使用与采样用吸收液同一批配制的吸收液作空白试验。

6.结果的计算

大气中二氧化氮的浓度 c_{NO_2} (mg/m^3)用下式计算:

$$二氧化氮浓度\ c_{NO_2}=(A-A_0-a)\times V\times D/bfV_0$$

式中:A 为样品溶液的吸光度;A_0 为空白试验溶液的吸光度;b 为标准曲线线性回归方程的斜率,mL/μg;a 为标准曲线线性回归方程的截距;V 为采样用吸收液体积,mL;V_0 为换算为标准状态(273 K,101.3 kPa)下的气体采样体积,L;D 为样品的稀释倍数;f 为 Saltzman 实验系数,0.88(当空气中二氧化氮浓度高于0.720 mg/m^3 时,f 值为0.77)。

7.干扰及排除

大气中臭氧浓度超过0.25 mg/m^3 时,使吸收液略显红色,对二氧化氮的测定产生负干扰。采样时在吸收瓶入口端串接一段15~20 cm长的硅胶管,即可将臭氧浓度降低到不干扰二氧化氮测定的水平。

大气中二氧化硫浓度为二氧化氮浓度的10倍时,对二氧化氮的测定无干扰,二氧化硫浓度超过二氧化氮浓度的30倍时,产生负干扰。可在采样管前接一个氧化管消除二氧化硫的干扰;过氧乙酰酯PAN(光化学烟雾成分)能使试剂显色产生干扰,但一般环境大气中PAN的浓度很低,不会造成测定误差。

8.注意事项

①吸收液应为无色,如显微红色,可能有亚硝酸根的污染,应检查试剂和蒸馏

水的质量。

②吸收液长时间暴露在空气中或受日光照射，也会显色，使空白值增高。因此，吸收液应避光保存，吸收管在采样、运送和存放过程中，都应采取避光措施。

③吸收液中加入一定量的冰醋酸，可以维持吸收液的酸性条件（pH＝2 以下），保证显色充分。

9.说明

萨尔兹曼(Saltzman)实验系数表示 NO_2(气)→NO_2(液)的转换系数。大气中的二氧化氮被吸收液吸收后大部分转变为亚硝酸根，但由于二氧化氮溶于水的过程较复杂，出现一些副反应会损失部分二氧化氮，转换系数不仅与吸收液的成分有关，而且与吸收管的形状、采样流速、气体浓度等因素有关，它是一个通过实验测得的经验数据。本方法中 Saltzman 实验系数为 0.88，即表明 0.88 mol 的亚硝酸钠与 1 mol 的 NO_2 产生相同的颜色。

(二)氮氧化物的测定

氮氧化物的测定实际上是测定大气中 NO，NO_2 气体的总和。测定步骤与二氧化氮的测定基本相同。由于一氧化氮不与吸收液发生反应，在测定氮氧化物的总量时，必须先将 NO 氧化成 NO_2，再通入吸收液进行吸收和显色。一氧化氮的氧化有两种方法，即酸性高锰酸钾溶液氧化法和三氧化铬——石英砂氧化法。

1.酸性高锰酸钾溶液氧化法

(1)方法原理　采样时取两支内装吸收液的多孔玻板吸收瓶和一支内装酸性高锰酸钾的氧化瓶，按吸收瓶——氧化瓶——吸收瓶的顺序连接。当空气通过吸收瓶时，二氧化氮被串联的第一支吸收瓶中的吸收液吸收生成玫瑰红色的偶氮染料。空气中的一氧化氮不与第一支吸收瓶中的吸收液反应，进入串联在两支吸收瓶中间的氧化瓶内，被氧化瓶内的酸性高锰酸钾溶液氧化为二氧化氮，然后进入第二支吸收瓶中，被吸收液吸收生成粉红色偶氮染料，在波长 540～545 nm 之间处测定两支吸收瓶中吸收液的吸光度。

(2)结果计算　空气中氮氧化物的浓度计算：

$$c_{NO_x}=c_{NO_2}+c_{NO}$$

空气中二氧化氮浓度的计算：

$$c_{NO_2}=(A_1-A_0-a)\times V\times D/bfV_0$$

空气中一氧化氮浓度(以 NO_2 计)的计算：

$$c_{NO}=(A_2-A_0-a)\times V\times D/bfkV_0$$

式中：c_{NO_2} 为空气中二氧化氮的浓度，mg/m^3；c_{NO} 为空气中一氧化氮的浓度（以 NO_2 计），mg/m^3；c_{NO_x} 为空气中氮氧化物的浓度（以 NO_2 计），mg/m^3；A_1，A_2 分别为串联的第一支和第二支吸收瓶中样品的吸光度；A_0 为空白试验样品的吸光度；b，a 为标准曲线线性回归方程的斜率和截距；V 为采样用吸收液体积，mL；V_0 为换算为标准状态（101.3 kPa，273 K）下的气体采样体积，L；k 为 $NO \rightarrow NO_2$ 氧化系数，0.68；D 为样品的稀释倍数；f 为 Saltzman 实验系数，0.88（当空气中 NO_2 浓度高于 0.720 mg/m^3 时，$f=0.77$）。

（3）说明　因为 NO_2 易溶于水，所以采用高锰酸钾——硫酸氧化液氧化一氧化氮时，会造成损失，故计算时引入 NO-NO_2 的氧化系数 $k=0.68$。

2. 三氧化铬-石英砂氧化法

（1）方法原理　将装有三氧化铬-石英砂的双球氧化管用硅橡胶管连接在吸收瓶前面。采样时，空气首先通过氧化管，空气中的一氧化氮被三氧化铬氧化为二氧化氮，再进入吸收瓶，二氧化氮与吸收液中的对氨基磺酸进行重氮化反应，再与 N-(1-萘基)乙二胺盐酸盐偶合，生成粉红色偶氮染料，于波长 540～545 nm 处测定吸光度。

（2）结果计算　空气中氮氧化物的浓度按下式计算：

$$c_{NO_x} = (A - A_0 - a) \times V \times D / bfV_0$$

式中：c_{NO_x} 为空气中氮氧化物的浓度（以 NO_2 计），mg/m^3；A 为样品溶液的吸光度；A_0 为空白试验溶液的吸光度；b 为标准曲线线性回归方程的斜率；a 为标准曲线线性回归方程的截距；V 为采样用吸收液体积，mL；V_0 为换算为标准状态（273 K，101.3 kPa）下的气体采样体积，L；D 为样品的稀释倍数；f 为 Saltzman 实验系数，0.88（当空气中 NO_2 浓度高于 0.720 mg/m^3 时，$f=0.77$）。

（3）说明　三氧化铬-石英砂氧化管适合在空气相对湿度 30%～70%时使用，空气相对湿度大于 70%时，应勤换氧化管，以免氧化管因吸湿引起板结；当空气相对湿度小于 30%时，氧化效率降低，使用前应将氧化管放在水面上方的潮湿空气中平衡 1 h；当氧化管变为绿色时，应及时更换。

四、大气中一氧化碳的测定

CO 主要来自石油、煤炭燃烧不充分的产物和汽车尾气；一些自然灾害如火山爆发、森林火灾等也是来源之一。

CO 的测定方法有非色散红外吸收法、气相色谱法、汞置换法等，其中非色散红外吸收法是国家标准分析方法（GB 9801—1988）。

1. 原理

一氧化碳对以 4.5 μm 为中心波段的红外辐射具有选择性吸收，在一定的浓度范围内，其吸光度与一氧化碳浓度呈线性关系，故根据气样的吸光度可确定一氧化碳的浓度。

水蒸气、悬浮颗粒物会对一氧化碳的测定产生干扰。所以测定时，气样需经硅胶、无水氯化钙过滤管除去水蒸气，经玻璃纤维滤膜除去颗粒物。

2. 仪器

①非色散红外一氧化碳分析仪；②记录仪：0～10 mV；③聚乙烯塑料采气袋、铝箔采气袋或衬铝塑料采气袋；④弹簧夹；⑤双联球。

3. 试剂

①高纯氮气：99.99%；②变色硅胶；③无水氯化钙；④霍加拉特管；⑤一氧化碳标准气。

4. 采样

用双联球将现场空气抽入采气袋内，洗 3～4 次，采气 500 mL，夹紧进气口。

5. 测定步骤

①启动和调零：开启电源开关，稳定 1～2 h，将高纯氮气连接在仪器进气口，通入氮气校准仪器零点。也可以用经霍加拉特管（加热至 90～100℃）净化后的空气调零。

②校准仪器：将一氧化碳标准气连接在仪器进气口，使仪表指针指示满刻度的95%。重复 2～3 次。

③样品测定：将采气袋连接在仪器进气口，则样气被抽入仪器中，由指示表直接指示出一氧化碳的浓度（mg/L）。

6. 计算

$$\text{CO 浓度}(\text{mg/m}^3) = 1.25c$$

式中：c 为实测空气中一氧化碳浓度，mg/L；1.25 为测得的氧化碳浓度值换算为标准状态下质量浓度（mg/m^3）的换算系数。

7. 注意事项

①仪器启动后，必须预热，稳定一定时间再进行测定。仪器具体操作按仪器说明书规定进行。

②空气样品应经硅胶干燥，玻璃纤维滤膜过滤后再进入仪器，以消除水蒸气和颗粒物的干扰。

③仪器接上记录仪，将空气连续抽入仪器，可连续监测空气中一氧化碳浓度的

变化。

五、大气中光化学氧化剂和臭氧的测定

光化学氧化剂是总氧化剂的主要组成部分，是与形成光化学烟雾有关的污染物质。总氧化剂是指大气中能氧化碘化钾析出碘的物质，主要包括臭氧、过氧乙酰硝酸酯和氮氧化物等。光化学氧化剂是指除去 NO_x 以外的能氧化碘化钾的氧化剂，二者的关系为：

$$光化学氧化剂 = 总氧化剂 - 0.269 \times 氮氧化物$$

臭氧是最强的氧化剂之一，它是大气中的氧在太阳紫外线的照射下或受雷击形成的。高空的臭氧层直接照射地球表面。目前由于碳氢化合物污染大气破坏了臭氧层，紫外线直接照射地球表面增大，皮肤病人增多。臭氧与紫外线混合，与烃类和氮氧化物发生光化学反应形成光化学烟雾，臭氧有强烈的氧化作用，可以起消毒作用。但量大时又会刺激黏膜和损害中枢神经系统，引起支气管炎和头痛等症状。

(一)光化学氧化剂的测定

先用硼酸碘化钾分光光度法测定气样中的总氧化剂浓度，再扣除 NO_x 参加反应的浓度。方法灵敏、简便可行，检出限为 0.019 mg/L(按与 0.01 吸光度相对应的 O_3 浓度计)；当采样体积 30 L 时，最低检出浓度为 0.006 mg/m^3。

实际测定时，以硫酸酸化的碘酸钾(准确称量)—碘化钾作 O_3 标准溶液(以 O_3 计)配制标准系列，在 325 nm 处以蒸馏水为参比测定吸光度，绘制标准曲线并建立标准曲线的回归方程式。在同样条件下，测定气体样品吸收液的吸光度。按下式计算光化学氧化剂的浓度：

$$光化学氧化剂的浓度(O_3,mg/m^3)=[(A_1-A_0)-a]/b \cdot Vn \cdot k - 0.269p$$

式中：A_1，A_0 分别为气体样品吸收液和试剂空白溶液的吸光度；a 为回归方程式的截距；b 为标准曲线的斜率；V_n 为标准状况下的采样体积，L；K 为采样吸收效率(用相对比较法测定)，%；P 为同步测定气体样品中 NO_x 的浓度(NO_2)，mg/m^3。

(二)臭氧的测定

臭氧的测定的方法有硼酸碘化钾分光光度法、靛蓝二磺酸钠分光光度法(GB/T 15437—1995)、紫外光度法(GB/T 15438—1995)、化学发光法等。

1. 硼酸碘化钾分光光度法

用含有硫代硫酸钠的硼酸碘化钾溶液作吸收液采样，大气中的 O_3 等氧化剂

氧化碘离子为碘分子，而碘分子又立即被硫代硫酸钠还原，剩余硫代硫酸钠加入过量碘标准溶液氧化，剩余碘于 325 nm 处以水为参比测定吸光度。同时采集零气（除去 O_3 的空气），并准确加入与采集大气样品相同量的碘标准溶液，氧化剩余的硫代硫酸钠，于 325 nm 处测定剩余碘的吸光度，则气样中剩余碘的吸光度减去零气样剩余碘的吸光度即为气样中 O_3 氧化碘化钾生成的吸光度。按下式计算气体样品中 O_3 的浓度：

$$臭氧浓度(O_3, mg/m^3) = f\left[(A_2 - A_1) - a\right]/b \cdot Vn$$

式中：A_1，A_2 分别为零气样品溶液和总氧化剂样品溶液的吸光度；a 为回归方程式的截距；b 为标准曲线的斜率；Vn 为标准状况下的采样体积，L；f 为样品溶液最后体积与系列标准溶液体积之比。

需注意的是：样品中的 SO_2、H_2S 等还原性气体会干扰测定。所以，采样时应串接三氧化铬管进行消除；同时，采样效率会受温度影响，25℃时可达 100%，30℃时达 96.8%；样品吸收液和试剂溶液均应放在暗处保存。

2. 靛蓝二磺酸钠分光光度法（GB/T 15437—1995）

（1）方法原理　空气中的臭氧，在磷酸盐缓冲剂存在下，与吸收液中蓝色的靛蓝二磺酸钠（$C_{16}H_{18}Na_2O_8S_2$，简称 IDS）等摩尔反应，褪色生成靛红二磺酸钠，在 610 nm 处测量吸光度。

（2）干扰　二氧化氮对臭氧的测定会产生正干扰。空气中二氧化硫，硫化氢，过氧乙酰硝酸酯（PAN）和氟化氢的浓度分别高于 750 $\mu g/m^3$，110 $\mu g/m^3$，1 800 $\mu g/m^3$ 和 2.5 $\mu g/m^3$ 时，产生负干扰。空气中氯气，二氧化氮的存在会使臭氧的测定结果偏高。但在一般情况下，这些气体的浓度很低，不会造成显著误差。由于聚氯乙烯管，橡皮管会分解臭氧，造成测定结果偏低。所以应选择使用惰性材料管，如硅橡胶管。

六、总烃及非甲烷烃的测定

总碳氢化合物常以两种方法表示，一种是包括甲烷在内的碳氢化合物，称为总烃（THC），另一种是除甲烷以外的碳氢化合物，称为非甲烷烃（NMHC）。

大气中的碳氢化合物主要是甲烷，其浓度范围为 2～8 mg/L。但当大气严重污染时，会大量增加甲烷以外的碳氢化合物，甲烷不参与光化学反应。所以，测定不包括甲烷的碳氢化合物对判断和评价大气污染具有实际意义。

测定总烃和非甲烷烃的主要方法有：气相色谱法（GB/T 15263—1994）、光电离检测法等。

光电离检测法原理：有机化合物分子在紫外光照射下可产生光电离现象，用PID离子检测器收集产生的离子流，其大小与进入电离室的有机化合物的质量成正比。凡是电离能小于PID紫外辐射能（多用10.2 eV）的物质（至少低0.3 eV）均可被电离测定。该方法特点：方法简单，可进行连续监测，所检测的非甲烷烃是指四碳以上的烃。

七、大气中氟化物的测定

大气中的气态氟化物主要是HF，也可能有少量的SiF_4和CF_4，含氟的粉尘主要是冰晶石（Na_3AlF_6）、萤石（CaF_2）、氟化铝（AlF_3）、氟化钠（NaF）及磷灰石等。氟化物属高毒类物质，由呼吸道进入人体，会引起黏膜刺激、中毒等症状，并能影响各组织和器官的正常生理功能，对植物的生长、发育也会产生危害。

测定大气中氟化物的方法有吸光光度法、滤膜（或滤纸）采样-氟离子选择电极法等。目前广泛采用后一种方法。

滤膜采样-氟离子选择电极法原理：用磷酸氢二钾溶液浸渍的玻璃纤维滤膜或碳酸氢钠-甘油溶液浸渍的玻璃纤维滤膜采样，则大气中的气态氟化物被吸收固定，尘态氟化物同时被阻留在滤膜上，采样后的滤膜用水或酸浸取后，用氟离子选择电极法测定。

八、汞的测定

汞具有较大的挥发性，属极度危害毒物，人体吸入后会引起中毒、危害神经系统等症状。它来源于汞矿开采和冶炼，某些仪表制造，有机合成化工等生产过程排放和逸散的废气和粉尘。

汞的测定方法有吸光光度法、冷原子吸收分光光度法、冷原子荧光分光光度法、中子活化法等。其中冷原子吸收法和冷原子荧光法应用比较广泛。

巯基棉富集-冷原子荧光分光光度法原理：在微酸性介质中，用巯基棉富集大气中的汞及其化合物，采样后，用4 mol/L盐酸-氯化钠饱和溶液解吸汞及其化合物，经氯化亚锡（$SnCl_2$）还原为金属汞，用冷原子荧光测汞仪测定总汞的浓度。

该方法具有：灵敏度高，操作较复杂，对试剂纯度要求严格等特点，可用于测定无机汞、有机汞及总汞。

任务三　大气中颗粒物的测定

大气中悬浮颗粒物有固体和液体两种状态。当它们以细小颗粒形式分散在气流或大气中时都可以叫做气溶胶，其直径范围从几十纳米到几百微米，如烟、煤烟、尘粒、雾、烟气、粉尘、降尘等就是代表。

大气中的悬浮颗粒污染物，特别是细小颗粒对人的健康损坏极大，各种呼吸道疾病的产生，无不与它有关。悬浮颗粒污染物对环境也有严重的影响，治理悬浮颗粒污染物对保护自然、保护人类十分重要。

颗粒物质对人类和动物的毒性作用可通过三个方面表现出来：①由颗粒物质本身的化学和物理特性决定的内在毒性，如有毒颗粒石棉、BeO、Pb、Cd、As、Hg、H_2SO_4 及多环芳烃等；②吸入颗粒物质后对呼吸道清理机制的干扰；③由于颗粒物质表面携带和吸附了有毒物质而带来的毒性，如煤烟是一种良好的吸附剂，常常会吸附像 SO_2 那样的有害气体。

大气中颗粒物质的测定项目有：总悬浮颗粒物的测定、可吸入颗粒物的测定、自然降尘量的测定、颗粒物中化学组分的测定等。

一、总悬浮颗粒(TSP)的测定

总悬浮颗粒(TSP)的测定方法：GB/T 15435—1995 中测定总悬浮颗粒物的方法，适合于大流量或中流量总悬浮颗粒物采样器进行空气中总悬浮颗粒物的测定。

测定原理：通过具有一定切割特性的采样器，以恒速抽取一定体积的空气，则空气中粒径小于 100 μm 的悬浮颗粒物被截留在已恒重的滤膜上，根据采样前后滤膜重量之差及采样体积，即可计算 TSP 的质量浓度。滤膜经处理后，可进行化学组分测定。

根据采样流量不同，分为大流量采样法(1.1～1.7 m^3/min)，大流量采样器和中流量采样法(50～150 L/min)，低噪声中流量 TSP 采样器和智能中流量 TSP 采样器。一般连续采样 24 h。注意：所使用的每张玻璃纤维滤膜在使用前均需用 X 光片机进行光照检查，不得使用有针孔或任何缺陷的滤膜采样。

二、可吸入颗粒物(飘尘，IP，PM_{10})的测定

粒径小于 10 μm 的颗粒物称为飘尘。它可长时间漂浮在大气中，对人、生物及环境危害较大。测定飘尘的方法有重量法、石英压电晶体振荡法、β 射线吸收法及光散射法等。目前用得最多、最准确可靠的是重量法。

1. 重量法

根据采样流量不同，分为大流量采样重量法和小流量采样重量法。大流量法使用带有 10 μm 以上颗粒物切割器的大流量采样器采样。首先使一定体积的大

气通过采样器，将粒径大于 10 μm 的颗粒物分离出去，小于 10 μm 的颗粒物被收集在预先恒重的滤膜上，根据采样前后滤膜重量之差及采样体积，即可计算出飘尘的浓度。用该法还能进行有机物、金属离子和无机盐的分析。

注意：①使用时，应定期清扫切割器内的颗粒物；②采样时必须将采样头及入口各部件旋紧，以免空气从旁侧进入采样器造成测定误差。小流量法是我国推荐使用的方法。使一定体积的空气通过具有分离和捕集装置的采样器，首先将粒径大于 10 μm 的颗粒物潴留在撞击挡板的入口挡板内，飘尘则通过入口挡板被捕集在预先恒重的滤膜上，根据采样气候的滤膜重量之差及采样体积计算飘尘的浓度。用此法还可作飘尘中有害物质成分的单项测定。

2. 压电晶体振荡法

这种方法以石英谐振器为测定飘尘的传感器，通过测量采样后两石英谐振器频率之差，即可得知飘尘浓度。当用标准飘尘浓度气样校准仪器后，即可在显示屏幕上直接显示被测气样的飘尘浓度。

3. β 射线吸收法

该测量方法的原理基于：将 β 射线通过特定物质后，其强度衰减程度与所透过的物质质量有关，而与物质的物理、化学性质无关。通过测清洁滤带（未采尘）和采尘滤带（已采尘）对 β 射线吸收程度的差异来测定采尘量。

三、自然降尘的测定

自然降尘简称降尘，系指大气中自然降落于地面上的颗粒物，其粒径多在 10 μm 以上。虽然灰尘在地面上的自然沉降能力主要决定于其自身重量及粒度大小，但风力、降水、地形等自然因素也起着一定的作用，因此，要把自然降尘和非自然降尘区分开是很困难的。降尘是大气污染的参考性指标，通过其测定结果，可观察大气污染的范围和污染程度。测定大气中降尘量最常用的方法是重量法（GB/T 15265—1994）。首先按一定原则布点，将一个一定规格的容器（集尘缸）放置在户外空旷的地方，大气中的灰尘自然沉降在集尘缸内，按月收集起来。剔除里面的树叶、小虫等异物，其余部分定量转移到 500 mL 烧杯中，加热蒸发浓缩至 10～20 mL 后，再转移到已恒重的瓷坩埚中，在电热板上蒸干后，于(105±5)℃烘箱内烘至恒重。然后按下式计算降尘量：

$$\text{降尘量}[t/km^2 \cdot 30\ d] = [(W_1 - W_0 - W_a)/S \cdot n] \times 30 \times 10^4$$

式中：W_1 为降尘瓷坩埚和乙二醇水溶液蒸干并在 105±5℃ 恒重后的质量，g；W_0

为在(105±5)℃恒重后瓷坩埚的质量,g;W_a 为加入乙二醇水溶液蒸干恒重后的质量,g;S 为集尘缸口的面积,cm^2;N 为采样天数,精确到 0.1 d。

四、总悬浮颗粒物中主要组分的测定

(一)某些金属元素和非金属化合物的测定

颗粒物中常需测定的金属元素和非金属化合物有铍、铬、铅、铁、铜、锌、镉、镍、钴、锑、锰、砷、硒、硫酸根、硝酸根、氯化物等。它们之中多数含量很低,需选择灵敏度高的方法测定。

1. 样品预处理

预处理方法因组分不同而异,常用的方法有:

①湿式分解法:即用酸溶解样品,或将二者共热消解样品。常用的酸有盐酸、硝酸、硫酸、磷酸、高氯酸等。

②干灰化法:将样品放在坩埚中,置于马福炉内,在 400～800℃下分解样品,然后用酸溶解灰分测定金属或非金属元素。为防止高温灰化法导致某些元素的损失,可使用低温灰化法,如高频感应激发氧灰化法等。

③水浸取法:用于硫酸盐、硝酸盐、氯化物、六价铬等水溶性物质的测定。

2. 测定方法简介

①铍:可用原子吸收分光光度法或桑色素荧光分光光度法测定。

原子吸收法测定原理是:用过氯乙烯滤膜采样,经干灰法或湿法分解样品并制备成溶液,用高温石墨炉原子吸收分光光度计测定。当将采集 10 m^3 气样的滤膜制备成 10 mL 样品溶液时,最低检出浓度一般可达 3×10^{-10} mg/m^3。

桑色素荧光分析法的原理是:将采集在过氯乙烯滤膜上的含铍颗粒物用硝酸、硫酸消解,制备成溶液。在碱性条件下,铍离子与桑色素反应生成络合物,在 430 nm 激发光照射下,产生黄绿色荧光(530 nm),用荧光分光光度计测定荧光强度进行定量。

如将采气 10 m^3 滤膜制备成 25 mL 样品溶液,取 5 mL 测定时,最低检出浓度为 5×10^{-7} mg/m^3。

②六价铬:空气中的六价铬主要呈气溶胶态存在。用玻璃纤维滤膜采样后,用热水浸取,加入酸性二苯碳酰二肼,则六价铬氧化二苯碳酰二肼,生成可溶性的紫红色化合物,用分光光度法测定。当采样 30 m^3,取 1/4 张滤膜(直径 8～10 cm)测定时,最低检出浓度为 4×10^{-5} mg/m^3。

③铁:用过氯乙烯滤膜采样,经干灰法或酸消解法分解样品并制备成样品溶液。在酸性介质中将高价铁还原为亚铁离子,与4,7-二苯基-1,10菲啰啉生成红色螯合物,对535 nm光有特征吸收,用分光光度法测定。当将采集8.6 m^3 气样的滤膜制备成100 mL样品溶液,取5 mL测定时,最低检出浓度为 2.3×10^{-4} mg/m^3。

④砷:测定砷化物常用氨基甲酸银分光光度法、新银盐分光光度法和原子吸收分光光度法。

氨基甲酸盐分光光度法的原理是用聚乙烯氧化吡啶浸渍的滤纸采样,样品用盐酸溶解无机砷化物,加入碘化钾、氯化亚锡和锌粒,将其还原成气态砷化氢,用二乙基二硫代氨基甲酸银-三乙醇胺-三氯甲烷吸收,生成红色胶体银,于510 nm处用分光光度法定量。当采样体积为5 m^3,取1/2张采尘滤纸测定时,最低检出浓度可达 1.6×10^{-4} mg/m^3。

新银盐法的原理是按照氨基甲酸银法采样,滤膜用混合酸消解制成样品溶液,加入硼氢化钾(钠),产生新生态氢,将三价及五价砷还原为气态砷化氢,用硝酸-硝酸银-聚乙烯醇-乙醇混合溶液吸收,砷化氢将银离子还原成黄色胶体银,于400 nm处用分光光度法测定。

原子吸收法是按照新银盐法采样,对滤膜进行预处理,将砷化物还原为砷化氢后,用载气直接载入原子吸收分光光度计测定。

⑤硒:测定方法有紫外分光光度法、荧光分光光度法等。前一方法便于推广使用,适合含硒量较高的样品;后一方法灵敏度高,适合含硒量低的样品。

两种方法均用纤维素滤膜采样,样品经硝酸-高氯酸消解制备成样品溶液。在pH=2的酸性介质中,四价硒与2,3-二氨基萘(DAN)反应生成有色、发射强荧光的4,5-苯并苤硒脑,用荧光分光光度计测定。激发光波长378 nm,发射荧光波长520 nm。当采样体积为200 m^3 时,最低检出浓度为 5×10^{-5} μg/m^3。

如果用紫外分光光度法测定,需在生成有色4,5-苯并苤硒脑后,用环己烷萃取,于378 nm处测定。当采气体积为200 m^3 时,最低检出浓度为 5.5×10^{-4} μg/m^3。

⑥铅:测定铅一般用原子吸收分光光度法,也可以用双硫腙分光光度法,但操作繁琐,要求严格。

原子吸收法:用过氯乙烯滤膜采样,采尘滤膜经稀硝酸浸出或硫酸-灰化法制备成样品溶液,用火焰原子化法测定,其特征吸收波长为283.3 nm。当采样体积50 m^3,取1/2张滤膜测定时,最低检出浓度为 5×10^{-4} mg/ m^3(稀硝酸浸取法)、2×10^{-4} mg/ m^3(硫酸-灰化法)。

双硫腙分光光度法:将采集颗粒物的过氯乙烯滤膜用三氯甲烷溶解,再用稀硝酸溶解、萃取铅及其化合物。在弱碱性介质中，Pb^{2+} 与双硫腙反应生成红色螯合物，用三氯甲烷萃取后，用分光光度计于 510 nm 测定。当采样体积为 25 m^3，取 1/4 张滤膜测定时，最低检出浓度为 8×10^{-5} mg/ m^3。

⑦铜、锌、镉、铬、锰、镍：将采集在过氯乙烯滤膜上的颗粒物用硫酸-灰化法消解，制备成样品溶液，用火焰原子化法或石墨原子化法分别测定各元素的浓度。除镉外，其他元素均未见明显干扰。测定镉时，可用碘化钾-甲基异丁酮萃取分离后再测定。如选用石墨炉原子化法测定，可使用氘灯扣除背景，消除干扰。各元素测定的适宜浓度范围见表 7-10（采气 10 m^3，样品制备后定容 10 mL）。原子吸收分光光度计的工作条件见表 7-11。因为纤维素滤膜中含微量元素，故测定上述元素时都应取同批号、等面积空白滤膜测其空白值，在计算浓度时减去。

表 7-10 火焰原子吸收法测定各元素的浓度范围 μg/m^3

元素	Cu	Zn	Cd*	Cr	Mn	Ni
测定范围	0.2～8	0.3～3	0.05～0.5	0.4～5	0.2～5	0.5～5

*：经 KI-MIB 萃取测定。

表 7-11 火焰原子吸收分光光度计工作条件

元素	波长/nm	通带宽度/nm	灯电流/μA	火焰类型	线性范围/(mg/L)
Cd	228.8	0.7	2	贫燃焰	0.2～1
Cr	257.9	0.7	20	富燃焰	0.5～5
Cu	324.7	0.7	6	贫燃焰	0.5～8
Mn	279.5	0.2	6	贫燃焰	0.5～6
Ni	232.0	0.2	12	中性焰	0.5～5
Zn	213.9	0.7	15	贫燃焰	0.2～3

（二）有机化合物的测定

颗粒物中的有机组分很复杂，但受到普遍重视的是多环芳烃，如蒽、菲、芘等，其中不少物质具有致癌作用。例如，3,4-苯并芘（简称苯并 [α] 芘或 B [α] P）就是环境中普遍存在的一种强致癌物质，为目前颗粒物中主要测定的有机化合物，在此仅介绍这种物质的测定。

B[α]P 主要来自含碳燃料及有机物热解过程。煤炭、石油等在无氧加热裂解过程中，产生的烷烃、烯烃等经过脱氢、聚合，可产生一定数量的苯并[α]芘，并吸附在烟气飘尘上散布于大气中；香烟烟雾中也含 3,4-苯并芘。

测定苯并[α]芘的主要方法有荧光分光光度法、高压液相色谱法、紫外分光光度法等。在测定之前，需要先进行提取和分离。

1. 多环芳烃的提取方法

颗粒物中的多环芳烃常用索氏提取器提取，一般提取苯并[α]芘选用环己烷为提取剂，将提取器置于(98±1)℃的水浴埚中连续回流提取 8 h。根据提取液颜色深浅，取全部或将其定容后取适量于 K-D 浓缩器中，在 70～75℃的水浴上减压浓缩至近干。浓缩管用苯洗两次，每次 3～4 滴，继续浓缩至 0.05 mL，供下一步进行纸层析分离。

还可以用真空充氮升华法提取多环芳烃。将采尘滤膜放在烧瓶内，连接好各部件，把系统内抽成真空后充入氮气，并反复几次，以除去残留氧。用包着冰的纱布冷却升华管，然后开启电炉加热至 300℃，保持 0.5 h，则多环芳烃升华并在升华管中冷凝，待冷却后，用注射器喷入溶剂，洗出升华物，供下步分离。

2. 多环芳烃的分离

多环芳烃提取液中包括它们的各种同系物，欲测定某一组分或各组分，必须进行分离，常用的分离方法有纸层析法、薄层层析法等。

(1)纸层析法　该方法是选用适当的溶剂，在层析滤纸上对各组分进行分离。例如，分离苯并[α]芘时，先将苯、乙酸酐和浓硫酸按一定比例配成混合溶液，用其浸渍滤纸条后，将纸条用水漂洗、晾干，再用无水乙醇浸渍，晾干、压平，制成乙酰化滤纸。将提取浓缩后的样品溶液点在离滤纸下沿 3 cm 处，用冷风吹干，挂在层析缸中，沿插至缸底的玻璃棒加入甲醇、乙醚和蒸馏水(体积比为 4∶4∶1)配制的展开剂，至滤纸下沿浸入 1 cm 为止。加盖密封层析缸，放于暗室中进行层析。在此，乙酰化试剂为固定相，展开剂为流动相，试样中的各组分经在两相中进行反复多次分配，按其分配系数大小依次被分开，在滤纸条的不同高度处留下不同组分的斑点。取出滤纸条、晾干，将各斑点剪下，分别用适当溶剂溶解各组分，即得到样品溶液。

(2)薄层层析法　薄层层析法又称薄板层析法。它是将吸附剂如硅胶、氧化铝等均匀地铺在玻璃板上。用毛细管将样品溶液点在距下沿一定距离处，然后将其以 10°～20°的倾斜角放入层析缸中，使点样的一端浸入展开剂中(样点不能浸入)，加盖后进行层析。在此，吸附剂是固定相，展开剂是流动相，样点上的各组分经溶解、吸附、再溶解、再吸附多次循环，在层析板不同位置处留下不同组分的斑点。取出层析板，晾干，用小刀刮下各组分斑点，分别用溶剂加热洗脱，即得到各组分的样品溶液。区分同一层析滤纸或层析板上不同斑点所分离的组分有两种比较简单的方法，一是若斑点有颜色或在特定光线照射下显颜色，可根据不同组分的特有颜色辨认；另一种方法是在点样的同时，将被测物质的标准溶液点在与样点相隔一定距离的同一水平线上，则与标样平行移动的斑点就是被测组分的斑点。这种方法不仅能辨认试样中的被测组分，还能对其进行定量测定。

3. 苯并[α]芘的测定

(1)乙酰化滤纸层析-荧光分光光度法　将采集在玻璃纤维滤膜上的颗粒物中苯并[α]芘及有机溶剂可溶物质在索氏提取器中用环已烷提取，再经浓缩，点于乙酰化滤纸上进行层析分离，所得苯并[α]芘斑点用丙酮洗脱，以荧光分光光度法测定。当采气体积为 40 m^3 时，该方法最低检出浓度为 0.002 $\mu g/100\ m^3$。

多环芳烃是具有 π-π 电子共轭体系的分子，当受适宜波长的紫外光照射时，便吸收紫外光而被激发，瞬间又放出能量，发射比入射光波长稍长的荧光。以 383 nm 波长的光激发苯并[α]芘，测定其在 402、405、408 nm 波长处发射荧光强度(F_{402}、F_{405}、F_{408})，用以下两式分别计算标准和样品的相对荧光强度(F)及大气颗粒物中 B[α]P 的含量。

$$F=F_{405}-\frac{F_{402}+F_{408}}{2}$$

$$\text{大气中 B[α]P}(\mu g/m^3)=\frac{F_2-F_0}{F_1-F_0}\times\frac{M\times R}{V_n}$$

式中：F_2 为样品斑点洗脱液相对荧光强度；F_0 为空白点洗脱液相对荧光强度；F_1 为标准样斑点洗脱液相对荧光强度；M 为标准样斑点中 B[α]P 量 μg；R 为提取液总量和点样量之比值；V_n 为标准状态下的采样体积，m^3。

(2)高压液相色谱法　高压液相色谱(HPLC)是在气相色谱基础上发展起来的，所用流动相是液体。当流经色谱柱时，受到的阻力大，需要用高压泵输送，故得此名。这种方法的突出优点是可分离、分析沸点高、热稳定性差、分子量大于 400 的有机化合物，并具有分离效能好、灵敏度高、测定速度快等特点，是分离、分析芳香烃类化合物的理想方法。

流动相贮槽中的载液经脱气、在混合槽混合后，用高压泵打入色谱柱。试液从进样口注入载液系统，带入色谱柱进行分离。分离后的各组分依次进入检测器，将质量信号转换成电信号，再经放大送入记录仪记录各组分的色谱峰。

为提高分离效果和分离速度，常以两种或两种以上极性不同的溶剂作流动相，按照一定程序连续地改变溶剂的配比，使其极性强度按一定规律(线性的或阶梯式的)变化。具有这种功能的部件称为梯度洗脱装置。高压液相色谱法常使用的检测器有紫外—可见吸光光度检测器、示差折光检测器、荧光检测器等。

测定颗粒物中 B[α]P 的方法是将采集在玻璃纤维滤膜上的颗粒物中的 B[α]

P 于索氏提取器内用环己烷连续加热提取，提取液应呈淡黄色，若为无色，则需进行浓缩；若呈深黄或棕黄色，表示浓度过高，应用环己烷稀释后再注入高压液相色谱仪测定。色谱柱将试液中的 B[α]P 与其他有机组分分离后，进入荧光检测器测定。荧光检测器使用激发光波长 340 nm（或 363 nm），发射光波长 452 nm（或 435 nm）。根据样品溶液中 B[α]P 峰面积，B[α]P 标准峰面积及其浓度、标准状态下的采样体积计算大气颗粒物中 B[α]P 的含量。当采气体积 40 m^3，提取浓缩液为 0.5 mL 时，方法最低检出浓度可达 2.5×10^{-5} $\mu g/m^3$。

Ⅲ. 学习拓展

拓展一　大气污染的生物监测

大气是生物赖以生存的条件之一。当大气受到污染，大气组分含量发生了改变，生物就会产生不同程度的反应，这种反应与生物的种类、污染物的种类、浓度及作用时间等因素有关，利用生物对大气污染物的反应，监测气体污染物的成分和含量。这就是大气污染的生物监测。例如，当大气受到污染后，某些动物会生病、成群迁移，甚至死亡；某些植物的叶片会出现斑点，甚至脱落等。

一般讲动物、植物、微生物都可以用来检测大气污染。动物具有活动能力，往往无固定地点，当环境质量恶化时他们会迁移回避，这样不利于我们对他们进行观察、积累材料、总结经验，通常我们不用动物来指示和监测大气污染；观察微生物需要借助显微镜、电镜等，因此对微生物实施监测受到了限制；因为植物分布广，能较长时间生长在某一固定地点，能对大气的短期污染作出急性反应，对长期污染作出积累反应，因此目前大气污染的生物监测主要使用的是植物监测。许多木本和草本植物，以及苔藓、地衣和真菌，均可以用作大气污染的指示植物。目前世界上有 300 多种植物可用于大气污染监测，其中有 60 多种植物已进行过实验。

一、大气污染指示植物

大气污染指示植物是指对大气中有毒物质较敏感，在遭受污染物侵袭后有明显受害变化的植物。受害变化包括明显的伤害症状、生长和形态的变化、果实或种子的变化及生产力或产量的变化等。在同样的生态条件下，各种植物对同一污染物的反应是不同的。有些植物对大气污染物的抗性较强，在污染环境中受害较轻；有些植物则十分敏感，在污染浓度不高时就出现受害症状，甚至整个植株死亡。植物抗性是指植物在污染物的影响下，能尽量减少损害，或者受害后能很快恢复生长，继续保持旺盛的活力的特性。根据植物对污染物的反应可以将大气污染指示植物划分为三类：敏感植物、抗性中等植物和抗性强植物。

敏感植物在污染较重的环境中很难生活，木本植物常常在栽植1～2年内枯萎死亡，幸存者长势衰弱，最多只能维持2～3年。叶片变形，伤斑严重。在生长季节内，经受一次浓度较高的有害气体急性危害后，大量落叶、落花、芽枯死，很难恢复生长，植株在短期内枯萎死亡。抗性中等植物在污染较重的环境中能生活一定时间，在一个生长季节内经受一两次浓度较高的有害气体急性危害后出现较重的受害症状。叶片上往往伤斑较多，叶形变小并有落叶现象，树冠发育较差，经常发生枯梢。抗性强植物在污染较重的环境中能长期生长，或在一个生长季节内经受一两次浓度较高的有害气体的急性危害后仍能恢复生长。叶片基本上能达到经常全绿，或虽出现较重的落叶、落花、芽枯死等现象，但生活能力很强，在较短时间内能再度萌发新芽、新叶，继续生长发育。表7-12列举了一些对常见气体污染物的不同抗性的植物。

表7-12　对常见气体污染物的不同抗性的植物

	敏感植物	抗性中等植物	抗性强植物
SO_2	紫花苜蓿、大麦、棉花、小麦、三叶草、莴苣、大豆、向日葵、马尾松、苹果、杏、桃、月季花、万寿菊	烟草、菠菜、马铃薯、葡萄、松树、臭椿、枇杷、腊梅	菊花、芹菜、柑橘、樟叶槭、板栗、沙枣、樟树、龙眼、女贞、木兰、大叶黄杨
HF	唐菖蒲、郁金香、金荞麦、萱草、玉米、葡萄、雪松、杜鹃、梅、李树、杏树	番茄、黄瓜、芹菜、石栗、构树、柚、女贞	芒果、柑橘、樟树、圆柏、龙柏、旱柳、米兰、沙枣、大叶黄杨
O_3	烟草、番茄、牵牛花、菠菜、土豆、燕麦、丁香、秋海棠、女贞、月季花、梓树	葡萄、野牛草	银杏、白蜡、臭椿、海桐、悬铃木
Cl_2	圆柏、垂柳、加拿大杨、油松、紫薇、栾树	海桐、大叶黄杨、小叶黄杨、女贞、棕榈、丝兰、香樟、枇杷、石榴、构树、泡桐、刺槐、葡萄、天竺葵	樱花、丝棉木、臭椿、小叶女贞、接骨木、木槿、乌柏、龙柏
NO_2	榆叶梅、连翘、复叶槭	加拿大杨、核桃、泡桐、油松、北京杨、白蜡树、杜仲	圆柏、侧柏、刺槐、臭椿、旱柳、紫穗槐、桑树、毛白杨、银杏、栾树、白榆、五角枫
甲醛	三角梅、红花酢浆草、小驳骨	米仔兰、白蝉、朱槿	仙人掌、吊兰、扶郎花（又名非洲菊）、香港鹅掌柴、九里香

另外，人们在生产实践中还发现某些植物对一些污染物有较强的抗性或有吸收分解污染物的作用。利用这些经验，人们可以净化周围的空气环境。例如，仙人掌、吊兰、非洲菊、无花观赏桦、芦荟、常春藤、铁树、菊花对甲醛有较强抗性，且吊兰、无花观赏桦消除甲醛雾气速度最快；常春藤、铁树、吊兰、菊花等对苯化物有较强抗性并具有吸收和分解功能；常春藤、扶郎花、万年青对三氯乙烯有较强抗性；栋树能吸收一定剂量的放射性物质。

一种植物对某种污染物是抗性强植物，而对另一种污染物就可能是敏感性植物。在监测混合污染物时一定要选好指示植物。对于同一种气体污染物的监测，可以考虑同时选用不同抗性的指示植物，以便较为准确地判断污染物的种类和污染程度。例如：当观察到敏感性植物受害时，表明大气已受到污染；当抗性中等植物出现症状时，预示着污染已比较严重；当抗性强植物受害，敏感性植物基本消失时，说明污染已相当严重。当同时监测多种气体污染物时，可以根据需要，在一定范围内选择多种指示植物，建立起监测网。

二、植物监测大气污染的方法

植物监测大气污染的方法有很多，如植物症状指示法、植物体内污染物的含量分析法、植物的生长势和生产力评价法、地衣、苔藓植物监测等。这儿仅介绍应用较多的方法——植物症状指示法。

(一)植物症状指示法

植物症状指示法主要根据植物叶片在大气污染中出现的伤害症状，对大气污染作出定性和定量的判断。常用的方法有两种：其一，是进行现场调查，对污染物种类和污染程度进行监测，调查植物的受害症状。如敏感植物受害表明大气受到污染；抗性中等的植物受害，表明污染比较严重；抗性强的植物受害，表明污染已十分严重。在严重污染区，敏感植物几乎绝迹。同时，在调查中利用植物叶片受害症状面积的大小，也可以判定主要污染物的种类和大气污染的程度。其二，是利用指示植物"站岗"放哨，在污染区选定的测定点上，定期观察记录其受害症状和受害程度，可估测大气污染的成分、浓度和范围。如紫花苜蓿监测 SO_2，唐菖蒲监测氟化物等。

1. 二氧化硫(SO_2)污染指示植物的受害症状

二氧化硫(SO_2)会使植物叶片的叶脉间，呈现大小不等，无一定分布规律的点状或块状的斑点，与正常组织之间有明显的界线。少数伤斑分布在叶片边缘，或全叶褪绿变黄，仅留叶脉仍为绿色。伤斑的颜色多为红棕色或土黄色。同一植株的叶片受害的情况与叶龄有关。其受害的先后顺序是成熟叶，然后是老叶，最后是幼叶。这是因为幼叶的抗性最强，成熟叶最敏感，老叶介于两者之间。

2.氟化物污染指示植物的受害症状

植物受到氟化物侵袭时，大多数植物的叶尖、叶缘部分会首先出现伤斑。少数植物叶脉间会出现伤斑。伤斑与正常叶组织之间有一明显的暗红色界线。未成熟叶片更容易受害，枝梢常会枯死，严重时叶片失绿、脱落。

3.二氧化氮(NO_2)污染指示植物的受害症状

二氧化氮(NO_2)对植物的伤害类似于二氧化硫(SO_2)，但小于二氧化硫(SO_2)，一般很少出现二氧化氮(NO_2)浓度达到能直接伤害植物的程度，它往往与臭氧(O_3)或二氧化硫(SO_2)混合在一起显示危害症状。首先在叶片上出现不规则水渍斑，然后扩展到全叶，并产生不规则白色、黄褐色、棕色点状伤斑，严重时叶片失绿、褪色进而坏死，损伤部位主要出现在较大的叶脉之间，但也会沿叶缘发展。

4.臭氧(O_3)污染指示植物的受害症状

臭氧(O_3)由叶片上的气孔进入叶子，与叶肉细胞接触后首先破坏其细胞膜，因而造成细胞死亡。其伤斑大多数叶面，少脉间。黄化斑点及白色斑纹是最常见的病症，也可能出现叶面完全漂白者。其受害叶最先为中龄叶。

5.氨的污染指示植物的受害症状

当空气中的NH_3达到一定浓度时，植物叶片首先会受到伤害。其部位大多为叶脉间，伤斑点、块状，颜色为黑色或黑褐色，与正常组织之间界限明显。另外，症状一般出现较早，稳定的也快。

6.光化学烟雾指示植物的受害症状

光化学烟雾能使叶片下表皮细胞及叶肉中海绵细胞发生质壁分离，并破坏其叶绿素，从而使叶片背面变成银白色、棕色、古铜色或玻璃状。叶片正面还会出现一道横贯全叶的坏死带，受害严重时会使整片叶变色，很少发生点块状伤斑。

(二)植物体内污染物的含量分析法

测定植物体内污染物的含量，反映大气污染的状况。例如植物叶片对重金属、sq、有机农药等有一定的富集能力，通过对叶片污染物成分进行分析可以了解污染物的种类、污染范围和程度。

(三)植物的生长势和生产力评价法

测定树木的生长量和年轮等，估测大气污染的现状和历史状况。树木的生长量和年轮宽窄受污染程度的影响，因此对树木生长量和年轮宽窄的测定能反映不同时期的污染状况，树木的年轮可作为大气污染的“阅历表”。

(四)地衣、苔藓植物的利用

地衣和苔藓均为隐花植物,对大气污染的反应比高等植物敏感,因此可用它们制作监测器,对大气污染进行定点观测。

三、影响植物抗性的因素

植物的抗性决定于其本身的遗传特性、发育阶段和环境因素,变化范围较大。影响植物抗性的主要因素有:

(一)植物本身因素

1.个体差异

植物对大气污染的抗性不仅在种间存在着明显差异,在种内也有差异。一个植物种群遭受大气污染危害,同种植物中各个个体的受害程度常常是不一样的。污染物的浓度和接触时间不变而环境条件改变时,同种植物的各个个体受害程度也不一样。抗性的个体差异,有些与遗传特性有关,有些与植物本身的生理状况有关。生长在条件适宜地区的植株长势健壮,抗性也就较强。

2.不同发育阶段的差异

植物在整个生活周期或年生活周期中的不同发育阶段,对同一污染物的反应不同。成熟龄阶段的抗性较强,幼龄和老龄阶段抗性较弱。在年生活周期中,营养期的抗性较强,开花期的抗性较弱。

(二)环境因素

植物受大气污染危害后表现的受害程度,不能完全归因于污染物浓度,而是常常随环境因素的变化而改变。

1.光照

光照是影响植物对大气污染抗性的重要因素。植物一般在夜间和早晚受害程度轻,白天受害程度较重;阴天受害程度轻,晴天受害程度重。光照影响抗性的原因,一般认为主要与气孔开度有关。黑暗时气孔关闭,随着光照的加强,气孔开度加大。大气污染物主要通过气孔进入植物体内,气孔开度加大,污染物进入植物体内数量增多,从而使植物受害程度加重。

2.温度

一般是温度低,抗性强;随着温度的升高,敏感性也相应增高。在同样污染浓度下,气温20℃以下时的受害症状较20℃以上时轻。这主要是较高的气温促使气孔张开;并且加强植物的同化作用,从而使植物吸入更多的污染物。

3. 相对湿度

较高的大气相对湿度能促进气孔开放，使植物吸收更多的污染物。如相对湿度在80%以上，植物吸收有害气体的速度比湿度在10%时快5～10倍，植物最易受害。

4. 土壤

植物受大气污染危害的程度，还随土壤类型、水分和养分状况而变化。生长在黏土壤的植物受害程度比生长在排水良好土壤的植物重。潮湿的土壤能提高植物对大气污染的敏感性。土壤含水量下降，可使植物的抗性增强，减轻植物的受害程度。土壤的养分状况在植物抵抗大气污染的危害中也有重要作用。在地力贫瘠、管理粗放条件下生长的植物受害重，抗性差。缺氮植物比正常植物敏感得多。因此，增施适量的氮肥可以增强植物的抗性，当然氮肥过多也会使植物抗性降低。

拓展二　大气污染自动监测

环境中的污染物的浓度和分布是随时间、空间、气象条件及污染源排放情况等因素的变化而不断变化的，定时，定点人工采样测定结果不能准确反映污染物的变化情况，为了掌握环境空气污染现状和变化规律，需要对大气环境污染进行长期的、大量的、连续的监测。过去监测方法中的间歇采样、手工分析的方法已无法满足要求，取而代之的是大气质量连续自动监测。

从20世纪60年代起许多国家相继建立了大气污染连续自动监测系统(APMS)。美国于1962年开始在全国六个主要城市建立大气污染连续自动监测系统，对一氧化碳、氮氧化物、二氧化硫、总氧化剂、总烃等进行连续监测。早在1965年日本已建立起172个自动监测站，对二氧化硫等污染物进行监测；1972年日本开始试用激光雷达进行大气污染监测，以探测跟踪大气中污染物质的运动和“眼见”污染实态，激光雷达还可以绘出各种气体污染物分布图；1974年建成“大气污染预报系统”。同一时期，荷兰、德意志联邦共和国、英国等也相继建立起大气污染连续自动监测系统。我国从80年代开始建立地面大气自动监测站，1984年北京市环境监测中心建立中国第一个环境空气质量自动监测系统。2001年，全国已有60多个城市建成空气质量自动监测系统。到2000年6月5日9(世界环境日)时，已有42个重点城市实现了重点城市空气质量日报。2001年6月5日，又实现了重点城市空气质量预报。同时，城市重点污染源自动监控系统联网取得初步成效，沈阳、大连、苏州、北京市朝阳区等地都开展了污染源自动监测试点工作。目前自动监测系统已进入网络化阶段，一个远程自动监测网络在我国已初步形成。

一、大气污染连续自动监测系统

大气污染连续自动监测系统由一个中心站，若干个子站组成。环境自动监测系统 24 h 连续自动地在线工作，工作内容是：获取各种监测数据，进行数据传输和数据处理。

1. 子站

子站按其任务的不同可分为两种，一种是为评价地区整体的大气污染状况设置的，装有大气污染连续自动监测仪（包括校准仪器），气象参数测量仪和一台环境微机；另一种是为掌握污染源排放污染物浓度等参数变化情况而设置的，装有烟气污染组分监测仪和气象参数测量仪。子站内设有自动采样和预处理系统、环境微机及信息传输系统等。

（1）监测子站的布设

①监测子站的数目：空气质量监测，由于各类污染源的分布互相交错，使污染物的空间、时间分布变得十分复杂。监测子站数目的设置，取决于监测网覆盖区域面积、人口数量及分布、污染程度、气象条件和地形地貌等，可根据以下几种方法确定：按人口密度确定；按污染物活性不同确定；按环境标准确定；按统计学置信水平确定；但更重要的是国家的经济力量。一般来说，在城市近郊区建立若干个监测子站，在清洁的远郊区建立一个背景子站。

②监测子站的位置：监测子站获取的监测数据应能反映一定地区范围空气污染物浓度水平及其波动范围，故监测子站位置的选择应包括以下地区：预期浓度最高的地区；人口密度高的、有代表性污染浓度的地区；重要污染源或污染源类型对环境空气污染水平有冲击影响的地区；背景浓度水平地区。

（2）监测项目

①气象参数：温度、湿度、风速、风向、大气压、太阳辐射等；

②污染物监测项目：SO_2、NO_2、NO、NO_x、CO、O_3、H_2S、总悬浮颗粒物或可吸入颗粒物、总碳氢化合物、甲烷、非甲烷烃等。

根据各监测子站所处位置不同，所代表的功能区特点不同，选定的监测项目也有所不同。常规必测项目是 SO_2、NO_2、CO、总悬浮颗粒物或可吸入颗粒物、温度、湿度、风速、风向、大气压。

（3）采样系统　采样系统分集中采样和单独采样两种方式。集中采样系统指在每一子站设一总采气管，由抽风机将大气样品吸入，各仪器的采样管均从这一采样管中分别采样，但总悬浮颗粒物或可吸入颗粒物应单独采样。单独采样系统指各监测仪器分别用采样泵采集大气样品。实际工作中常将这两种方式结合使用。

(4)监测仪器　空气质量自动监测系统的主要硬件设备是空气质量连续监测仪器。要求监测仪器必须具备自动连续运转能力强、灵敏、准确、易维修、维修频次低等特性。常用空气质量连续监测仪器如下。

①脉冲荧光法 SO_2 监测仪(TE Model 43):该法的监测原理是用脉冲化的紫外光(190～230 nm)激发 SO_2 分子,处于激发态的 SO_2 分子返回基态时放出荧光(240～420 nm),所放出的荧光强度与 SO_2 的浓度呈线性关系,从而测出 SO_2 的浓度。该法响应快、灵敏度高,且对温度、流量的波动不敏感,稳定性好,作为连续监测仪器较为可靠。

②化学发光法 NO_x 监测仪(TE Model 14B/E):该法的原理是:一氧化氮被臭氧氧化成激发态二氧化氮,当其回到基态二氧化氮时放出光量子,其发光强度与二氧化氮的浓度成正比。

当测定样品气中的氮氧化物时,必须先将二氧化氮通过催化剂(金属丝网、活性炭、Mo-Al_2O_3 等)还原成一氧化氮,然后再测定。该法采用一氧化氮标准气进行动态校正,不用吸收液,因此可使误差大大减小,在低浓度范围更为准确。同时反应迅速,很易求得瞬时值,且线性好,范围宽,是一种比较理想的测定方法。

③气体过滤器红外光谱 CO 监测仪(TE Model 48):该法的原理是非分散红外法的一种改进,采用了气体过滤器相关技术,基本原理是基于在有其他干扰气体存在下,比较样品气中被测气体红外吸收光谱的精细结构。仪器中装有一个可转动的气体过滤器转轮,此轮一半充入纯 CO,另一半充入纯 N_2,当红外线通过 CO 一侧时,相当于参比光束,通过 N_2 一侧时,相当于样品光束,转轮后设有一多次反射光程吸收池,气体过滤器转轮按一定频率旋转,此时对吸收池来说,从时间上分割为交替的样品光束和参比光束,可以获得一交变信号,而对干扰气体说,样品光束和参比光束是相同的可相互抵消。该法的灵敏度好,设备简单,由于采用固态检测器,避免了非色散红外法微量电容检测器易受震动的影响,使仪器运行可靠。

④紫外光度法 O_3 监测仪(TE Model 49):该法的原理是利用 O_3 对紫外光(波长 254 nm)的吸收,直接测定紫外光通过 O_3 后减弱的程度,根据吸光度求出 O_3 浓度。该法设备简单,无试剂、气体消耗。

⑤气相色谱(FID)法及光离子化(PID)法非甲烷烃监测仪(Baseline Model 1030A 及 HNU Model 201):

ⓐ氢火焰离子化气相色谱:空气样品先经色谱柱分离成甲烷及非甲烷烃两个峰,用 FID 先测流出的甲烷,再测反吹出的非甲烷烃,反应周期约 5 min,仪器有内装的微处理机,用户可自行编制程序来完成分析过程,并可随时进行基线校正、积分值的计值等。气相色谱法的主要问题是精度较差,作为连续监测仪器需要较多

的维护。

ⓑ光离子化检测器：即以高强度的紫外光作为激发源，紫外光照射到被测定的烃类化合物上产生电离，用离子检测器测定电离强度即可求出烃类的浓度。该法的主要问题是所选用的紫外光源只能对 C_4 以上的烃类产生电离，C_4 以下的烃不产生电离。该法的优点是不需色谱柱分离，也不需要氢气源，仪器非常简单。

⑥可吸入颗粒物连续监测仪(IP)：光散射可吸入颗粒物浓度计的设计原理是使一束平行可见光通过含可吸入颗粒物的大气，由于光线受到粒子的阻挡而发生光散射，其散射光强度的变化与可吸入颗粒物的浓度成定量关系，因此当仪器用标样标定后，即可直接显示可吸入颗粒物的浓度值。

此外，可吸入颗粒物测定仪器还有：β射线可吸入颗粒物测定仪、压电石英晶体可吸入颗粒物测定仪。现在许多监测站采用具有 10 μm 切割机的大容量采样器 24 h 连续取样，经手工分析后再将数据输入计算机存储。

(5)校准系统　校准系统包括校正监测仪器零点、量程的零气源和标准气气源(如标准气发生器、标准钢瓶)、校准流量计等。在环境微机和控制器的控制下，每隔一定时间(如 8 h 或 24 h)依次将零点气和标准气输入各监测仪器进行校准。校准完毕，环境微机给出零值和跨度值报告。

(6)子站数据处理和传送　子站环境微机及时采集大气污染监测仪的测量数据，将其进行处理和存贮。各子站的数据收集和监测仪器工作的控制是由一台微机进行的。它每 0.1 s 从各数据通道读一次监测数据，每半秒做一次半秒平均，每秒做一次秒平均。以后，每 10 s 又对秒平均做一次平均，每分钟又对 10 s 平均做平均，然后再做 5 min 平均。所有的 5 min 平均值都保存起来，准备传输给中心。

子站环境微机的工作方式有两种：一是被动工作方式，二是自主工作方式。当中心站的计算机运行正常时，子站环境微机受控于中心计算机而运行，称为被动工作方式。此时中心站每隔 5 min 向各监测子站自动发出指令，各子站接到指令后，向中心站传送回发 5 min 内各监测仪器测得的平均数据。受中心站命令，子站可以重发某时的数据或随时抽检保存在子站的某些数据。当子站设备的运行状态、环境状况出现异常时，如氢焰灭火、站房温度升高等，子站向中心站发回状态信息及报警信号，以便中心站及时掌握调整。当中心站的计算机或通信系统出现故障时，为使数据不丢失，子站微处理机承担起就地控制运行、收集存储数据等功能，待中心站或通信设备正常后，再集中地把中心站未收集到的数据传输回去，称为子站进入自主工作方式。子站微处理机可存储 16 h 每 5 min 数据，无论子站或中心站，通信设备故障不超过 16 h，数据不会丢失。

2. 中心站

中心站是整个系统的心脏部分，它是所有测量数据收集、存储、处理、输出、控制系统和其他科研计算的中心。为了确保数据收集和进行较多的科研计算和管理，采用两台计算机，一台作主机与系统相连，在线运行；一台作辅机进行计算管理。当主机发生故障，辅机可代替运行。中心站运行方式为：①由中心站定时向各子站轮流发出询问信号，各子站按一定格式依次发送回数据，对数据进行差错校验及纠正。有疑问时可指令子站重发。具有随机查询子站实时数据并收集子站运行状态的功能。②对数据进行存储、处理、输出。定时收集各子站的监测数据并进行处理，打印各种报表，绘制各种图形；建立数据库，完成各种数据的储存。③对全系统运行的实时控制。包括：通信控制；对子站监测仪器操作的控制，如校零、校跨度、控制开关、流量等；对污染源超标排放时的警戒控制。

二、大气污染监测车

空气污染监测车是装备有采样系统、污染物自动监测仪器、气象参数观测仪器、数据处理装置及其他辅助设备的汽车。它是一种流动监测站，也是地面空气自动监测系统的补充，可以随时开到发生污染事故的现场或可疑点采样测定，以便及时掌握污染情况，采取有效措施。

监测车内的采样管由车顶伸出，下部装有轴流式风机，以将气样抽进采样管供给各监测仪器。可吸入颗粒物监测仪的气样由另一单独采样管供给。

装备的监测仪器有：SO_2、NO_x、O_3、CO、PM_{10}等自动监测仪和空气质量专用色谱仪（可测定总烃、甲烷等）；测量风向、风速、气压、温度、湿度等参数的小型气象仪。数据处理装置包括专用微机和显示、记录、打印设备，用于进行程序控制、收集数据、信号处理、数据处理和显示、记录、打印测定结果。辅助设备有标准气源、载气源、稳压电源、空调器和配电系统等。

三、遥感监测技术

遥感监测就是用仪器对一段距离以外的目标物或现象进行观测，是一种不直接接触目标物或现象而能收集信息，对其进行识别、分析、判断的更高自动化程度的监测手段。它最重要的作用是不需要采样而直接可以进行区域性的跟踪测量，快速进行污染源的定点定位和污染范围的核定（如海洋石油污染、水域热污染等），以及生态环境状况调查等。

对环境污染进行遥感监测的主要方法有摄影、红外扫描、相关光谱和激光雷达探测。

(一)摄影遥感技术

摄影机是一种遥感装置,将其安装在飞机、卫星上对目标物进行拍照摄影,可以对土地利用、植被、水体、大气污染状况等进行监测。其原理基于上述目标物或现象对电磁波的反射特性有差异,用感光胶片感光记录就会得到不同颜色或色调的照片。

(二)红外扫描遥测技术

地球表面的各种受监测对象具有不同的温度,其辐射能量随之不同;温度越高,辐射功率越强,辐射峰值的波长越短。红外扫描技术就是利用红外扫描仪接受监测对象的热辐射能,转换成电信号或其他形式的能量后,加以测量,获得它们的波长和强度,借以判断不同物质及其污染类型和污染程度。例如水体热污染、石油污染情况,森林火灾和病虫害,环境生态等。

(三)相关光谱遥测技术

相关光谱技术是基于物质分子对光吸收的原理并辅以相关技术的遥测方法。在吸收光谱技术基础上配合相关技术是为了排除测定中非受检组分的干扰。这种技术采用的吸收光为紫外光和可见光,故可利用自然光做光源。在一些特殊场合,也可采用人工光源。

其测定过程是:自然光源由上而下透过受检大气层后,使之相继进入望远镜和分光器,随后穿过由一排狭缝组成的与待测气体分子吸收光谱相匹配的相关器,则从相关器透射出的光之光谱图正好相应于受检气体分子的特征吸收光谱,加以测量后,便可推知其含量。

(四)激光雷达遥测技术

激光雷达遥测环境污染物质是利用测定激光与监测对象作用后发生散射、发射、吸收等现象来实现的。例如,激光射入低层空气后,将会与空气中的颗粒物作用,因颗粒物粒径大于或等于激光波长、故光波在这些质点上发生米氏散射。

激光荧光技术是利用某些污染物分子受到激光照射时被激发而产生共振荧光,测量荧光的波长,可作为定性分析的依据;测量荧光的强度可作为定量分析的依据。

(五)用3S技术研究全球环境问题

3S技术系指遥感(RS)、全球定位系统(GPS)和地理信息系统(GIS)技术。

卫星遥感技术可以连续、大范围对不同空间的环境变化及生态问题进行动态观测,如海洋等大面积水体污染、大气中臭氧含量变化、环境灾害情况、城市生态及污染等。

全球定位系统可提供高精度的地面定位方法,用于野外采样点定位,特别是海洋等大面积水体及沙漠地区的野外定点。

地理信息系统是一种功能强大的对各种空间信息在计算机平台上进行装载运送、处理及综合分析的工具。

三种技术相结合，形成了对地球环境进行空间观测、空间定位及空间分析的完整技术体系，为扩大环境监测范围和功能，提高其信息化水平，以及对环境突发灾害事件的快速监测、评估等提供了有力的技术支持。

学习情境Ⅷ　有机肥料的检测

学习指南

1. 学习情境Ⅷ主要是根据安全农产品生产对有机肥料的大量需求而安排的有机肥料检测任务。

2. 工作任务的安排主要参照农业部颁发的标准 NY 525—2002 进行。

3. 工作任务中共有 10 个项目，室内检测可安排在学校检测实验室进行，而其他检测项目，可结合生产实践，到生产基地或有机肥料厂进行。

4. 学习情境Ⅷ的主要参考资料：《有机肥料》(NY 525—2002)、《肥料中粪大肠菌群的测定》(GB/T 19524.1—2004)、《肥料中蛔虫卵死亡率的测定》(GB/T 19524.2—2004)和《复合微生物肥料》(NY/T 798—2004)。

工作任务

在环境监测中，除了常规的土壤环境、水环境和大气环境监测外，还有许多监测的内容，如电磁波污染的监测、噪声污染的监测、固体废弃物的检测等等，但这些在安全农产品生产中影响较小，我们不把它们作为学习的内容。虽然我们的生产基地，一般都选择在远离固体废弃物堆积的场所，固体废弃物对农产品的污染要远远小于土壤、水、大气污染的影响，况且，即便固体废弃物对环境造成污染，我们也可以通过对土壤、水和大气环境的监测来了解污染状况。因此，我们在农产品生产环境监测中，不再安排针对固体废弃物的监测的学习内容。但作为以固体废弃物制作的有机肥料，在安全农产品生产中使用频率较高的一种肥料。大家都知道，无公害农产品、绿色农产品和有机农产品生产，化肥是被严格限制使用的，而有机肥料则是广泛使用的。有机肥料就都能符合安全农产品生产需要吗？有机肥料的施用会对农产品产生污染吗？答案是肯定的，如果使用合格的有机肥料，就可以满足安全农产品的生产需要，如果使用不合格的有机肥料，同样会造成农产品的污染。因此，在农产品生产环境检测中，安排了有机肥料检测的内容让大家学习，既可以拓展我们学习的内容，也能更好地适应工作岗位的需求。

有机肥料是指含有大量有机物质的肥料。有机肥料主要是在农村就地取材，就地积之，就地施用的一种自然肥料，因此，也叫做农家肥料(包括：粪尿肥、厩肥、秸秆肥、沼气肥、绿肥、泥炭和腐殖酸肥、杂肥、生物肥料等)。随着社会的不断发展，现在，已经有了相当规模的工厂化积制和生产的有机肥料，这些有机肥料一般被称作商品有机肥料。有机肥料的检测方法，主要参照农业部颁发的 NY 525—2002 标准执行。该标准规定了有机肥料的技术要求、试验方法、检测规则、标识、包装、运输和贮存；适用于以畜禽粪便、动植物残体等富含有机质的副产品资源为主要原料，经发酵腐熟后制成的有机肥料；但不适用于绿肥、农家肥和其他农民自积自造的有机粪肥。对于农家肥和其他农民自积自造的有机粪肥，检测方法也可参照标准中规定的方法。此外，在学习有机肥料检测时，需要参照 GB/T 19524.1—2004《肥料中粪大肠菌群的测定》、GB/T 19524.2—2004《肥料中蛔虫卵死亡率的测定》和 NY/T 798—2004《复合微生物肥料》等相关标准。

一、有机肥料的要求

①有机肥料的外观为褐色或灰褐色，呈粒状或粉状，无机械杂质，无恶臭。

②有机肥料的技术指标应符合表 8-1 的要求。

表 8-1　有机肥料技术指标

项目	有机质含量(以干基计)/%	总养分($N+P_2O_5+K_2O$)含量(以干基计)/%	水分(游离水)含量/%	酸碱度(pH)
指标	≥30	≥4.0	≤20	5.5~8.0

③有机肥料中的重金属含量、蛔虫卵死亡率和大肠杆菌值指标应符合 GB 8172 的要求。

二、有机质含量测定(重铬酸钾容量法)

(一)方法原理

用定量的重铬酸钾-硫酸溶液，在加热条件下，使有机肥料中的有机碳氧化，多余的重铬酸钾用硫酸亚铁溶液滴定，同时以二氧化硅为添加物作空白试验。根据氧化前后氧化剂消耗量，计算有机碳含量，乘以 1.724，为有机质含量。

(二)仪器、设备

通常实验室用仪器设备。

(三)试剂及制备

①二氧化硅:粉末状。

②浓硫酸(ρ=1.84 g/cm^3)。

③重铬酸钾($K_2Cr_2O_7$)标准溶液:c[1/6 ($K_2Cr_2O_7$)]=1 mol/L。

称取经过130℃烘3～4 h的重铬酸钾(分析纯)49.031 g,溶解于400 mL水中,必要时可加热溶解,冷却后,稀释定容至1 L,摇匀备用。

④重铬酸钾标准溶液:c[1/6 ($K_2Cr_2O_7$)]=0.1 mol/L。

取c[1/6 ($K_2Cr_2O_7$)]=1 mol/L标准溶液(5.2.3.3)100 mL,加水稀释定容至1 L,摇匀备用。

⑤硫酸亚铁标准溶液:c($FeSO_4$)=0.2 mol/L。

称取($FeSO_4$·$7H_2O$)(分析纯)55.6 g,加水和c(1/2H_2SO_4)=6 mol/L的硫酸30 mL溶解,稀释定到1 L,摇匀备用。此溶液的准确浓度以0.1 mol/L $K_2Cr_2O_7$标准溶液标定,现用现标定。

c($FeSO_4$)=0.2 mol/L标准溶液的标定:吸取$K_2Cr_2O_7$标准溶液20.00 mL加入150 mL三角瓶中,加浓硫酸3～5 mL和2～3滴邻啡罗啉指示剂,用$FeSO_4$标准溶液滴定。根据$FeSO_4$标准溶液滴定时的消耗量按下式计算其准确浓度c:

$$c = c_1V_1/V_2$$

式中:c_1为重铬酸钾标准溶液的浓度,mol/L;V_1为吸取重铬酸钾标准溶液的体积,mL;V_2为滴定时消耗硫酸亚铁标准溶液的体积,mL。

⑥邻啡罗啉指示剂:称取硫酸亚铁(分析纯)0.695 g和邻啡罗啉(分析纯)1.485 g溶于100 mL水中,摇匀备用。

(四)测定步骤

称取过φ=0.5 mm筛的风干试样0.3～0.5 g(精确至0.000 1 g),置于500 mL的三角瓶中,准确加入1 mol/L $K_2Cr_2O_7$标准溶液30.00 mL,充分摇匀后加浓硫酸60 mL,缓缓摇动1 min,加一弯颈小漏斗,置于沸水中保温30 min,每隔约5 min摇动一次。取出冷却至室温,用水冲洗小漏斗,洗液承接于三角瓶中。取下三角瓶,将反应物无损转入250 mL容量瓶中,定容,吸取50 mL溶液于250 mL三角瓶内,加水约100 mL,加2～3滴邻啡罗啉指示剂,用0.2 mol/L $FeSO_4$标准溶液滴定近终点时,溶液由绿色变成暗绿色,再逐滴加入$FeSO_4$标准溶液直至生成砖红色为止。同时称取 0.2 g(精确至 0.001 g)二氧化硅代替试样,按照相同分析步骤,使用同样的试剂,进行空白试验。

如果滴定试样所用 $FeSO_4$ 标准溶液的用量不到空白试验所用 $FeSO_4$ 标准溶液用量的 1/3 时,则应减少称样量,重新测定。

(五)分析结果的表述

肥料有机质含量以肥料的质量分数表示,按下式计算:

$$有机质(含量)=c(V_0-V)\times 0.003\times 100\times 1.724/m(1-X_0)D\times 100\%$$

式中:V_0 为空白试验时消耗硫酸亚铁标准溶液的体积,mL;V 为样品测定时消耗硫酸亚铁标准溶液的体积,mL;c 为硫酸亚铁标准溶液的浓度,mol/L;0.003 为 1/4 碳原子的摩尔质量,g/mol;1.724 为由有机碳换算为有机质的系数;0.084 7 为氯离子换算为碳的换算系数;m 为试样的质量,g;X_0 为风干试样的含水量;D 为稀释倍数,为 50/250。

(六)允许差

①取平行分析结果的算术平均值为最终分析结果。②平行测定的绝对差值应符合表 8-2 要求。

表 8-2　有机质测定结果允差

有机质含量/%	<30	30～45	>45
绝对差值/%	0.6	0.8	1.0

不同实验室测定结果的绝对差值应符合表 8-3 要求。

表 8-3　实验室间有机质测定结果允差

有机质/%	<30	30～45	>45
绝对差值/%	1.0	1.5	2.0

三、全氮含量测定

(一)方法原理

有机肥料中的有机氮经硫酸-过氧化氢消煮,转化为铵态氮。碱化后蒸馏出来的氨用硼酸溶液吸收,以标准酸溶液滴定,计算样品中氮含量。

(二)试剂

①硫酸(ρ=1.84 g/ cm^3)。②30%过氧化氢。③氢氧化钠:质量浓度为 40%

的溶液。称取 40 g 氢氧化钠(化学纯)溶于 100 mL 水中。④硼酸:质量浓度为 2%的溶液。称取 2 g 硼酸溶于 100 mL 约 60℃热水中,冷却,用稀碱在酸度计上调节溶液 pH=4.5。⑤定氮混合指示剂:称取 0.5 g 溴甲酚绿和 0.1 g 甲基红溶于 100 mL 95%乙醇中。⑥硫酸[$c(1/2\ H_2SO_4)$=0.05 mol/L]或盐酸[c(HCl)=0.05 mol/L]标准溶液配制和标定,按照 GB/T 601 进行。

(三)仪器、设备

通常实验室用仪器设备和定氮蒸馏装置。

(四)分析步骤

1.试样溶液制备

称取过 φ=0.5 mm 筛的风干试样 0.5 g(精确至 0.000 1 g),置于开氏烧瓶底部,用少量水冲洗沾附在瓶壁上的试样,加 5.0 mL 硫酸和 1.5 mL 过氧化氢,小心摇匀,瓶口放一弯颈小漏斗,放置过夜。在可调电炉上缓慢升温至硫酸冒烟,取下,稍冷后加 15 滴过氧化氢,轻轻摇动开氏烧瓶,加热 10 min,取下,稍冷后分次再加 5~10 滴过氧化氢并分次消煮,直至溶液呈无色或淡黄色清液后,继续加热 10 min,除尽剩余的过氧化氢。取下稍冷,小心加水至 20~30 mL,加热至沸。取下冷却,用少量水冲洗弯颈小漏斗,洗液收入原开氏烧瓶中。将消煮液移入 100 mL 容量瓶中,加水定容,静置澄清或用无磷滤纸过滤到具塞三角瓶中,备用。

2.空白试验

除不加试样外,试剂用量和操作同试样制备。

3.测定

①蒸馏前检查蒸馏装置是否漏气,并进行空蒸馏清洗管道。

②吸取消煮清液 50.0 mL 于蒸馏瓶内,加入 200 mL 水。于 250 mL 三角瓶加入 10 mL 硼酸溶液和 5 滴混合指示剂承接于冷凝管下端,管口插入硼酸液面中。由筒型漏斗向蒸馏瓶内缓慢加入 15 mL 氢氧化钠溶液,关好活塞。加热蒸馏,待馏出液体积约 100 mL,即可停止蒸馏。

③用硫酸标准溶液或盐酸标准溶液滴定馏出液,由蓝色刚变至紫红色为终点。记录消耗酸标准溶液的体积。空白测定所消耗酸标准溶液的体积不得超过 0.1 mL。

(五)分析结果的表述

肥料的全氮含量以肥料的质量百分数表示,按下式计算:

$$全氮(N)(\%)= c(V-V_0)D\times 0.014\times 100/m(1-X_0)$$

式中：V_0 为空白滴定消耗标准酸溶液的体积，mL；V 为试液滴定消耗标准酸溶液的体积，mL；c 为标准酸溶液的浓度，mol/L；0.014 为氮的摩尔质量，g/mol；m 为称取试样质量，g；X_0 为风干试样的含水量；D 为分取倍数，定容体积/分取体积，100/50。

所得结果应保留两位小数。

（六）允许差

①取两个平行测定结果的算术平均值作为测定结果。②两个平行测定结果允许绝对差应符合 8-4 要求。

表 8-4　全氮量测定结果允差

氮(N)/%	>0.50	0.50～1.00	>1.00
允许差/%	<0.02	<0.04	<0.06

四、全磷含量测定

（一）方法原理

有机肥料试样采用硫酸和过氧化氢消煮，在一定酸度下，待测液中的磷酸根离子与偏钒酸和钼酸反应形成黄色三元杂多酸。在一定浓度范围［1～20 mg/L：磷(P)］内，黄色溶液的吸光度与含磷量呈正比例关系，用分光光度法定量磷。

（二）试剂

①硫酸（ρ=1.84 g/ cm^3）。②硝酸。③30%过氧化氢。④钒钼酸铵试剂：A 液：称取 25.0 g 钼酸铵溶于 400 mL 水。B 液：称取 1.25 g 偏钒酸铵溶于 300 mL 沸水，冷却后加 250 mL 硝酸冷却。在搅拌下将 A 液缓缓注入 B 液中，用水稀释至 1 L，混匀，贮于棕色瓶中。⑤氢氧化钠：质量浓度为 10%的溶液。⑥硫酸：体积分数为 5%的溶液。⑦磷标准溶液：50 μg/mL。称取 0.219 5 g 经 105 烘干 2 h 的磷酸二氢钾（优级纯），用水溶解后，转入 1 L 容量瓶中，加入 5 mL 硫酸，冷却后用水定容至刻度。该溶液 1 mL 含磷(P)50 μg。⑧2,4-(或 2,6-)二硝基酚指示剂：质量浓度为 0.2%的溶液。⑨无磷滤纸。

（三）仪器、设备

通常实验室用仪器设备。

(四)分析步骤

1.试样溶液制备

称取过0.5 mm筛的风干试样0.3～0.5 g,“全氮量测定试样制备”操作制备。

2.空白溶液制备

除不加试样外,应用的试剂和操作同试样制备。

3.测定

吸取5.00～10.00 mL试样溶液(含磷0.05～1.0 mg)于50 mL容量瓶中,加水至30 mL左右,与标准溶液系列同条件显色、比色,读取吸光度。

4.校准曲线绘制

吸取磷标准溶液0、1.0、2.5、5.0、7.5、10.0、15.0 mL分别置于50 mL容量瓶中,加入与吸取试样溶液等体积的空白溶液,加水至30 mL左右,加2滴2,4-(或2,6-)二硝基酚指示剂溶液,用氢氧化钠溶液和硫酸溶液调节溶液刚呈微黄色,加100 mL钒钼酸铵试剂,摇匀,用水定容。此溶液为1 mL含磷(P)0、1.0、2.5、5.0、7.5、10.0、15.0 μg的标准溶液系列。在室温下放置20 min后,在分光光度计波长440 nm[注]处用1 cm光径比色皿,以空白溶液调节仪器零点,进行比色,读取吸光度。根据磷浓度和吸光度绘制标准曲线或求出直线回归方程。

(五)分析结果的表述

肥料的全磷含量以肥料的质量分数表示,按下式计算:

$$全磷(P)(\%)= cVD\times 2.29\times 10^{-4}/m(1-X_0)$$

式中:c为由校准曲线查得或由回归方程求得显色液磷浓度,μg/mL;V为显色体积,50 mL;2.29为将磷(P)换算成五氧化二磷(P_2O_5)的因数;10^{-4}为将μg/g换算为质量分数的因数;m为称取试样质量,g;X_0为风干试样的含水量;D为分取倍数,定容体积/分取体积,100/50或100/10。

所得结果应表示至两位小数。

(六)允许差

①取两个平行测定结果的算术平均值作为测定结果。②两个平行测定结果允许绝对差值应符合表8-5要求。

表 8-5　全磷量测定结果允差

磷(P_2O_5)/%	允许差/%
<0.50	<0.02
0.50～1.00	<0.04
>1.00	<0.06

注：波长可根据磷浓度选择：

磷浓度/(mg/L)：0.75～5.5　　2～15　　4～17　　7～20

波长/nm：　　400　　440　　470　　490

五、全钾含量测定

(一)方法原理

有机肥料试样经硫酸和过氧化氢消煮，稀释后用火焰光度计测定。在一定浓度范围内，溶液中钾浓度与发光强度呈正比关系。

(二)试剂

①硫酸(ρ=1.84 cm³)。②30%过氧化氢。③钾标准贮备溶液：1 mg/mL。称取 1.906 7 g 经 100℃烘 2 h 的氯化钾，用水溶解后定容至 1 L。该溶液 1 mL 含钾(K)1 mg，贮于塑料瓶中。④钾标准溶液：100 μg/mL。

吸取 10.00 mL 钾(K)钾标准贮备溶液于 100 mL 容量瓶中，用水定容，此溶液 1 mL 含钾(K)100 μg。

(三)仪器、设备

通常实验室用仪器设备。

(四)分析步骤

1. 试样溶液制备

按"全氮量测定试样制备"操作制备。

2. 空白溶液制备

除不加试样外，应用的试剂和操作同试样制备。

3. 测定

吸取 5.00 mL 试样溶液于 50 mL 容量瓶中，用水定容。与标准溶液系列同条件在火焰光度计上测定。记录仪器示值。每测定 5 个样品后须用钾标准溶液校正仪器。

4. 校准曲线绘制

吸取钾标准溶液 0、2.50、5.00、7.50、7.5、10.00 mL 分别置于 5 个 50 mL 容

量瓶中，加入与吸取试样溶液等体积的空白溶液，用水定容，此溶液为 1 mL 含钾(K)0、5.00、10.00、15.00、20.00 μg 的标准溶液系列。在火焰光度计上，以空白溶液调节仪器零点，以标准溶液系列中最高浓度的标准溶液调节满度至 80 分度处。再依次由低浓度至高浓度测量其他标准溶液，记录仪器示值。根据钾浓度和仪器示值绘制标准曲线或求出直线回归方程。

(五)分析结果的表述

肥料的全钾含量以肥料的质量分数表示，按下式计算：

$$全钾(K_2O) = cVD \times 1.20 \times 10^{-4}/m(1-X_0)$$

式中：c 为由校准曲线查得或由回归方程求得测定液钾浓度，μg/mL；V 为测定体积，本操作为 50 mL；1.20 为将钾(K)换算成氧化钾(K_2O)的因数；10^{-4} 为将 μg/g 换算为质量分数的因数；m 为称取试样质量，g；X_0 为风干试样的含水量；D 为分取倍数，定容体积/分取体积，100/5。

所得结果应表示至两位小数。

(六)允许差

①取两个平行测定结果的算术平均值作为测定结果。②两个平行测定结果允许绝对差值应符合表 8-6 要求。

表 8-6 全钾量测定结果允差

钾(K_2O)/%	允许差/%
<0.50	<0.02
0.50～1.00	<0.04
>1.00	<0.06

六、水分含量测定(真空烘箱法)

按 GB/T 8576 进行，分别测定鲜样含水量、风干样含水量。

七、酸碱度的测定(pH 酸度计法)

(一)方法原理

试样经水浸泡平衡，直接用 pH 酸度计测定。

(二)仪器

通常实验室用仪器和 pH 酸度计。

(三)试剂和溶液

(1)pH 4.01 标准缓冲溶液　称取经 110℃烘 1 h 的邻苯二甲酸氢钾($KHC_8H_4O_4$)10.24 g,用水溶解,稀释定容至 1 L。

(2)pH 6.87 标准缓冲溶液　称取经 120℃烘 2 h 的磷酸二氢钾(KH_8PO_4)3.398 g 和经 120～130℃烘 2 h 的无水磷酸氢二钠(Na_8HPO_4)3.53 g,用水溶解,稀释定容至 1 L。

(3)pH 9.18 标准缓冲溶液　称取硼砂($Na_8B_4O_7 \cdot 10H_2O$)(在盛有蔗糖和食盐饱和溶液的干燥器中平衡一周)3.8 g,用水溶解,稀释定容至 1 L。

(四)操作步骤

称取试样 5.0 g 于 100 mL 烧杯中,加 50 mL 水(经煮沸驱除二氧化碳),搅拌 15 min,静置 30 min,用 pH 酸度计测定。

(五)允许差

取平行测定结果的算术平均值为最终分析结果,保留一位小数。平行分析结果的绝对差值不大于 0.2pH 单位。

八、重金属含量、蛔虫死亡率和大肠杆菌值的测定

按 GB/T 8172 进行。

九、检验规则

(一)检测质量指标合格判断

采用 GB/T 1250 中“修约值比较法”。

(二)有机肥料应由企业质量监督部门进行检验

生产企业应保证所有出厂的产品均符合有机肥料的要求。每批出厂的产品应附有质量证明书,其内容包括:

生产企业名称、产品名称、批号、产品净量、养分总含量、生产日期和本标准编号。

(三)重金属含量、蛔虫死亡率和大肠杆菌值为型式检验项目

有下列情况时应检验:

①正式生产时,原料、工艺发生变化;

②正式生产时,定期或积累到一定量后,应周期性进行一次检验;

③国家质量监督机构提出正式检验的要求时。

(四)复检及处理

如果检验结果中有一项指标不符合本标准要求时,应重新自二倍量的包装袋中选取有机肥料样品进行复检;重新检验结果,即使有一项指标不符合本标准要求时,则整批肥料作不合格处理。

(五)采样

1. 抽样方法

商品有机肥料产品抽样方法见表 8-7。

表 8-7 取样袋数的确定

总袋数	最少采样袋数	总袋数	最少采样袋数
1～10	全部袋数	182～216	18
11～49	11	217～254	19
50～64	12	255～296	20
65～81	13	297～343	21
82～101	14	344～394	22
102～125	15	395～450	23
126～151	16	451～512	24
152～181	17		

总袋数超过 512 袋时,取样袋数按下式计算:

$$\text{取样袋数}=\text{取样袋数}=3\times\sqrt[3]{N}$$

式中:N 为每批取样总袋数。

将抽出的样品袋平放,每袋从最长对角线插入取样器至袋 3/4 处,取出不少于 100 g 样品,每批抽取样品总量不少于 2 kg。

2. 散装产品

散装产品采样时,按 GB/T 6679 规定进行。

3. 样品缩分

将选取的样品迅速混匀,用四分法将样品缩分至约 1 000 g,分装于 3 个干净的广口瓶中,密封、贴上标签,注明生产企业名称、产品名称、批号、取样日期、取样人姓名,一瓶供物理分析,一瓶风干,一瓶保存二个月,以备查用。

十、包装、标志、运输和贮存

(1)包装　有机肥料用覆膜编织袋或塑料编织袋衬聚乙烯内袋包装。每袋净含量(50±0.5) kg、(40±0.4) kg、(25±0.25) kg，平均每袋净含量不得低于 50.0 kg、40.0 kg、25.0 kg。

(2)标志　有机肥料包装袋上应注明：产品名称、商标、有机质含量、净重、标准号、登记证号、企业名称、厂址。其余按 GB 18382 执行。

(3)贮运　有机肥料应贮存于阴凉干燥处，在运输过程中应防潮、防晒、防破裂。

学习情境Ⅸ 环境检测数据的应用

学习指南

1. 学习情境Ⅸ是为了学生更好地与工作岗位结合而安排，为学生作为农业技术员指导农业生产，取得肥料配方师、作物营养师和安全食品认证外检员等资质而安排的学习内容。

2. 学习资料主要是配方施肥的基础知识，让学生通过学习，可以了解配方施肥的基本内容和方法。

3. 学习情境Ⅸ安排了测土配方施肥和农产品生产环境评价两个工作任务。任务一是测土配方施肥，把土壤肥力指标检测结果应用于生产实践中，指导作物施肥。任务二是根据《农田土壤环境监测技术规范》(NY/T 395—2000)、《农用水源环境质量监测技术规范》(NY/T 396—2000)、《农区环境空气质量监测技术规范》(NY/T 397—2000)、《绿色食品 产地环境技术条件》(NY/T 391—2000)和《绿色食品产地环境调查、监测与评价导则》(NY/T 1054—2006)要求，将环境监测数据应用到生产实践中，评价农产品生产环境质量，得出是否符合安全农产品生产的需要。

4. 两个任务均可结合生产基地具体情况，采用本课程前面完成任务得到的检测数据，指导作物施肥和进行环境评价。

5. 学习情境Ⅸ主要参考资料：《北京市测土配方施肥技术指南》、《环境评价教程》、《土壤肥料学》、《作物营养与施肥》和《农业化学研究法》等，以及《农田土壤环境监测技术规范》(NY/T 395—2000)、《农用水源环境质量监测技术规范》(NY/T 396—2000)、《农区环境空气质量监测技术规范》(NY/T 397—2000)、《绿色食品产地环境技术条件》(NY/T 391—2000)和《绿色食品产地环境调查、监测与评价导则》(NY/T 1054—2006)。

Ⅰ.学习资料

作物生长的基础是土壤，植物所需的养分中60%～70%是从土壤中吸收的。土壤中植物所需要的养分种类有很多，主要分为三类：第一类是作物吸收利用较多的氮、磷、钾，叫做大量元素；第二类是作物需要其次的钙、镁、硫，叫做中量元素；第三类是作物需要很少的铜、铁、硼、锰、锌、钼、氯，叫做微量元素。土壤中包含的这些营养元素，都是作物生长发育所必需的。当土壤养分供应不足时，就要靠施肥来补充，以达到土壤供肥和作物需肥的平衡。测土配方施肥技术是一种科学有效的施肥手段，它能协调和解决作物需求、土壤供应和土壤培肥之间的关系，实现各种养分全面均衡的供应，最终达到优质高产、节支增效的目的。测土配方施肥技术对培养农民科学施肥方法，提高作物的肥料利用率，降低购肥成本，保障农产品的质量安全，保护耕地质量以及实现农业可持续发展等都具有极其重要的作用。因此，作为安全农产品生产的技术人员，有必要了解和运用测土配方施肥技术。

一、测土配方施肥

测土配方施肥是我国农业生产施肥技术的一项重大改革，是农业科技人员运用现代农业的科学理论和测试手段，为农业生产提供科学施肥指导和服务的一种技术系统。测土配方施肥自20世纪80年代开始推广以来，收到了明显的经济效益和社会效益，对推动我国科学施肥技术的提高起了重大作用。所谓测土配方施肥就是指以通过土壤养分测定和肥料田间试验为基础，根据作物需肥规律、土壤供肥性能和肥料性质与肥料利用率，在合理施用有机肥料的基础上，提出氮、磷、钾及中、微量元素等肥料的施用品种、数量、施肥时期和施用方法，以满足作物均衡地吸收各种营养，同时，保持土壤的肥力水平不下降，减少养分流失和对土壤环境的污染，达到高产、优质和高效的目的。简单的理解，就是“看土施肥，看作物施肥”，根据土壤养分供应情况和作物对养分的需求来进行科学的施肥。测土配方施肥的依据主要为养分归还学说、最小养分律、米采利希学说（报酬递减律）和因子综合作用学说等施肥原理，以及作物的营养特性、土壤养分状况和有机肥料与无机肥料的特点。

测土配方施肥的主要内容概括为三个步骤，即测土（土壤养分测定）—配方（根据土壤和作物进行配方）—施肥（施肥方案的实施）。

“测土”是配方施肥的基础，也是制定肥料配方的重要依据，能否将肥料施好，首先看能否将“土壤养分测定”这个步骤做好，因此这一步很关键。它又包括土壤样品采集和化验分析两个环节，具体开展时要根据测土配方施肥的技术要求，作物种植和生长情况，选择重点区域、代表性地块进行有针对性的取样分析，这样才能测定土壤中的有关营养元素，摸清土壤肥力的详细情况，掌握好土壤的供肥性能。就像医生看病，首先要进行把脉问诊一样，“测土”工作即是对土壤的肥力情况进行把脉。土壤养分测定的具体方法我们在学习情境Ⅳ已经做了详细论述。

“配方”是配方施肥技术的重点。就是根据作物种类、产量水平、需要吸收的养分数量和土壤中营养元素的丰缺情况以及肥料的种类、性质和肥料利用率等，提出施肥的种类和数量，即经过对土壤的营养诊断，按照作物需要的营养进行“配方”。因此，这一步骤既是关键，又是重点，是整个技术的核心环节。其中心任务是根据土壤养分供应情况、作物状况和产量的要求，在生产前的适当时间确定出施用肥料的配方，即肥料的品种、数量与肥料的施用时间、施用方式和方法。

“施肥”是配方施肥的最后一步，也是配方的实施和目标产量的基本保证。“施肥”就是依据作物的需肥特点制定出各种肥料的用量，合理安排基肥和追肥的比例，确定施用时间和方法，以发挥肥料的最大增产作用。在“施肥”这一过程中，必须要注意的是，要坚持“以有机肥料为基础，有机肥料与无机肥料相结合，用地和养地相结合”的原则，达到增产增收、开源节流、保护生态环境目的。

二、测土配方施肥技术规范

中华人民共和国农牧渔业部于 2006 年 4 月颁布了《测土配方施肥技术规范(试行)》，于 2008 年 3 月经过修订后确定实施。在《测土配方施肥技术规范》中明确规定了全国测土配方施肥工作中肥料效应田间试验、样品采集与制备、田间基本情况调查、土壤与植株测试、肥料配方设计、配方肥料合理使用、效果反馈与评价、数据汇总、报告撰写等内容、方法与操作规程和耕地地力评价方法。《测土配方施肥技术规范》在全国不同区域、不同土壤和不同作物的测土配方施肥工作中适用。

《测土配方施肥技术规范》引用了《肥料和土壤调理剂 术语》(GB/T 6274)、《肥料合理使用准则 通则》(NY/T 496)、《肥料效应鉴定田间试验技术规程》(NY/T 497)、《全国耕地类型区、耕地地力等级划分》(NY/T 309—1996)和《全国中低产田类型划分与改良技术规范》(NY/T 310—1996)等国家或行业标准，这些标准则是我们在本学习情境中的学习参考。

(一)测土配方施肥术语和定义

(1)测土配方施肥(soil testing and formulated fertilization)　测土配方施肥是以肥料田间试验和土壤测试为基础，根据作物需肥规律、土壤供肥性能和肥料效应，在合理施用有机肥料的基础上，提出氮、磷、钾及中、微量元素等肥料的施用品种、数量、施肥时期和施用方法。

(2)肥料(fertilizer)　以提供植物养分为其主要功效的物料(GB/T 6274—1997)。

(3)有机肥料(organic fertilizer)　主要来源于植物和(或)动物,施于土壤以提供植物营养为其主要功效的含碳物料(GB/T 6274—1997)。

(4)无机[矿质]肥料(inorganic[mineral] fertilizer)　标明养分呈无机盐形式的肥料,由提取、物理和(或)化学工业方法制成(GB/T 6274—1997)。

注:硫磺、氰氨化钙、尿素及其缩缔合产品,骨粉过磷酸钙,习惯上归作无机肥料。

(5)单一肥料(straight fertilizer)　氮、磷、钾三种养分中,仅具有一种养分标明量的氮肥、磷肥和钾肥的通称(GB/T 6274—1997)。

(6)主要养分(macro-nutrient; primary nutrient)　在某些国家对元素氮、磷、钾的通称(GB/T 6274—1997)。

(7)次要养分(secondary nutrient [element])　在某些国家对元素钙、镁、硫的通称(GB/T 6274—1997)。

(8)微量养分,微量元素(micro-nutriment; trace element)　植物生长所必需的、但相对来说是少量的元素,例如硼、锰、铁、锌、铜、钼或钴等(GB/T 6274—1997)。

(9)氮肥(nitrogenous fertilizer/nitrogen fertilizer)　具有氮(N)标明量,以提供植物氮养分为其主要功效的单一肥料(NY/T 496—2002)。

(10)磷肥(phosphate fertilizer/phosphatic fertilizer)　具有磷(P_2O_5)标明量,以提供植物磷养分为其主要功效的单一肥料(NY/T 496—2002)。

(11)钾肥(potash fertilizer)　具有钾(K_2O)标明量,以提供植物钾养分为其主要功效的单一肥料(NY/T 496—2002)。

(12)复混肥料(compound fertilizer)　氮、磷、钾三种养分中,至少有两种养分标明量的由化学方法和(或)掺混方法制成的肥料(GB/T 6274—1997)。

(13)复合肥料(complex fertilizer)　氮、磷、钾三种养分中,至少有两种养分标明量的仅由化学方法制成的肥料(GB/T 6274—1997)。

(14)掺和肥料(blended fertilizer)　氮、磷、钾三种养分中,至少有两种养分标明量的由干混方法制成的肥料(GB/T 6274—1997)。

(15)植物养分(plant nutrient)　植物生长所必需的化学元素(GB/T 6274—1997)。

(16)肥料养分(fertilizer nutrient)　施肥中提供的植物养分(GB/T 6274—

1997)。

(17)肥料效应(fertilizer response)　肥料效应是肥料对作物产量的效果，通常以肥料单位养分的施用量所能获得的作物增产量和效益表示(NY/T 496—2002)。

(18)施肥量(doserate;dose)　施于单位面积耕地或单位质量生长介质中的肥料或土壤调理剂或养分的质量或体积(GB/T 6274—1997)。

(19)常规施肥(regular fertilizing)　亦称习惯施肥，指当地前三年平均施肥量(主要指氮、磷、钾肥)、施肥品种和施肥方法(NY/T 497—2002)。

(20)空白对照(control)　无肥处理，用于确定肥料效应的绝对值，评价土壤自然生产力和计算肥料利用率等 (NY/T 497—2002)。

(21)配方肥料(formula fertilizer)　以土壤测试和肥料田间试验为基础，根据作物需肥规律、土壤供肥性能和肥料效应，用各种单质肥料和(或)复混肥料为原料，配制成的适合于特定区域、特定作物的肥料。

(22)地力(soil fertility)　是指在当前管理水平下，由土壤本身特性、自然背景条件和基础设施水平等要素综合构成的耕地生产能力。

(23)耕地地力评价(soil productivity assessment)　耕地地力评价是指根据耕地所在地的气候、地形地貌、成土母质、土壤理化性状、农田基础设施等要素相互作用表现出来的综合特征，评价耕地潜在生物生产力高低的过程。

(二)肥料效应田间试验

1.试验目的

肥料效应田间试验是获得各种作物最佳施肥数量、施肥品种、施肥比例、施肥时期、施肥方法的根本途径，也是筛选、验证土壤养分测试方法、建立施肥指标体系的基本环节。通过田间试验，掌握各个施肥单元不同作物优化施肥数量，基、追肥分配比例，施肥时期和施肥方法；摸清土壤养分校正系数、土壤供肥能力、不同作物养分吸收量和肥料利用率等基本参数；构建作物施肥模型，为施肥分区和肥料配方设计提供依据。

2.试验设计

肥料效应田间试验设计，取决于研究目的。本规范推荐采用“3414”方案设计，在具体实施过程中可根据研究目的采用“3414”完全实施方案和部分实施方案。

(1)“3414”完全实施方案　“3414”方案设计吸收了回归最优设计处理少、效率高的优点，是目前应用较为广泛的肥料效应田间试验方案。“3414”是指氮、磷、钾3个因素、4个水平、14个处理。4个水平的含义：0水平指不施肥，2水平指当地推荐施肥量，1水平=2水平×0.5，3水平=2水平×1.5(该水平为过量施肥水平)。

为便于汇总，同一作物、同一区域内施肥量要保持一致。如果需要研究有机肥料和中、微量元素肥料效应，可在此基础上增加处理。

表 9-1　"3414"试验方案处理(推荐方案)

试验编号	处理	N	P	K
1	$N_0P_0K_0$	0	0	0
2	$N_0P_2K_2$	0	2	2
3	$N_1P_2K_2$	1	2	2
4	$N_2P_0K_2$	2	0	2
5	$N_2P_1K_2$	2	1	2
6	$N_2P_2K_2$	2	2	2
7	$N_2P_3K_2$	2	3	2
8	$N_2P_2K_0$	2	2	0
9	$N_2P_2K_1$	2	2	1
10	$N_2P_2K_3$	2	2	3
11	$N_3P_2K_2$	3	2	2
12	$N_1P_1K_2$	1	1	2
13	$N_1P_2K_1$	1	2	1
14	$N_2P_1K_1$	2	1	1

该方案除可应用 14 个处理进行氮、磷、钾三元二次效应方程的拟合以外，还可分别进行氮、磷、钾中任意二元或一元效应方程的拟合。

例如：进行氮、磷二元效应方程拟合时，可选用处理 2～7、11、12，求得在以 K_2 水平为基础的氮、磷二元二次效应方程；选用处理 2、3、6、11 可求得在 P_2K_2 水平为基础的氮肥效应方程；选用处理 4、5、6、7 可求得在 N_2K_2 水平为基础的磷肥效应方程；选用处理 6、8、9、10 可求得在 N_2P_2 水平为基础的钾肥效应方程。此外，通过处理 1，可以获得基础地力产量，即空白区产量。

其具体操作参照有关试验设计与统计技术资料。

(2)"3414"部分实施方案　试验氮、磷、钾某一个或两个养分的效应，或因其他原因无法实施"3414"完全实施方案，可在"3414"方案中选择相关处理，即"3414"的部分实施方案。这样既保持了测土配方施肥田间试验总体设计的完整性，又考虑到不同区域土壤养分特点和不同试验目的要求，满足不同层次的需要。如有些区域重点要试验氮、磷效果，可在 K_2 做肥底的基础上进行氮、磷二元肥料效应试验，但应设置3次重复。具体处理及其与“3414”方案处理编号对应列于下表。

表 9-2　氮、磷二元二次肥料试验设计与“3414”方案处理编号对应表

处理编号	“3414”方案处理编号	处理	N	P	K
1	1	$N_0P_0K_0$	0	0	0
2	2	$N_0P_2K_2$	0	2	2
3	3	$N_1P_2K_2$	1	2	2
4	4	$N_2P_0K_2$	2	0	2
5	5	$N_2P_1K_2$	2	1	2
6	6	$N_2P_2K_2$	2	2	2
7	7	$N_2P_3K_2$	2	3	2
8	11	$N_3P_2K_2$	3	2	2
9	12	$N_1P_1K_2$	1	1	2

上述方案也可分别建立氮、磷一元效应方程。

在肥料试验中，为了取得土壤养分供应量、作物吸收养分量、土壤养分丰缺指标等参数，一般把试验设计为5个处理：空白对照(CK)、无氮区(PK)、无磷区(NK)、无钾区(NP)和氮、磷、钾区(NPK)。这5个处理分别是“3414”完全实施方案中的处理1、2、4、8和6。如要获得有机肥料的效应，可增加有机肥处理区(米)；试验某种中(微)量元素的效应，在NPK基础上，进行加与不加该中(微)量元素处理的比较。试验要求测试土壤养分和植株养分含量，进行考种和计产。试验设计中，氮、磷、钾、有机肥等用量应接近效应肥料函数计算的最高产量施肥量或用其他方法推荐的合理用量。

3.试验实施

①试验地选择：试验地应选择平坦、整齐、肥力均匀，具有代表性的不同肥力水平的地块；坡地应选择坡度平缓、肥力差异较小的田块；试验地应避开靠近道路、堆肥场所等特殊地块。

②试验作物品种选择：田间试验应选择当地主栽作物品种或拟推广品种。

③试验准备：整地、设置保护行、试验地区划；小区应单灌单排，避免串灌串排；试验前多点采集土壤混合样品；依测试项目不同，分别制备新鲜或风干土样。

④试验重复与小区排列：为保证试验精度，减少人为因素、土壤肥力和气候因素的影响，田间试验一般设3～4个重复(或区组)。采用随机区组排列，区组内土壤、地形等条件应相对一致，区组间允许有差异。同一生长季、同一作物、同类试验

在10个以上时可采用多点无重复设计。

小区面积:大田作物和露地蔬菜作物小区面积一般为20～50 m^2,密植作物可小些,中耕作物可大些;设施蔬菜作物一般为20～30 m^2,至少5行以上。小区宽度:密植作物不小于3 m,中耕作物不小于4 m。多年生果树类选择土壤肥力差异小的地块和树龄相同、株形和产量相对一致的成年果树进行试验,每个处理不少于4株。

⑤试验记载与测试:参照肥料效应鉴定田间试验技术规程(NY/T 497—2002)执行,收获期采集植株样品、进行考种和经济产量测试。必要时进行植株分析。每个县每种作物应按高、中、低肥力分别各取不少于1组"3414"试验所有处理的样品用于分析化验。

表9-3 常规5处理试验设计与"3414"方案处理编号对应表

	"3414"方案处理编号	N	P	K
无肥区(对照)	1	0	0	0
无氮区	2	0	2	2
无磷区	4	2	0	2
无钾区	8	2	2	0
氮磷钾区	6	2	2	2

4. 试验统计分析

常规试验和回归试验的统计分析方法参见《肥料效应鉴定田间试验技术规程》(NY/T 497—2002)或其他专业书籍,相关统计程序可在中国肥料信息网(http://www.natesc.gov.cn/sfb /TfgjHgfx.htm)下载或应用。

(三)样品采集与制备

采样人员要具有一定采样经验,熟悉采样方法和要求,了解采样区域农业生产情况。采样前,要收集采样区域土壤图、土地利用现状图、行政区划图等资料,绘制样点分布图,制订采样工作计划。准备GPS、采样工具、采样袋(布袋、纸袋或塑料网袋)、采样标签等。

1. 土壤样品采集

土壤样品采集应具有代表性,并根据不同分析项目采用相应的采样和处理方法。

①采样规划:采样点参考县级土壤图,做好采样规划设计,确定采样点位。实际采样时严禁随意变更采样点,若有变更须注明理由。

②采样单元：根据土壤类型、土地利用等因素，将采样区域划分为若干个采样单元，每个采样单元的土壤性状要尽可能均匀一致。

平均每个采样单元为100～200亩（平原区、大田作物每100～500亩采一个混合样，丘陵区、大田园艺作物每30～80亩采一个混合样）。为便于田间示范追踪和施肥分区，采样集中在位于每个采样单元相对中心位置的典型地块，采样地块面积为1～10亩。采用GPS定位，记录经纬度，精确到0.1″。

③采样时间：在作物收获后或播种施肥前采集，一般在秋后。设施蔬菜在晾棚期采集，果园在果品采摘后的第一次施肥前采集。进行氮肥追肥推荐时，应在追肥前或作物生长的关键时期采集。

④采样周期：同一采样单元，无机氮及植株氮营养快速诊断每季或每年采集1次；土壤有效磷、速效钾等一般2～3年采集1次；中、微量元素一般3～5年采集1次。

⑤采样深度：采样深度0～20 cm。土壤无机氮含量测定，采样深度应根据不同作物、不同生育期的主要根系分布深度来确定。

⑥采样点数量：要保证足够的采样点，使之能代表采样单元的土壤特性。每个样品采样点的多少，取决于采样单元的大小、土壤肥力的一致性等。采样必须多点混合，每个样品取15～20个样点。

⑦采样路线：采样时应沿着一定的线路，按照“随机”、“等量”和“多点混合”的原则进行采样。一般采用“S”形布点采样，能够较好地克服耕作、施肥等所造成的误差。在地形变化小、地力较均匀、采样单元面积较小的情况下，也可采用梅花形布点取样。要避开路边、田埂、沟边、肥堆等特殊部位。

⑧采样方法：每个采样点的取土深度及采样量应均匀一致，土样上层与下层的比例要相同。取样器应垂直于地面入土，深度相同。用取土铲取样应先铲出一个耕层断面，再平行于断面取土。因需测定或抽样测定微量元素，所有样品都应用不锈钢取土器采样。

⑨样品量：混合土样以取土1 kg左右为宜（用于推荐施肥的0.5 kg，用于试验的2 kg以上，长期保存备用），可用四分法将多余的土壤弃去。方法是将采集的土壤样品放在盘子里或塑料布上，弄碎、混匀，铺成正方形，划对角线将土样分成4份，把对角的两份分别合并成一份，保留一份，弃去一份。如果所得的样品依然很多，可再用四分法处理，直至所需数量为止。

⑩样品标记：采集的样品放入统一的样品袋，用铅笔写好标签，内外各一张。采样标签样式见附件2。

2. 土壤样品制备

①新鲜样品：某些土壤成分如二价铁、硝态氮、铵态氮等在风干过程中会发生显著变化，必须用新鲜样品进行分析。为了能真实反映土壤在田间自然状态下的某些理化性状，新鲜样品要及时送回室内进行处理分析，用粗玻璃棒或塑料棒将样品混匀后迅速称样测定。

新鲜样品一般不宜贮存，如需要暂时贮存，可将新鲜样品装入塑料袋，扎紧袋口，放在冰箱冷藏室或进行速冻保存。

②风干样品：从野外采回的土壤样品要及时放在样品盘上，摊成薄薄一层，置于干净整洁的室内通风处自然风干，严禁暴晒，并注意防止酸、碱等气体及灰尘的污染。风干过程中要经常翻动土样并将大土块捏碎以加速干燥，同时剔除侵入体。

风干后的土样按照不同的分析要求研磨过筛，充分混匀后，装入样品瓶中备用。瓶内外各放标签一张，写明编号、采样地点、土壤名称、采样深度、样品粒径、采样日期、采样人及制样时间、制样人等项目。制备好的样品要妥为贮存，避免日晒、高温、潮湿和酸碱等气体的污染。全部分析工作结束，分析数据核实无误后，试样一般还要保存三个月至一年，以备查询。"3414"试验等有价值、需要长期保存的样品，须保存于广口瓶中，用蜡封好瓶口。

ⓐ一般化学分析试样：将风干后的样品平铺在制样板上，用木棍或塑料棍碾压，并将植物残体、石块等侵入体和新生体剔除干净。细小已断的植物须根，可采用静电吸附的方法清除。压碎的土样用 2 mm 孔径筛过筛，未通过的土粒重新碾压，直至全部样品通过 2 mm 孔径筛为止。通过 2 mm 孔径筛的土样可供 pH、盐分、交换性能及有效养分等项目的测定。

将通过 2 mm 孔径筛的土样用四分法取出一部分继续碾磨，使之全部通过 0.25 mm 孔径筛，供有机质、全氮、碳酸钙等项目的测定。

ⓑ微量元素分析试样：用于微量元素分析的土样，其处理方法同一般化学分析样品，但在采样、风干、研磨、过筛、运输、贮存等诸环节都要特别注意，不要接触容易造成样品污染的铁、铜等金属器具。采样、制样推荐使用不锈钢、木、竹或塑料工具，过筛使用尼龙网筛等。通过 2 mm 孔径尼龙筛的样品可用于测定土壤有效态微量元素。

ⓒ颗粒分析试样：将风干土样反复碾碎，用 2 mm 孔径筛过筛。留在筛上的碎石称量后保存，同时将过筛的土壤称重，计算石砾质量百分数。将通过 2 mm 孔径筛的土样混匀后盛于广口瓶内，用于颗粒分析及其他物理性质测定。

若风干土样中有铁锰结核、石灰结核、铁子或半风化体，不能用木棍碾碎，应首先将其细心拣出称量保存，然后再进行碾碎。

3.植物样品的采集与制备

①采样要求:植物样品分析的可靠性受样品数量、采集方法及分析部位影响,因此,采样应具有:

ⓐ代表性:采集样品能符合群体情况,采样量一般为1 kg。ⓑ典型性:采样的部位能反映所要了解的情况。ⓒ适时性:根据研究目的,在不同生长发育阶段,定期采样。ⓓ粮食作物一般在成熟后收获前采集籽实部分及秸秆;发生偶然污染事故时,在田间完整地采集整株植株样品;水果及其他植株样品根据研究目的确定采样要求。

②样品采集:各类植物样品采集方式均有规定。

ⓐ粮食作物:由于粮食作物生长的不均一性,一般采用多点取样,避开田边2米,按梅花形(适用于采样单元面积小的情况)或"S"形采样法采样。在采样区内采取10个样点的样品组成一个混合样。采样量根据检测项目而定,籽实样品一般1 kg左右,装入纸袋或布袋。要采集完整植株样品可以稍多些,约2 kg用塑料纸包扎好。

ⓑ棉花样品:棉花样品包括茎秆、空桃壳、叶片、籽棉等部分。样株选择和采样方法参照粮食作物。按采样区采集籽棉,第一次采摘后将籽棉放在通透性较好的网袋中晾干(或晒干),以后每次收获时均装入网袋中,各次采摘结束后,将同一取样袋的籽棉作为该采样区籽棉的混合样。

ⓒ油菜样品:油菜样品包括籽粒、角壳、茎秆、叶片等部分。样株的选择和采样方法参照粮作物。鉴于油菜在开花后期开始落叶,至收获期植株上的叶片基本全部掉落,叶片的取样应在开花后期,每采样取采样点不少于10个(每点至少1株),采集油菜植株全部。

ⓓ水果样品:平坦果园采样时,可采用对角线法布点采样,由采样区的一角向另一角引一对角线,在此线上等距离布设采样点,采样点多少根据采样区域面积、地形及检测目的确定。山地果园应按不同海拔高度均匀布点,采样点一般不应少于10个。对于树型较大的果树,采样时应在果树的上、中、下、内、外部及果实着生方位(东南西北)均匀采摘果实。将各点采摘的果品进行充分混合,按四分法缩分,根据检验项目要求,最后分取所需份数,每份1 kg左右,分别装入袋内,粘贴标签,扎紧袋口。水果样品采摘时要注意树龄、长势、载果数量等。

ⓔ蔬菜样品:蔬菜品种繁多,可大致分成叶菜、根菜、瓜果三类,按需要确定采样对象。

菜地采样可按对角线或"S"形法布点,采样点不应少于10个,采样量根据样本个体大小确定,一般每个点的采样量不少于1 kg。从多个点采集的蔬菜样,按四分法进行缩分，其中个体大的样本，如大白菜等可采用纵向对称切成4份或8份，取其2份的方法进行缩分，最后分取3份，每份约1 kg，分别装入塑料袋，粘贴标签，扎紧袋口。

如需用鲜样进行测定，采样时最好连根带土一起挖出，用湿布或塑料袋装，防止萎蔫。采集根部样品时，在抖落泥土或洗净泥土过程中应尽量保持根系的完整。

市场采样可参照市场水果取样方法进行。

③标签内容：采样序号、采样地点、样品名称、作物品种、土壤名称（或当地俗称）、成土母质、地形地势、耕作制度、前茬作物及产量、化肥农药施用情况、灌溉水源、采样点地理位置简图。果树要记载树龄、长势、载果数量等。

④植株样品处理与保存：粮食籽实样品应及时晒干脱粒，充分混匀后用四分法缩分至所需量。需要洗涤时，注意时间不宜过长并及时风干。为了防止样品变质，虫咬，需要定期进行风干处理。使用不污染样品的工具将籽实粉碎，用0.5 mm筛子过筛制成待测样品。带壳类粮食如稻谷应去壳制成糙米，再进行粉碎过筛。测定重金属元素含量时，不要使用能造成污染的器械。

完整的植株样品先洗干净，根据作物生物学特性差异，采用能反映特征的植株部位，用不污染待测元素的工具剪碎样品，充分混匀用四分法缩分至所需的量，制成鲜样或于60℃烘箱中烘干后粉碎备用。

田间（或市场）所采集的新鲜水果、蔬菜、烟叶和茶叶样品若不能马上进行分析测定，应暂时放入冰箱保存。

(四)土壤与植物测试

1. 土壤测试

①土壤质地：国际制，质地分为：砂土、砂壤、壤土、黏壤、黏土等五级，采用手测法或比重计法（粒度分布仪法）测定。

②土壤容重（选测项目）：环刀法测定。

③土壤水分（选测项目）：

ⓐ土壤含水量：烘干法测定。

ⓑ土壤田间持水量：环刀法测定。

④土壤酸碱度和石灰需要量

ⓐ土壤pH（必测项目）：土液比1∶2.5，电位法测定。

ⓑ土壤交换酸（pH值<6.5的样品必测）氯化钾交换——中和滴定法测定。

ⓒ石灰需要量（pH值<6.5的样品必测）氯化钙交换——中和滴定法测定。

⑤土壤阳离子交换量（选定10%的样品）：EDTA-乙酸铵盐交换法测定。

⑥土壤水溶性盐分（选测项目）：

ⓐ土壤水溶性盐分总量:电导率法或重量法测定。

ⓑ碳酸根和重碳酸根:电位滴定法或双指示剂中和法测定。

ⓒ氯离子:硝酸银滴定法测定。

ⓓ硫酸根离子:硫酸钡比浊法或EDTA间接滴定法测定。

ⓔ钙、镁离子:原子吸收分光光度法测定。

ⓕ钾、钠离子:火焰光度法或原子吸收分光光度计法测定。

⑦土壤氧化还原电位(水田必测项目):电位法测定。

⑧土壤有机质(必测项目):油浴加热重铬酸钾氧化容量法测定。

⑨土壤氮:

ⓐ土壤全氮(必测项目):凯氏蒸馏法测定。

ⓑ土壤水解性氮(选测项目):碱解扩散法测定。

ⓒ土壤氨态氮(选测项目):氯化钾浸提—靛酚蓝比色法测定。

ⓓ土壤硝态氮(选测项目):氯化钙浸提—紫外分光光度法或酚二磺酸比色法测定。

⑩土壤磷:

ⓐ土壤全磷(选10%的样品测定):氢氧化钠熔融—钼锑抗比色法测定。

ⓑ土壤有效磷(必测项目):碳酸氢钠或氟化铵-盐酸浸提—钼锑抗比色法测定。

⑪土壤钾:

ⓐ土壤全钾(选10%的样品测定):氢氧化钠熔融—火焰光度计或原子吸收分光光度计法测定。

ⓑ土壤缓效钾(必测项目):硝酸提取—火焰光度计或原子吸收分光光度计法测定。

ⓒ土壤速效钾(必测项目):乙酸铵浸提—火焰光度计或原子吸收分光光度计法测定。

⑫土壤交换性钙镁(pH值<6.5的样品必测):乙酸铵浸提-原子吸收分光光度法测定。

⑬土壤有效硫(必测项目):磷酸盐—乙酸或氯化钙浸提—硫酸钡比浊法测定。

⑭土壤有效硅(选测项目):柠檬酸或乙酸缓冲液浸提—硅钼蓝比色法测定。

⑮土壤有效铜、锌、铁、锰(必测项目):DTPA浸提—原子吸收分光光度法测定。

⑯土壤有效硼(必测项目):沸水浸提—甲亚胺-H比色法或姜黄素比色法测定。

⑰土壤有效钼(一般区域选10%的样品,豆科作物主产区全测)　草酸-草酸铵浸提—极谱法测定。

2.植物测试

①全氮、全磷、全钾:硫酸-过氧化氢消煮,或水杨酸-锌粉还原,硫酸-加速剂消煮,全氮采用蒸馏滴定法测定;全磷采用钒钼黄或钼锑抗比色法测定;全钾采用火焰光度法或原子吸收分光光度计法测定。

②水分:常压恒温干燥法或减压干燥法测定。

③粗灰分:干灰化法测定。

④全钙、全镁:干灰化-稀盐酸溶解法或硝酸-高氯酸消煮,原子吸收分光光度计法或ICP法测定。

⑤全硫:硝酸-高氯酸消煮法或硝酸镁灰化法,硫酸钡比浊或ICP法测定。

⑥全硼、全钼:干灰化-稀盐酸溶解,硼采用姜黄素或甲亚胺比色法测定,钼采用石墨炉原子吸收法或极谱法测定。

⑦全量铜、锌、铁、锰:干灰化或湿灰化,原子吸收分光光度计或ICP法测定。

3.土壤、植株营养诊断(选测项目)

①土壤硝态氮田间快速诊断:水浸提,硝酸盐反射仪法测定。

②冬小麦/夏玉米植株氮营养田间诊断:小麦茎基部、夏玉米最新展开叶叶脉中部榨汁,硝酸盐反射仪法测定。

③水稻氮营养快速诊断:叶绿素仪或叶色卡法测定。

(五)田间基本情况调查

1.调查内容

在土壤取样的同时,调查田间基本情况,填写测土配方施肥采样地块基本情况调查表。同时开展农户施肥情况调查,填写农户施肥情况调查表。

2.调查对象

调查对象是取样点所属村组人员和地块所属农户。

(六)基础数据库的建立

1.数据库建立标准

①属性数据采集标准:按照测土配方施肥数据字典建立属性数据的采集标准。采集标准包含对每个指标完整的命名、格式、类型、取值区间等定义。在建立属性数据库时要按数据字典要求,制订统一的基础数据编码规则,进行属性数据录入。

②空间数据采集标准:县级地图采用1∶50 000地形图为空间数学框架基础。

投影方式:高斯—克吕格投影,6°分带。

坐标系及椭球参数：西安 80/克拉索夫斯基。

高程系统：1980 年国家高程基准。

野外调查 GPS 定位数据：初始数据采用经纬度，统一采用 GW84 坐标系，并在调查表格中记载；装入 GIS 系统与图件匹配时，再投影转换为上述直角坐标系坐标。

2. 数据库建立方法

①属性数据库建立：属性数据库的内容包括田间试验示范数据、土壤与植物测试数据、田间基本情况及农户调查数据等。属性数据库的建立应独立于空间数据，按照数据字典要求在 SQL 数或 ACCESS 等数据库中建立。

②空间数据库建立：空间数据库的内容包括土壤图、土地利用图、行政区划图、采样点位图等。应用 GIS 软件，采用数字化仪或扫描后屏幕数字化的方式录入。图件比例尺为 1：50 000。

③施肥指导单元属性数据获取：可由土壤图和土地利用现状图或行政区划图叠加求交生成施肥指导单元图。在指导单元图内统计采样点，如果一个单元内有一个采样点，则该单元的数值就用该点的数值，如果一个单元内有多个采样点，则该单元的数值可采用多个采样点的平均值（数值型取平均值，文本型取大样本值，下同）；如果某一单元内没有采样点，则该单元的值可用与该单元相邻同土种的单元的值代替；如果没有同土种单元相邻，或相邻同土种单元也没有数据则可用与之相邻的所有单元（有数据）的平均值代替。

3. 数据库的质量控制

①属性数据质量控制：数据录入前应仔细审核，数值型资料应注意量纲、上下限，地名应注意汉字多音字、繁简体、简全称等问题，审核定稿后再录入。为保证数据录入准确无误，录入后还应逐条检查。

②图件数据质量控制：扫描影像能够区分图中各要素，若有线条不清晰现象，需重新扫描。扫描影像数据经过角度纠正，纠正后的图幅下方两个内图廓点的连线与水平线的角度误差不超过 0.2°。千米网格线交叉点为图形纠正控制点，每幅图应选取不少于 20 个控制点，纠正后控制点的点位绝对误差不超过 0.2 mm（图面值）。

矢量化：要求图内各要素的采集无错漏现象，图层分类和命名符合统一的规范，各要素的采集与扫描数据相吻合，线划（点位）整体或部分偏移的距离不超过 0.3 mm（图面值）。

所有数据层具有严格的拓扑结构。面状图形数据中没有碎片多边形。图形数据及属性数据的输入正确。

③图件输出质量要求：图须覆盖整个辖区，不得丢漏。

图中要素必有项目包括评价单元图斑、各评价要素图斑和调查点位数据、线状地物、注记。要素的颜色、图案、线型等表示符合规范要求。

图外要素必有项目包括图名、图例、坐标系及高程系说明、成图比例尺、制图单位全称、制图时间等。

④面积数据要求：耕地面积数据以当地政府公布的数据（土地详查面积）为控制面积。

⑤统一的系统操作和数据管理：设置统一的系统操作和数据管理，各级用户通过规范的操作，来实现数据的采集、分析、利用和传输等功能。

（七）肥料配方设计

1.基于田块的肥料配方设计

基于田块的肥料配方设计首先确定氮、磷、钾养分的用量，然后确定相应的肥料组合，通过提供配方肥料或发放配肥通知单，指导农民使用。肥料用量的确定方法主要包括土壤与植物测试推荐施肥方法、肥料效应函数法、土壤养分丰缺指标法和养分平衡法。

(1)土壤、植物测试推荐施肥方法　该技术综合了目标产量法、养分丰缺指标法和作物营养诊断法的优点。对于大田作物，在综合考虑有机肥、作物秸秆应用和管理措施的基础上，根据氮、磷、钾和中、微量元素养分的不同特征，采取不同的养分优化调控与管理策略。其中，氮肥推荐根据土壤供氮状况和作物需氮量，进行实时动态监测和精确调控，包括基肥和追肥的调控；磷、钾肥通过土壤测试和养分平衡进行监控；中、微量元素采用因缺补缺的矫正施肥策略。该技术包括氮素实时监控、磷钾养分恒量监控和中、微量元素养分矫正施肥技术。

①氮素实时监控施肥技术：根据目标产量确定作物需氮量，以需氮量的30%～60%作为基肥用量。具体基施比例根据土壤全氮含量，同时参照当地丰缺指标来确定。一般在全氮含量偏低时，采用需氮量的50%～60%作为基肥；在全氮含量居中时，采用需氮量的40%～50%作为基肥；在全氮含量偏高时，采用需氮量的30%～40%作为基肥。30%～60%基肥比例可根据上述方法确定，并通过“3414”田间试验进行校验，建立当地不同作物的施肥指标体系。有条件的地区可在播种前对0～20 cm土壤无机氮(或硝态氮)进行监测，调节基肥用量。

$$\text{基肥用量(kg/亩)}=\frac{\text{(目标产量需氮量}-\text{土壤无机氮供应量)}}{\text{肥料中氮素含量}\times\text{肥料当季利用率}}\times(30\%\sim60\%)$$

其中：土壤无机氮供应量(kg/亩)＝土壤无机氮测试值(mg/kg)×0.15×校正系数

氮肥追肥用量推荐以作物关键生育期的营养状况诊断或土壤硝态氮的测试为依据，这是实现氮肥准确推荐的关键环节，也是控制过量施氮或施氮不足、提高氮肥利用率和减少损失的重要措施。测试项目主要是土壤全氮含量、土壤硝态氮含量或小麦拔节期茎基部硝酸盐浓度、玉米最新展开叶叶脉中部硝酸盐浓度，水稻采用叶色卡或叶绿素仪进行叶色诊断。

②磷钾养分恒量监控施肥技术：根据土壤有（速）效磷、钾含量水平，以土壤有（速）效磷、钾养分不成为实现目标产量的限制因子为前提，通过土壤测试和养分平衡监控，使土壤有（速）效磷、钾含量保持在一定范围内。对于磷肥，基本思路是根据土壤有效磷测试结果和养分丰缺指标进行分级，当有效磷水平处在中等偏上时，可以将目标产量需要量（只包括带出田块的收获物）的100%～110%作为当季磷肥用量；随着有效磷含量的增加，需要减少磷肥用量，直至不施；随着有效磷的降低，需要适当增加磷肥用量，在极缺磷的土壤上，可以施到需要量的150%～200%。在2～3年后再次测土时，根据土壤有效磷和产量的变化再对磷肥用量进行调整。钾肥首先需要确定施用钾肥是否有效，再参照上面方法确定钾肥用量，但需要考虑有机肥和秸秆还田带入的钾量。一般大田作物磷、钾肥料全部做基肥。

③中微量元素养分矫正施肥技术：中、微量元素养分的含量变幅大，作物对其需要量也各不相同。主要与土壤特性（尤其是母质）、作物种类和产量水平等有关。矫正施肥就是通过土壤测试，评价土壤中、微量元素养分的丰缺状况，进行有针对性的因缺补缺的施肥。

（2）肥料效应函数法　根据“3414”方案田间试验结果建立当地主要作物的肥料效应函数，直接获得某一区域、某种作物的氮、磷、钾肥料的最佳施用量，为肥料配方和施肥推荐提供依据。

（3）土壤养分丰缺指标法　通过土壤养分测试结果和田间肥效试验结果，建立不同作物、不同区域的土壤养分丰缺指标，提供肥料配方。

土壤养分丰缺指标田间试验也可采用“3414”部分实施方案。“3414”方案中的处理1为空白对照（CK），处理6为全肥区（NPK），处理2、4、8为缺素区（即PK、NK和NP）。收获后计算产量，用缺素区产量占全肥区产量百分数即相对产量的高低来表达土壤养分的丰缺情况。相对产量低于50%的土壤养分为极低；相对产量50%～75%为低；75%～95%为中，大于95%为高，从而确定适用于某一区域、某种作物的土壤养分丰缺指标及对应的肥料施用数量。对该区域其他田块，通过土壤养分测试，就可以了解土壤养分的丰缺状况，提出相应的推荐施肥量。

(4)养分平衡法

①基本原理与计算方法：根据作物目标产量需肥量与土壤供肥量之差估算施肥量，计算公式为：

$$施肥量(kg/亩)=\frac{目标产量所需养分总量-土壤供肥量}{肥料中养分含量\times肥料当季利用率}$$

养分平衡法涉及目标产量、作物需肥量、土壤供肥量、肥料利用率和肥料中有效养分含量五大参数。土壤供肥量即为“3414”方案中处理1的作物养分吸收量。目标产量确定后因土壤供肥量的确定方法不同，形成了地力差减法和土壤有效养分校正系数法两种。

地力差减法是根据作物目标产量与基础产量之差来计算施肥量的一种方法。其计算公式为：

$$施肥量(kg/亩)=\frac{(目标产量-基础产量)\times单位经济产量养分吸收量}{肥料中养分含量\times肥料当季利用率}$$

基础产量即为“3414”方案中处理1的产量。

土壤有效养分校正系数法是通过测定土壤有效养分含量来计算施肥量。其计算公式为：

$$施肥量(kg/亩)=\frac{\frac{作物单位产量}{养分吸收量}\times\frac{目标}{产量}-\frac{土壤}{测试值}\times0.15\times\frac{土壤有效养分}{校正系数}}{肥料中养分含量\times肥料当季利用率}$$

②有关参数的确定：

ⓐ目标产量

目标产量可采用平均单产法来确定。平均单产法是利用施肥区前三年平均单产和年递增率为基础确定目标产量，其计算公式是：

$$目标产量(kg/亩)=(1+递增率)\times前3年平均单产(kg/亩)$$

一般粮食作物的递增率为10%～15%为宜，露地蔬菜一般为20%左右，设施蔬菜为30%左右。

ⓑ作物需肥量

通过对正常成熟的农作物全株养分的分析，测定各种作物每100 kg经济产量所需养分量，乘以目标常量即可获得作物需肥量。

$$作物目标产量所需养分分量(kg)=\frac{目标产量(kg)}{100}\times每100\ kg经济产量所需养分量$$

ⓒ土壤供肥量

土壤供肥量可以通过测定基础产量、土壤有效养分校正系数两种方法估算：

通过基础产量估算（处理 1 产量）：不施肥区作物所吸收的养分量作为土壤供肥量。

$$\text{土壤供肥量(kg)}=\frac{\text{不施养分区作物产量(kg)}}{100}\times\text{每 100 kg 经济产量所需养分量}$$

通过土壤有效养分校正系数估算：将土壤有效养分测定值乘一个校正系数，以表达土壤“真实”供肥量。该系数称为土壤有效养分校正系数。

$$\text{土壤有效养分校正系数}=\frac{\text{缺素区作物产量所需养分量(kg/亩)}}{\text{该养分土壤测定值(mg/kg)}\times 0.15\times\text{养分换算系数}}\times 100\%$$

ⓓ肥料利用率

一般通过差减法来计算：利用施肥区作物吸收的养分量减去不施肥区农作物吸收的养分量，其差值视为肥料供应的养分量，再除以所用肥料养分量就是肥料利用率。

$$\text{肥料当季利用率}=\frac{\text{施肥区作物产量所吸收养分量(kg/亩)}-\text{缺素区作物产量所吸收养分量(kg/亩)}}{\text{肥料施用量(kg/亩)}\times\text{肥料中该养分含量(\%)}}\times 100\%$$

上述公式以计算氮肥利用率为例来进一步说明。

施肥区（NPK 区）农作物吸收养分量（kg/亩）：“3414”方案中处理 6 的作物总吸氮量；

缺氮区（PK 区）农作物吸收养分量（kg/亩）：“3414”方案中处理 2 的作物总吸氮量；

肥料施用量（kg/亩）：施用的氮肥肥料用量；

肥料中养分含量（%）：施用的氮肥肥料所标明的含氮量。

如果同时使用了不同品种的氮肥，应计算所用的不同氮肥品种的总氮量。

ⓔ肥料养分含量

供施肥料包括无机肥料与有机肥料。无机肥料、商品有机肥料含量按其标明量，不明养分含量的有机肥料养分含量可参照当地不同类型有机肥养分平均含量获得。

2.县域施肥分区与肥料配方设计

在 GPS 定位土壤采样与土壤测试的基础上，综合考虑行政区划、土壤类型、土壤质地、气象资料、种植结构、作物需肥规律等因素，借助信息技术生成区域性土壤养分空间变异图和县域施肥分区，优化设计不同分区的肥料配方。主要工作步骤如下：

①确定研究区域：一般以县级行政区域为施肥分区和肥料配方设计的研究单元。

②GPS定位指导下的土壤样品采集：土壤样品采集要求使用GPS定位，采样点的空间分布应相对均匀，如每100亩采集一个土壤样品，先在土壤图上大致确定采样位置，然后在标记位置附近采集多点混合土样。

③土壤测试与土壤养分空间数据库的建立：将土壤测试数据和空间位置建立对应关系，形成空间数据库，以便能在GIS中进行分析。

④土壤养分分区图的制作：基于区域土壤养分分级指标，以GIS为操作平台，使用Kriging等方法进行土壤养分空间插值，制作土壤养分分区图。

⑤施肥分区和肥料配方的生成：针对土壤养分的空间分布特征，结合作物养分需求规律和施肥决策系统，生成县域施肥分区图和分区肥料配方。

⑥肥料配方的校验：在肥料配方区域内针对特定作物，进行肥料配方验证。

3.测土配方施肥建议卡

将土壤养分测试结果、土壤养分丰缺指标、土壤肥力水平评价和配方施肥方案综合建立农户测土配方施肥建议卡，指导农户将测土配方施肥方案在生产中实施。一般测土配方施肥建议卡包括以下内容：

(1)农户生产信息　包括农户姓名、所在区县和乡镇、地块面积、地块位置、作物名称、品种及其目标产量等；

(2)土壤肥力评价　包括土壤养分测试结果、土壤养分丰缺指标和土壤肥力水平评价等；

(3)配方施肥建议　包括肥料配方、肥料施用量、施肥时间、施肥方式和方法等配方施肥方案的具体内容。

(八)配方肥料合理施用

在养分需求与供应平衡的基础上，坚持有机肥料与无机肥料相结合；坚持大量元素与中量元素、微量元素相结合；坚持基肥与追肥相结合；坚持施肥与其他措施相结合。在确定肥料用量和肥料配方后，合理施肥的重点是选择肥料种类、确定施肥时期和施肥方法等。

1.配方肥料种类

根据土壤性状、肥料特性、作物营养特性、肥料资源等综合因素确定肥料种类，可选用单质或复混肥料自行配制配方肥料，也可直接购买配方肥料。

2.施肥时期

根据肥料性质和植物营养特性，适时施肥。植物生长旺盛和吸收养分的关键时期应重点施肥，有灌溉条件的地区应分期施肥。对作物不同时期的氮肥推荐量的确定，有条件区域应建立并采用实时监控技术。

3.施肥方法

常用的施肥方式有撒施后耕翻、条施、穴施等。应根据作物种类、栽培方式、肥料性质等选择适宜施肥方法。例如，氮肥应深施覆土，施肥后灌水量不能过大，否则造成氮素淋洗损失；水溶性磷肥应集中施用，难溶性磷肥应分层施用或与有机肥料堆沤后施用；有机肥料要经腐熟后施用，并深翻入土。

（九）示范及效果评价

1.田间示范

(1)示范方案　每万亩测土配方施肥田设2～3个示范点，进行田间对比示范。示范设置常规施肥对照区和测土配方施肥区两个处理，另外加设一个不施肥的空白处理，其中测土配方施肥、农民常规施肥处理不少于200 m^2、空白对照（不施肥）处理不少于30 m^2。其他参照一般肥料试验要求。通过田间示范，综合比较肥料投入、作物产量、经济效益、肥料利用率等指标，客观评价测土配方施肥效益，为测土配方施肥技术参数的校正及进一步优化肥料配方提供依据。

(2)结果分析与数据汇总　对于每一个示范点，可以利用三个处理之间产量、肥料成本、产值等方面的比较从增产和增收等角度进行分析，同时也可以通过测土配方施肥产量结果与计划产量之间的比较进行参数校验。有关增产增收的分析指标如下：

①增产率：测土配方施肥产量与对照（常规施肥或不施肥处理）产量的差值相对于对照产量的比率或百分数。

$$增产率\ A=\frac{y_p-y_k}{y_k}\times 100\%$$

式中：A 为增产率；y_p 为测土配方施肥产量，kg/亩；y_k 为空白产量，kg/亩。

②增收：根据各处理产量、产品价格、肥料用量和肥料价格计算各处理产值与施肥成本，然后计算测土配方施肥比对照或常规施肥新增纯收益：

$$增收\ I(元/亩)=(y_p-y_k)\times P_y-(F_p-F_k)\times P_i$$

式中：I 为测土配方施肥比对照（或常规）施肥增加的纯收益，元/亩；y_p 为测土配方施肥的产量，kg/亩；y_k 为空白对照的产量，kg/亩；P_y 为产品价格，元/kg；F_p 为测土配方施肥区肥料用量，kg/亩；F_k 为空白区肥料用量，kg/亩；P_i 为肥料价格，元/kg。

③产出投入比：简称产投比，是施肥新增纯收益与施肥成本之比。可以同时计算测土配方施肥的产投比和常规施肥的产投比，然后进行比较。

$$D=\frac{[y_p-y_k(\text{或 } y_c)]\times P_y-[F_p-F_k(\text{或 } F_c)]\times P_i}{[F_p-F_k(\text{或 } F_c)]\times P_i}$$

式中：D 为产投比；y_p 为测土配方施肥的产量，kg/亩；y_k 为空白对照的产量，kg/亩；y_c 为常规施肥的产量，kg/亩；P_y 为产品价格，元/kg；F_p 为测土配方施肥区肥料用量，kg/亩；F_k 为空白区肥料用量，kg/亩；F_c 为常规施肥肥料用量，kg/亩；P_i 为肥料价格，元/kg。

2. 农户调查反馈

农户是测土配方施肥的具体应用者，通过收集农户施肥数据进行分析是评价测土配方施肥效果与技术准确度的重要手段，也是反馈修正肥料配方的基本途径。因此，需要进行农户测土配方施肥的反馈与评价工作。该项工作可以由各级测土配方施肥管理机构独立进行调查，结果可以作为测土配方施肥执行情况评价的依据之一，也是社会监督和社会宣传的重要途径，甚至可以作为测土配方施肥技术人员工作水平考核的依据。具体操作如下：

(1)农户施肥情况的调查

①测土样点农户的调查与跟踪：每县汇总填写农户测土配方施肥评价统计表，选择 100～200 个农户，调查农户测土配方施肥准确度情况。

②农户施肥调查：每县选择 200 个以上的农户，开展农户施肥调查，最好包括测土配方施肥农户和常规施肥农户。

(2)测土配方施肥的效果评价方法

①测土配方施肥农户与常规施肥农户比较：从作物产量、效益方面进行评价。

②农户测土配方施肥前后的比较：从农民实施测土配方施肥前后的产量、效益进行评价。

③测土配方施肥准确度的评价：从农户和作物两方面对测土配方施肥技术准确度进行评价。

Ⅱ 工作任务

任务一　测土配方施肥

一、地力分区(级)配方法

地力分区(级)配方法的主要内容有两方面,首先根据地力情况,将田地分成不同的区或级,然后再针对不同区或级田块的特点进行配方施肥。

(一)根据地力分区(级)

分区(级)的方法,可以根据土壤普查时的土壤样本化验结果,按土壤养分值测定的高低,划分出高、中、低不同的地力等级;也可以根据产量基础,划出若干肥力等级。在较大的区城内,可以根据地形、地貌和土壤质地等条件对农田进行分区划片,然后再将每区划分成若干个地力等级,每一个地力等级作为一个配方区。

(二)根据地力等级配方

由于不同配方区的地力差别较大,所以应该在分区的基础上,针对不同配方区的特点,根据土壤普查资料和田间试验结果,以及当地群众的实践经验,制定出适合不同配方的适宜肥料种类、用量和具体的实施方法。

地力分区(级)配方法,虽然在定量施肥的准确性方面较差,但较过去传统的看天、看地、看苗情的经验施肥技术还是提高了一步。由于同一配方区(级)内的自然条件,产量水平,土壤肥力等差异较小,所以提出的肥料种类及用量配比也都比较接近配方区的实际情况,针对性较强。地力分区(级)配方的缺点是地区局限性大,比较粗放,而且较多地依赖于经验,所以基本上还是一种定性的初级配方施肥技术,仅适合在生产水平差异较小,基础条件较差的地区推广应用。

二、目标产量配方法

目标产量配方法是根据作物产量的构成,由土壤和肥料两个方面供给养分的原理来计算施肥量。目标产量确定以后,根据需要吸收多少养分才能达到目标产量,来计算施肥量。此方法又分为养分平衡法和地力差减法,两者的区别在于计算土壤供肥量的方法不同。

(一)养分平衡法

养分平衡法,是通过施肥达到作物需肥和土壤供肥之间养分平衡的一种配方施肥方法。其具体内容是:用目标产量的需肥量减去土壤供肥量,其差额部分通过施肥进行补充,以使作物目标产量所需要的养分量与供应养分量之间达到平衡。养分平衡法施肥量的计算公式是:

$$施肥量(kg/亩)=\frac{\frac{作物单位产量}{养分吸收量}\times\frac{目标}{产量}-\frac{土壤}{测试值}\times 0.15\times\frac{换算}{系数}\times\frac{有效养分}{校正系数}}{肥料中养分含量\times肥料利用率}$$

1. 目标产量

确定目标产量的方法很多,主要有:

①通过田间试验确定目标产量:在不同土壤肥力条件下,通过多点田间试验,获得大量成对产量数据,然后根据这些成对数据,以空白区产量为土壤肥力指标,建立一元一次方程式,求出其目标产量与地力的函数关系,通式为:

$$y=a+bx$$

式中:y 为最高产量;x 为空白产量;a 为增产效应系数;b 为系数。

根据这一公式,只要知道某地块的空白产量,就可计算出该地块的目标产量。但在大面积推广测土配方施肥时,常常不能预先获得空白产量,可采用前三年的平均产量或前三年中最高产量为基础,增加 10%~15%为目标产量。目前我们推荐这种方法。其计算公式是:

$$目标产量=(1+递增率)\times前3年平均单产$$

一般粮食作物的递增率为 10%~15%为宜,露地蔬菜一般为 20%左右,设施蔬菜为 30%左右。

②以水定产:干旱年份,作物的产量往往受控于土壤水分状况或生育期降水量。正常年份,作物的需水能够得到满足,作物的产量基本上不受水分的限制;干旱年份,作物的产量受水分的影响则会较大。水分成为限制产量的主要因子,因此,在干旱年份通常以水定产。

③以土壤有机质含量定产:在非障碍性农田土壤上,作物基础产量与土壤有机质含量之间有密切的关系。

2. 作物需要养分量

通过对正常成熟的作物全株养分的化学分析,测定各种作物每 100 kg 经济产量所需养分量(表 9-4),经计算即可获得目标产量需肥量,计算公式如下:

$$作物目标产量所需养分量(kg/亩)=\frac{目标产量(kg/亩)}{100}\times每100\ kg产量所需养分量$$

表 9-4 不同作物吸收氮、磷、钾养分的大致数量 kg

作物	收获物	形成 100 kg 经济产量所吸收的养分数量		
		氮(N)	磷(P_2O_5)	钾(K_2O)
水稻	籽粒	2.10～2.40	0.90～1.30	2.10～3.30
冬小麦	籽粒	3.00	1.25	2.50
春小麦	籽粒	3.00	1.00	2.50
大麦	籽粒	2.70	0.90	2.19
荞麦	籽粒	3.30	1.60	4.30
玉米	籽粒	2.57	0.86	2.14
谷子	籽粒	2.50	1.25	1.75
高粱	籽粒	2.60	1.30	3.00
甘薯	鲜块茎	0.35	0.18	0.55
马铃薯	鲜块茎	0.5	0.9	1.06
大豆	籽粒	7.19	1.80	4.00
豌豆	籽粒	3.09	0.86	2.86
花生	荚果	6.80	1.30	3.38
棉花	籽棉	5.00	1.80	4.00
油菜	菜籽	5.80	2.50	4.43
烟草	鲜叶	4.10	0.70	1.10
甜菜	块根	0.40	0.15	0.60
黄瓜	果实	0.40	0.35	0.55
茄子	果实	0.30	0.10	0.40
番茄	果实	0.45	0.50	0.56
胡萝卜	块根	0.31	0.10	0.50
白菜	全株	0.41	0.14	0.37
温州蜜柑	果实	0.60	0.11	0.40
玫瑰露葡萄	果实	0.60	0.30	0.72
国光苹果	果实	0.30	0.08	0.32
白凤桃	果实	0.48	0.20	0.76

3. 土壤供肥量

土壤供肥量根据土壤养分测定值计算。

土壤供肥量＝土壤养分测定值×0.15×换算系数×有效养分校正系数

0.15 是土壤养分测定值换算成土壤养分含量(kg/亩)时的换算系数。一般把土壤 0～20 cm 土壤表层称作耕作层,土壤总量约为 150 000 kg,养分测定值一般用 mg/kg 表示。

土壤养分测定值(mg/kg)×150 000 kg×1/1 000 000 ＝土壤养分测定值(mg/kg)×0.15

换算系数是将土壤养分测定结果中的P换算成 P_2O_5，换算系数为2.290；将土壤养分测定结果中的K换算成 K_2O 所乘的系数，换算系数为1.205。

有效养分校正系数是作物实际吸收值占土壤测得值的百分数，因测定的养分是在不断变化的，因此吸收值可能大于或小于测定值，所以必须要校正。用下式求得：

$$\text{有效养分校正系数}=\frac{\left(\frac{\text{空白区作物产量}}{100}\right)\times\text{每 100 kg 产量所需养分量}}{\text{土壤养分测定值}\times 0.15\times\text{换算系数}}\times 100\%$$

实际应用时校正系数可参考各地的试验结果。

4.肥料利用率

肥料利用率不是一个定值。它因植物种类，土壤肥力，气候条件和农艺措施不同而不同，在很大程度上取决于肥料用量、用法和施用时期。一般通过差减法来计算：利用施肥区作物吸收的养分量减去不施肥区作物吸收的养分量，其差值视为肥料供应的养分量，再除以所用肥料养分量就是肥料利用率。

$$\text{肥料利用率}=\frac{\text{施肥区作物吸收养分量}-\text{缺素区作物吸收养分量}}{\text{肥料施用量}\times\text{肥料中养分含量}}\times 100\%$$

我国目前肥料利用率较低，在一般情况下，氮肥的利用率约为40%～60%，磷肥的利用率一般为10%～25%，钾肥的利用率一般为50%～70%。

5.肥料中养分含量

供施肥料包括无机肥料与有机肥料。无机肥料、商品有机肥料的养分含量一般在其标签上明示，我们可以直接使用。对于不明养分含量的有机肥料其养分含量，既可通过测试得到，也可参照当地不同类型有机肥养分平均含量获得。

(二)地力差减法

地力差减法是利用目标产量减去地力产量来计算施肥量的一种方法。地力产量，就是作物在不施任何肥料的情况下所得到的产量，又称空白产量。与养分平衡法不同的是，土壤供肥量的计算是利用地力产量。可用下式计算：

$$\text{土壤供肥量(kg/亩)}=\frac{\text{不施养分区作物产(kg)}}{100}\times\text{每 100 kg 产量所需养分量}$$

$$\text{肥料用量(kg/亩)}=\frac{\frac{\text{目标产量}-\text{空白产量}}{100}\times\text{每 100 kg 产量所需养分量}}{\text{肥料养分含量}\times\text{肥料利用率}}$$

三、田间试验配方法

选择有代表性的土壤，应用正交、回归等科学的试验设计，进行多年、多点田间试验，然后根据对试验资料的统计分析结果，确定肥料的用量和最优肥料配合比例的方法称为田间试验配方法，这种配方方法主要有以下三种，具体做法：

(一)肥料效应函数法

不同肥料施用量对作物产量的影响，称之为肥料效应。施肥量与产量之间的函数关系可用肥料效应方程式表示。此法一般采用单因素或二因素多水平试验设计为基础，将不同处理得到的产量进行数理统计，求得产量与施肥量之间的函数关系(即肥料效应方程式)。通过对方程式的分析，不仅可以直观地看出不同元素肥料的增产效应，以及其配合施用的联应效果，而且还可以分别计算出肥料的经济施用量(最佳施肥量)、施肥上限和施肥下限，作为建议施肥量的依据。

此法的优点是，能客观地反映影响肥效试验因素的综合效应，精确度高，反馈性好。缺点是有地区局限性，在不同年份、不同地区作物肥效差异较明显，所得的田间试验结果地域性和时效性较强，只有在各种类型的土壤上长年进行多点试验，找出适合一定条件下的施肥规律，才能应用于不同的地区，花费时间较长。

(二)养分丰缺指标法

对不同作物进行田间试验，如果田间试验的结果验证了土壤速效养分的含量与作物吸收养分的数量之间有良好的相关性，就可以把土壤养分的测定值按照一定的级差划分成养分丰缺等级，提出每个等级的施肥量，制成养分丰缺及所施肥料数量检索表，然后只要取得土壤测定值，就可对照检索表按级确定肥料施用量，这种方法称为养分丰缺指标法。

为了制订养分丰缺指标，首先要在不同土壤上安排田间试验，设置全肥区(如NPK)和缺肥区(如NP)两个处理，最后测定各试验地土壤速效养分的含量，并计算不同养分水平下的相对产量(即NP/NPK×100)。相对产量越接近100%，施肥的效果越差，说明土壤所含养分丰富。在实践中一般以相对产量作为分级标准。通常的分级指标是：相对产量大于95%归为“极丰”、85%～95%为“丰”、75%～85%为“中”，50%～75%为“缺”，小于50%为“极缺”。在养分含量极缺和缺的田块施肥，肥效显著，增产幅度大；在养分含量中等的田块施肥，肥效一般，可增产10%左右；在养分含量丰富或极丰富田块施肥，肥效极差或无效。

此法的优点是，简单易行，直观性强，确定施肥种类和施肥量简捷方便。缺点是精确度较差，由于土壤理化性质的差异，土壤中氮的测定值和作物产量之间的相关性很差，一般只用磷、钾和微量元素肥料的定肥。

（三）氮、磷、钾比例法

通过田间试验，确定出氮、磷、钾三要素的最适宜用量，并计算出三者之间的比例关系。在实际应用时，只要确定了其中一种养分的用量，然后按照各种养分之间的比例关系，再决定其他养分的肥料用量。例如，以氮的用量定磷、钾的用量，以磷定氮等，这种定肥方法叫氮、磷、钾比例法。

此法的优点是，减少了工作量，也容易为群众所理解。缺点是，作物对养分吸收的比例和应施肥料养分之间的比例是不相等的，在实用上不一定能反映缺乏养分的真实情况。由于土壤各养分的供应强度不同，因此，作为补充养分的肥料的需要量只是弥补了土壤的不足。所以，推行这一定肥方法时，必须预先做好田间试验，对不同的土壤条件和不同的作物相应地做出符合客观要求的氮、磷、钾肥的比例。

配方施肥的三类方法可以互相补充，并不互相排斥。形成一个具体配方施肥方案时，可以以其中一种方法为主，参考其他方法，配合起来运用。这样可以吸收各种方法的优点，消除或减少采用一种方法存在的缺点，在产前能确定出更加符合实际的肥料用量。

配方施肥的方法主要是以上三种类型六种方法，随着科学技术的发展，目前在此基础上又提出了优化配方施肥技术，这一技术将会使我国配方施肥技术在理论上和测试手段上有很大的提高。

四、测土配方施肥施实例（养分平衡法）

某地块小麦目标产量为 300 kg/667 m^2，该地 0～20 cm 土壤养分情况：有机质 1.00％，全氮 0.076％，水解氮 32 mg/kg，速效磷 5 mg/kg，速效钾 173 mg/kg。计划施用有机肥 1 500 kg（有机肥养分含量可忽略不计），计算需尿素，磷酸二铵，硫酸钾各多少千克？

已知：每生产 100 kg 小麦需要 N 3.00 kg，P_2O_5 1.25 kg，K_2O 2.50 kg；尿素含 N 46％，利用率 40％；磷酸二铵含 N12％，利用率为 40％，含 P_2O_5 46％，利用率 20％；硫酸钾含 K_2O 50％，利用率 50％。土壤养分校正系数：N 为 60％、P 为 70％、K 为 50％。

1. 目标产量吸收养分量

N：300×3/100 ＝9（kg）

P_2O_5：300×1.25/100＝3.75（kg）

K_2O:300×2.5/100=7.5(kg)

2.土壤供肥量

N:32×0.15×60%=2.88(kg)

P_2O_5:5×0.15×2.290×70%=1.20(kg)

K_2O:173×0.15×1.205×50%=15.63(kg)

3.需补充的养分量

N:9−2.88−1.43=4.69(kg)

1.43为磷酸二铵提供氮素量:29.9×12%×40%=1.43(kg)

P_2O_5:3.75−1.20=2.75(kg)

K_2O:7.5−15.63<0(土壤供应量超过作物需要量,故不用施肥补充)

4.应补充的肥料量

尿素:$\frac{4.69}{46\%\times40\%}$=25.5(kg)

磷酸二铵:$\frac{2.75}{46\%\times20\%}$=29.9(kg)

硫酸钾:0,因土壤供应量超过作物需要量,故不需施用钾肥补充。

所以要达到300 kg/亩的目标产量,在施用有机肥1 500 kg/亩的基础上,应施用尿素25.5 kg/亩,磷酸二铵29.9 kg/亩。

五、土壤养分分级指标

(一)全国土壤养分分级标准

表9-5 全国土壤养分分级(大量元素)

等级	有机质/%	全氮/%	全磷P/%	全钾K/%	碱解氮N/(mg/kg)	有效磷P/(mg/kg)	速效钾K/(mg/kg)
1	>4.0	>0.200	>0.20	>3.0	>150	>40	>200
2	3.0~4.0	0.150~0.200	0.15~0.20	2.0~3.0	120~150	20~39	150~199
3	2.0~3.0	0.100~0.150	0.10~0.15	1.5~2.0	90~119	10~19	100~149
4	1.0~2.0	0.075~0.100	0.07~0.10	1.0~1.5	60~89	5~9	50~99
5	0.6~1.0	0.005~0.075	0.04~0.07	0.5~1.0	30~59	3~4	30~49
6	<0.6	<0.005	<0.04	<0.5	<30	<3	<30

表 9-6　全国土壤养分分级(微量元素)　mg/kg

等级	有效硼	有效钼	有效锰	有效锌	有效铜	有效铁
1	＞2.0	＞0.30	＞30.0	＞3.0	＞1.8	＞20.0
2	1.0～2.0	0.20～0.30	15.0～30.0	1.0～3.0	1.0～1.8	10.0～20.0
3	0.5～1.0	0.15～0.20	5.0～15.0	0.5～1.0	0.2～1.0	4.5～10.0
4	0.2～0.5	0.10～0.15	1.0～5.0	0.3～0.5	0.1～0.2	2.5～4.5
5	＜0.2	＜0.10	＜1.0	＜0.3	＜0.1	＜2.5

(二)北京土壤养分分级标准

表 9-7　北京土壤养分分级表

级别	有机质		全氮		速效磷(P_2O_5)		速效钾(K_2O)		粮田土壤养分丰缺程度与肥效(仅供参考)
	含量/%	相当全国级别	含量/%	相当全国级别	含量/(mg/kg)	相当全国级别	含量/(mg/kg)	相当全国级别	
1	＞6.0	1	＞0.200	1	＞80	1	＞300	1	
2	4.0～6.0	1	0.150～0.200	2	60～80	2	200～300	2～1	
3	3.0～4.0	2	0.120～0.150	3	40～80	2	150～200	3～2	丰富、暂时无效或微效
4	2.0～3.0	3	0.100～0.120	3	30～40	3	125～150	3	较丰、微效
5	1.5～2.0	4	0.080～0.100	4	20～30	4～3	100～125	4～3	较缺、有效
6	1.0～1.5	4	0.065～0.080	5～4	10～20	5～4	75～100	4	缺、显著
7	0.6～1.0	5	0.050～0.065	5	5～10	6～5	50～75	5	极缺、极显著
8	＜0.6	6	＜0.050	6	＜5	6	＜50	5～6	极缺、极显著

任务二　农产品生产环境评价

一、农田土壤环境质量监测结果评价

(一)评价单元

①基本评价单元:土壤监测单元。

②统计评价单元:根据环境状况分析的需要,将各采样点进行分类,按类别进行统计评价。

(二)评价标准

①以 GB 15618 作为评价标准。

②无评价标准的项目可用污染物背景值计算污染物积累指数。

(三)评价方法

农田土壤质量评价包括:①监测项目即监测元素评价;②监测区域评价。评价参数有污染积累指数、污染指数(包括单项和综合污染指数)、质量分级、污染物分担率、面积和样本超标率等。土壤环境质量评价一般以单项污染指数为主,但当区域内土壤质量作为一个整体与外区域土壤质量比较,或一个区域内土壤质量在不同历史时段的比较时应用综合污染指数评价。

1.各类参数计算方法

①土壤单项污染指数按下式计算

$$土壤单项污染指数=\frac{土壤污染物实测值}{污染物质量标准}$$

②土壤综合污染指数按下式计算

$$土壤综合污染指数=\sqrt{\frac{(平均单项污染指数)^2+(最大单项污染指数)^2}{2}}$$

③土壤污染超标倍数按下式计算

$$土壤污染超标倍数=\frac{土壤某污染物实测值-污染物的质量标准}{某污染物的质量标准}$$

④土壤污染累积指数按下式计算

$$土壤污染累积指数=\frac{土壤污染物实测值}{污染物背景值}$$

⑤土壤污染样本超标率按下式计算

$$土壤污染样本超标率=\frac{土壤超标样本总数}{监测样本总数}\times 100\%$$

⑥土壤污染物分担率按下式计算

$$土壤污染物分担率=\frac{土壤某项污染指数}{各项污染指数之和}\times 100\%$$

⑦土壤污染面积超标率按下式计算

$$土壤污染面积超标率=\frac{超标点面积之和}{监测总面积}\times 100\%$$

⑧土壤污染超标面积(hm^2)为监测区域内污染物含量超过农田土壤环境质量

标准的面积。

2. 农田土壤环境质量分级划定

综合污染指数全面反映了各污染物对土壤的不同作用，同时又突出高浓度污染物对土壤环境质量的影响，因此按综合污染指数最终评定，划定质量等级。土壤污染分级标准见表 9-8。

表 9-8 土壤污染分级标准

等级划定	综合污染指数	污染等级	污染水平
1	≤0.7	安全	清洁
2	0.7～1.0	警戒限	尚清洁
3	1.0～2.0	轻污染	土壤污染物超过背景值，视为轻污染，作物开始污染
4	2.0～3.0	中污染	土壤、作物均受到中度污染
5	＞3.0	重污染	土壤、作物受污染已相当严重

二、农用水源环境质量监测结果评价

（一）评价单元

①基本评价单元：农用水源监测单元。

②统计评价单元：根据农用水源环境质量状况分析的需要，将各采样点进行分类，按类别进行统计评价。

（二）评价标准

①农用灌溉水源按 GB 5084 执行，适用于水作作物、旱作作物和蔬菜作物三类灌溉作物用水。②农村水产养殖用水水源按 GB 11607 执行，适用于鱼、虾、螺、蚌、贝、藻类等水生生物养殖用水。③农村畜禽饮用水源按 GB 5749 执行，适用于大型畜禽（猪、牛、羊等）和小型畜禽（鸡、鸭、鹅等）生活用水。也可参照 GB 3838。

（三）评价方法

农用水源环境质量评价，包括监测项目即监测元素评价和监测区域评价两个方面。评价参数有污染积累指数、污染指数（包括单项和综合污染指数）、质量分级、污染物分担率、检出率和超标率等。在农田灌溉过程中评价水质，一般以单项污染指数为主，但以区域内灌溉水质作为一个整体与外区域灌溉水质比较，或一个区域内灌溉水质在不同历史时段的比较时应用综合污染指数评价。

1. 各类参数计算方法

①水质单项污染指数按下式计算

$$水质单项污染指数码 = \frac{水质污染物实测值}{污染物质量标准}$$

对某些随污染增加而浓度减少的指标(溶解氧),单项污染指数按下式计算:

$$单项污染指数 = \frac{理论值(实际上的最大值) - 实测值}{理论值(实际上的最大值) - 评价标准}$$

对某些有幅度限制的指标(pH 的允许幅度为 6～9),单项污染指数按下两式计算:

$$单项污染指数 = \frac{实测值 - 允许幅度平均值}{允许幅度最低值(或允许幅度最高值) - 允许幅度平均值}$$

$$允许幅度平均值 = \frac{允许幅度最低值 + 允许幅度最高值}{2}$$

②水质综合污染指数按下式计算

$$水质综合污染指数 = \sqrt{\frac{(平均单项污染指数)^2 + (最大单项污染指数)^2}{2}}$$

单向污染指数<1 时,单项污染指数=计算值;

但单项污染指数>1.0 时,单项污染指数应按下式予以修正:

$$单项污染指数 = 1.0 + P \times \lg 计算值$$

式中:P 为常数,$P=5$。

③水质污染累积指数按下式计算:

$$水质污染累计指数 = \frac{水质污染物实测值}{污染物背景值}$$

④水质污染超标倍数按下式计算:

$$水质污染超标倍数 = \frac{某污染物实测值 - 污染物的质量标准}{某污染物的质量标准}$$

⑤水质污染样本超标率按下式计算:

$$水质污染样本超标率 = \frac{超标样本总数}{监测样本总数} \times 100\%$$

⑥样本检出率按下式计算:

$$样本检出率 = \frac{检出样本总数}{监测样本总数} \times 100\%$$

2. 农用水源环境质量分级划定

农用水源环境质量分级是根据农用水源的不同用途，分别按农田灌溉水质标准、渔业水质标准和生活饮用水质标准计算污染指数，按综合污染指数划分为三级。水质分级标准见表 9-9。

表 9-9　水质分级标准

等级划分	综合污染指数	污染程度	污染水平
1	≥0.5	清洁	清洁
2	0.5～1.0	尚清洁	标准限量内
3	≤1.0	污染	超出警戒水平

三、农区大气环境质量监测结果评价

(一)评价单元

根据监测区域的环境空气质量状况分析的需要，将各采样点进行分类，按类别进行统计评价。

(二)评价标准

保护作物的大气污染物最高允许浓度和大气环境空气质量标准为评价标准。无质量标准的项目可用环境背景值计算污染物积累指数以进行比较说明。

(三)评价方法

农区空气环境质量评价，包括监测项目即监测污染物评价和监测区域评价两个方面。评价参数有污染积累指数、污染指数(包括单项和综合污染指数)、质量分级、污染物分担率、检出率和超标率等。

1. 各类参数计算方法

①大气单项污染指数按下式计算：

$$大气单项污染指数=\frac{大气污染物实测值}{大气污染物质量标准}$$

②大气综合污染指数按下式计算：

$$大气综合污染指数=\sqrt{最大单项污染指数\times平均单项污染指数}$$

③大气污染累积指数按下式计算：

$$大气污染累积指数=\frac{大气污染物实测值}{污染物背景值}$$

④大气污染超标倍数按下式计算：

$$大气污染超标倍数=\frac{大气某污染物实测值-污染物质量标准}{某污染物质量标准}$$

⑤大气污染物分担率按下式计算：

$$大气污染物分担率=\frac{大气某项污水指标}{各项污染指数之和}\times 100\%$$

⑥大气污染样本超标率按下式计算：

$$大气污染样本超标率=\frac{超标样本总数}{监测样本总数}\times 100\%$$

⑦大气样本检出率按下式计算：

$$大气污染样本检出率=\frac{检出样本总数}{监测样本总数}\times 100\%$$

2. 农区空气环境质量分级划定

农区空气环境质量分级划定根据评价目的不同，分别按 GB 9137 和 GB 3095 计算污染指数。农区环境空气质量评价一般以单项污染指数为主，可直接采用 GB 9137和GB 3095中的污染物浓度限值划分为旅级；但当区域内环境空气质量作为一个整体与其他区域空气质量比较，或同一个区域内空气质量在不同历史时段内比较时，应采用综合污染指数评价，并按综合污染指数划分为五级。农区空气环境质量分级标准见表 9-10。

表 9-10　农区空气环境质量分级标准

等级划分	综合污染指数	污染等级	污染水平
1	≤0.6	清洁	清洁
2	0.6～1.0	尚清洁	标准限量内
3	1.0～1.9	轻污染	警戒水平
4	1.9～2.8	中污染	警报水平
5	＞2.8	重污染	紧急水平

Ⅲ.学习拓展

在学习情境Ⅸ学习中，要求学生阅读《土壤肥料学》、《作物营养与施肥》和《环境评价》等参考书籍，了解化学肥料和有机肥料的基本知识，作物营养特点，合理施肥的原理和依据等，作为学生课后学习参考，为完成配方施肥工作做准备，为更好地完成农产品生产环境评价做准备。

参考文献

[1] 张建新，沈明浩. 食品环境学. 北京：中国轻工业出版社，2006.

[2] 何增耀. 环境监测. 北京：农业出版社，1994.

[3] 国家环境保护总局《空气和废气监测分析方法》编委会. 空气和废气监测分析方法. 4 版. 北京：中国环境科学出版社，2003.

[4] 国家环境保护总局. 环境监测技术规范(第二册)：大气和废气部分. 北京：中国环境科学出版社，1986.

[5] 但德忠. 环境监测. 北京：高等教育出版社，2006.

[6] 赵晨霞. 绿色食品检测技术. 北京：中国农业出版社，2005.

[7] 奚旦立，孙裕生，刘秀英. 环境监测. 北京：高等教育出版社，2004.

[8] 韩庆之，毛绪美，梁合诚. 环境监测. 武汉：中国地质大学出版社，2005.

[9] 陈玲，赵建夫，仇雁翎，等. 环境监测. 北京：化学工业出版社，2003.

[10] 崔树军. 环境监测. 北京：中国环境科学出版社，2008.

[11] 中国标准出版社第二编辑室. 环境检测方法标准汇编：土壤环境与固体废物. 北京：中国标准出版社，2007.

[12] 中国标准出版社第二编辑室. 环境检测方法标准汇编：水环境. 北京：中国标准出版社，2007.

[13] 中国标准出版社第一编辑室. 中国农业标准汇编：土壤肥料卷. 2 版. 北京：中国标准出版社，2007.

[14] 陈若暾，陈青萍，李振滨，等. 环境监测实验. 上海：同济大学出版社，1993.

[15] 谢炜平. 环境监测实训指导. 北京：中国环境科学出版社，2008.

[16] 刘绮，潘伟斌. 环境监测教程. 广州：华南理工大学出版社，2008.

[17] 孙福生，张丽君. 环境检测实验. 北京：化学工业出版社，2007.

[18] 赵晨霞. 安全食品标准与认证. 北京：中国环境科学出版社，2007.

[19] 中国科学院南京土壤研究所. 土壤理化分析. 上海：上海科学技术出版社，

1978.
[20] 中国环境监测总站. 土壤元素的近代分析方法. 北京:中国环境科学出版社, 1992.
[21] 城乡建设环境保护部环境保护局. 环境监测分析方法. 1983.
[22] 中国土壤学会农业化学专业委员会. 土壤农业化学常规分析方法. 北京:科学出版社,1983.
[23] 张宝军. 水环境监测与评价. 北京:高等教育出版社,2008.
[24] 王怀宇,姚运先. 环境监测. 北京:高等教育出版社,2007.
[25] 邢禹贤. 新编无土栽培原理与技术. 北京:中国农业出版社,2002.
[26] 北京市土肥工作站. 北京市测土配方施肥技术指南. 2009.
[28] 赵婴荣. 无公害蔬菜产品质量监测技术规范手册. 北京:中国农业大学出版社,2004.
[29] 张丛. 环境评价教程. 北京:中国环境科学出版社,2002.